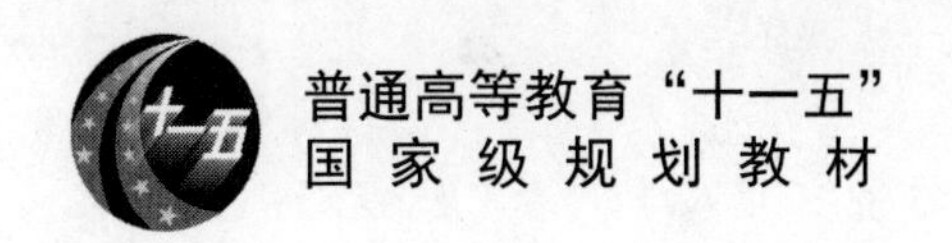

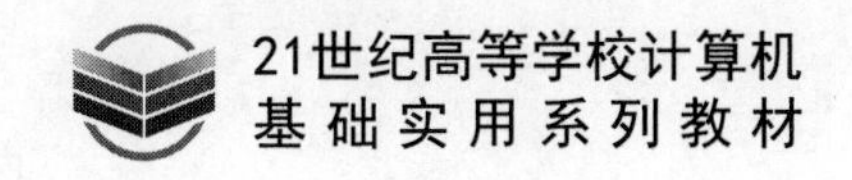

Access数据库应用技术实验教程

（第5版）

◎ 崔洪芳 主编　邹琼 邱月 包琼 李凌春 石黎 副主编

清華大學出版社
北京

内 容 简 介

本书是与《Access 数据库应用技术》(第 5 版)配套的实验指导教材。全书分为两部分：第一部分为实验，由 9 个实验和 1 个综合实训组成，覆盖了主教材各章节的知识点。实验内容突出了 Access 2016 的实际应用和操作，通过实验可以使读者掌握开发数据库应用系统的方法和过程。第二部分是习题，与主教材各章内容相对应，供读者练习使用。

本书面向非计算机专业的学生，可作为高等学校相关专业的教学用书，也可作为计算机等级考试培训的实验教材。

图书在版编目(CIP)数据

Access 数据库应用技术实验教程/崔洪芳主编. —5 版. —北京：清华大学出版社，2022.9(2024.7重印)
21 世纪高等学校计算机基础实用系列教材
ISBN 978-7-302-61485-2

Ⅰ. ①A…　Ⅱ. ①崔…　Ⅲ. ①关系数据库系统－高等学校－教材　Ⅳ. ①TP311.138

中国版本图书馆 CIP 数据核字(2022)第 135541 号

责任编辑：黄 芝 李 燕
封面设计：刘 键
责任校对：焦丽丽
责任印制：刘海龙

出版发行：清华大学出版社
网　　址：https://www.tup.com.cn，https://www.wqxuetang.com
地　　址：北京清华大学学研大厦 A 座　　**邮　　编**：100084
社 总 机：010-83470000　　**邮　　购**：010-62786544
投稿与读者服务：010-62776969，c-service@tup.tsinghua.edu.cn
质量反馈：010-62772015，zhiliang@tup.tsinghua.edu.cn
课件下载：https://www.tup.com.cn，010-83470236

印 装 者：天津安泰印刷有限公司
经　　销：全国新华书店
开　　本：185mm×260mm　**印　　张**：16.25　**字　　数**：393 千字
版　　次：2010 年 9 月第 1 版　2022 年 9 月第 5 版　**印　　次**：2024 年 7 月第 5 次印刷
印　　数：8001～10000
定　　价：49.80 元

产品编号：096386-01

前 言

Access 2016 关系数据库管理系统是 Microsoft 公司 Office 办公自动化软件的一个组成部分，是基于 Windows 平台的关系数据库管理系统。它界面友好，操作简单，功能全面，使用方便，不仅具有众多数据库管理软件所具有的功能，同时还进一步增强了网络功能，用户可以通过 Internet 共享 Access 数据库中的数据。Access 自发布以来，已逐步成为桌面数据库领域的佼佼者，深受广大用户的欢迎。

本书的实验在结构上由三部分组成。

(1) 实验目的。提出实验的要求和目的，即各部分内容需要掌握的程度。

(2) 实验内容。根据对应章节的知识点给出实验内容，通过实验内容巩固所学的理论知识。

(3) 实验步骤。详细讲解实验内容，给出具体的操作步骤，配合图和表，引导读者一步步完成实验内容。

作者希望通过这种操作、思考加练习的方式，帮助读者夯实基础，熟练掌握 Access 2016 数据库的操作技术，为读者进一步学习计算机数据处理技术打下良好的基础。

全书由崔洪芳提出框架并统稿。实验 1～实验 5 由崔洪芳编写，实验 6 由包琼编写，实验 7 和习题由邹琼编写，实验 8 由李凌春编写，实验 9 由邱月编写，实验 10 的综合实训由石黎编写。

由于编写时间仓促以及作者水平有限，书中疏漏之处在所难免，恳请同行及读者批评指正，在此表示衷心感谢。

编　者

2022 年 3 月

目　录

第一部分　实　　验

第二部分　习　　题

第一部分　实　验

实验1 数据库的创建与操作

一、实验目的

(1) 熟悉 Access 2016 的工作界面。

(2) 熟悉 Access 2016 菜单栏和工具栏的功能。

(3) 掌握 Access 2016 工作环境的设置方法。

(4) 理解数据库的基本概念。

(5) 熟练掌握数据库的创建方法和创建过程。

二、实验内容

(1) 设置用户的工作文件夹。

(2) 启动 Access 2016。

(3) 创建一个空白的"教学管理系统"数据库。

(4) 设置默认数据库文件夹为 D:\user。

(5) 关闭"教学管理系统"数据库。

(6) 退出 Access。

三、实验步骤

1. 设置用户的工作文件夹

在 Windows 环境下的"此电脑"或"资源管理器"中,在 D 盘上新建一个文件夹,命名为 user,即 D:\user,以后所有的实验内容都保存在这个文件夹中。

2. 启动 Access 2016

方法一:选择"开始"→"程序"→ Microsoft Office → Access 2016 命令,启动 Access 2016。

方法二:双击桌面上的 Access 的快捷方式图标,启动 Access 2016。

方式三:双击扩展名为.accdb 的数据库文件,或在扩展名为.accdb 的数据库文件上右击,在弹出的快捷菜单中选择"打开"命令,启动 Access 2016。

3. 创建一个空白的"教学管理系统"数据库

操作步骤如下。

(1) 启动 Access 2016 数据库系统,进入系统初始界面。

(2) 单击"可用模板"区域中的"空白桌面数据库"按钮。

(3) 在右侧"文件名"文本框中输入新建数据库的名称,这里输入"教学管理系统",默认的扩展名为.accdb。

(4) 单击 按钮,弹出"文件新建数据库"对话框。

(5) 在"保存位置"下拉列表框中选择文件的保存位置为 D:\user。

(6) 默认文件格式为 Access 2007—2016(文件扩展名为.accdb),如图 1.1 所示。

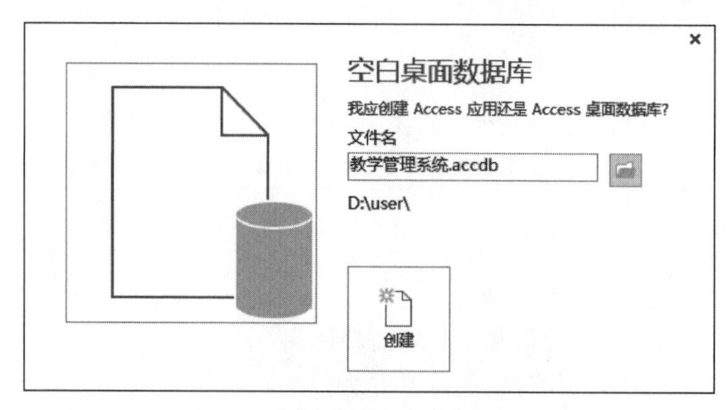

图 1.1　创建空白数据库

(7) 单击"创建"按钮,Access 将创建空白的"教学管理系统"数据库,窗口中显示"教学管理系统"数据库窗口,如图 1.2 所示。

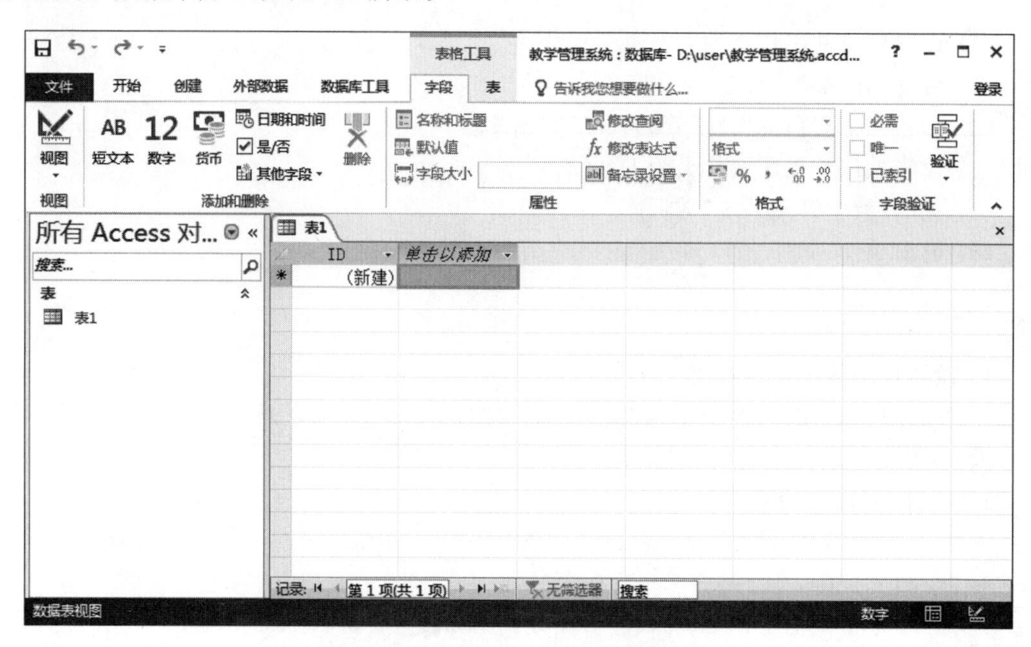

图 1.2　"教学管理系统"数据库窗口

4. 设置默认工作文件夹为 D:\user

操作步骤如下。

(1) 在 Access 2016 窗口中,单击"文件"菜单下的"选项"命令,打开"Access 选项"对话框,如图 1.3 所示。

(2) 选择"创建数据库"选项,在"默认数据库文件夹"文本框中,输入"D:\user"。

(3) 单击“确定”按钮，完成设置。

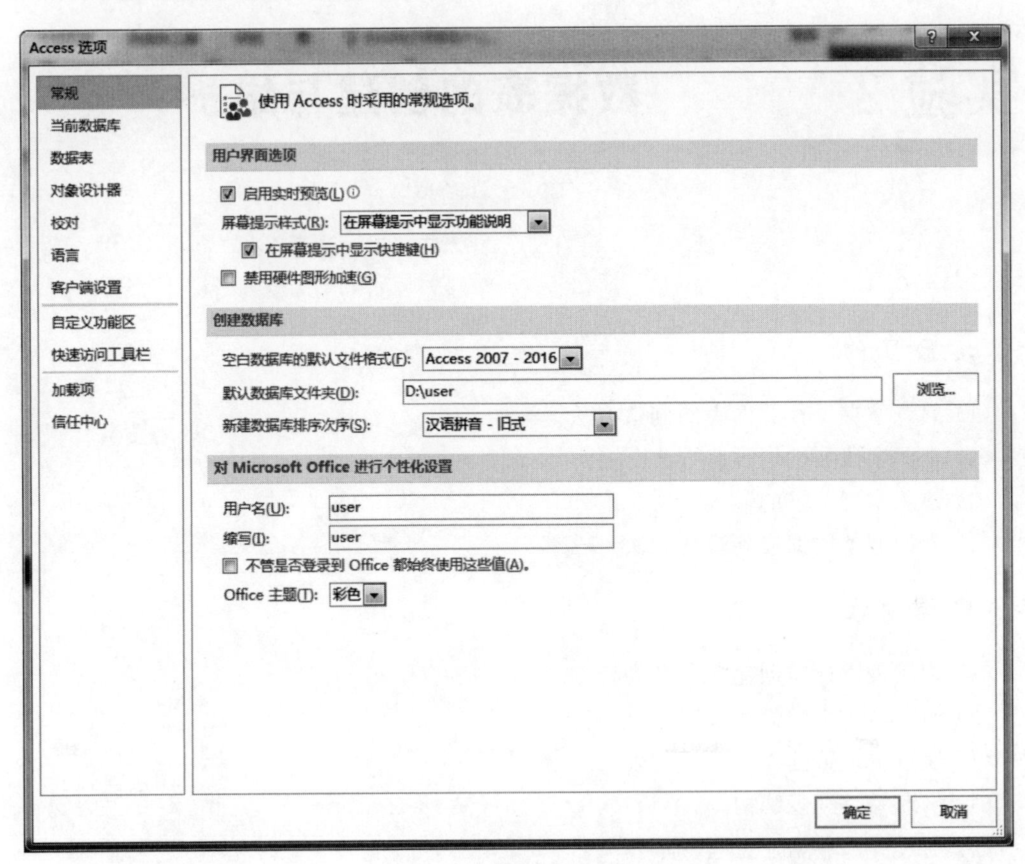

图 1.3　设置默认文件夹

5. 关闭“教学管理系统”数据库

单击“文件”菜单下的“关闭数据库”命令，关闭“教学管理系统”数据库。

此时，在 D:\user 文件夹下已经创建了一个空白的“教学管理系统”数据库。

6. 退出 Access

退出 Access 通常可以采用以下几种方法。

(1) 单击窗口右上角的“关闭”按钮。

(2) 选择“文件”→“关闭”命令。

(3) 使用快捷键 Alt+F4。

(4) 右击标题栏，在弹出的快捷菜单中选择“关闭”命令。

实验 2　数据表的创建与维护

一、实验目的

(1) 熟练掌握 4 种数据表的创建方法。

(2) 掌握字段属性的设置方法。

(3) 熟练掌握记录的输入方法。

(4) 掌握调整数据表外观的方法。

二、实验内容

(1) 利用表设计器创建“学生”表。

(2) 向“学生”表中输入数据。

(3) 通过输入数据创建“课程”表。

(4) 修改“课程”表结构。

(5) 通过导入数据建立“教师”表。

(6) 建立“成绩”表。

(7) 导入文本文件建立“开课教师”表。

(8) 设置“学生”表“学号”字段的输入掩码。

(9) 设置“学生”表的“出生日期”字段的格式。

(10) 设置“学生”表中的“性别”字段默认值为“男”。

(11) 设置“学生”表中“性别”字段的验证规则。

(12) 输入自己的信息。

(13) 给“成绩”表中的“成绩”字段设置验证规则和验证文本。

(14) 冻结或取消冻结“学生”表中的“学号”列。

(15) 隐藏“学生”表中的“性别”字段。

(16) 对“学生”表进行格式设置。

(17) 关闭“教学管理系统”数据库。

三、实验步骤

1. 利用表设计器创建“学生”表

“学生”表的结构如表 2.1 所示，并设置“学号”字段为主键。

表 2.1 “学生”表结构

字段名称	字段类型	字段大小/格式	字段名称	字段类型	字段大小/格式
学号	短文本(主键)	8	专业	短文本	20
姓名	短文本	10	奖励否	是/否	—
性别	短文本	1	生源地	短文本	10
出生日期	日期/时间	长日期	简历	长文本	—
政治面貌	查阅向导(短文本)	2	照片	OLE 对象	—

操作步骤如下。

(1) 在 Access 2016 中打开“教学管理系统”数据库。

(2) 在“创建”选项卡的“表格”组中单击“表设计”按钮,打开“设计视图”窗口,如图 2.1 所示。

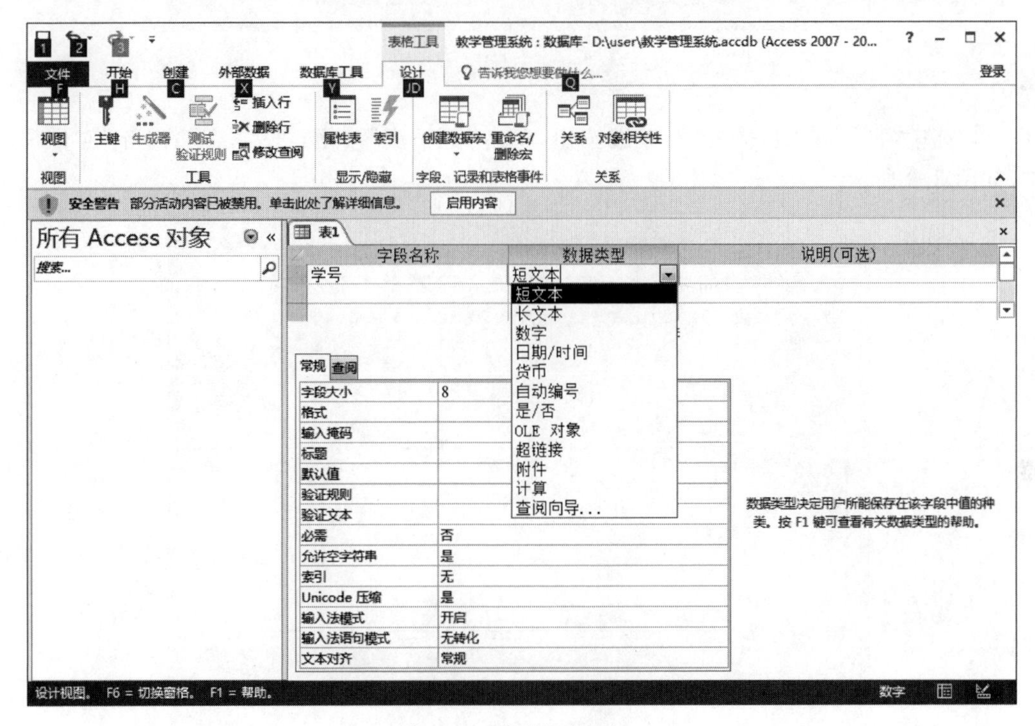

图 2.1 “设计视图”窗口

(3) 输入表的字段名称、数据类型等内容。

① 单击“字段名称”列的第一行,将光标放在该字段中,向此文本框中输入“学号”,然后单击该行的“数据类型”,在弹出的下拉列表框中选择“短文本”型,在“常规”选项卡中设置“字段大小”为 8。

② 用同样的方法依次输入“姓名”“性别”“出生日期”字段的名称,并在“数据类型”下拉列表框中选择所需的数据类型及相应的属性值。

(4) 使用“查阅向导”定义“政治面貌”字段。

① 选择“政治面貌”字段,在“数据类型”选择列表中先选择“短文本”型,然后选择“查阅

向导”选项,弹出“查阅向导”对话框之一,如图 2.2 所示。

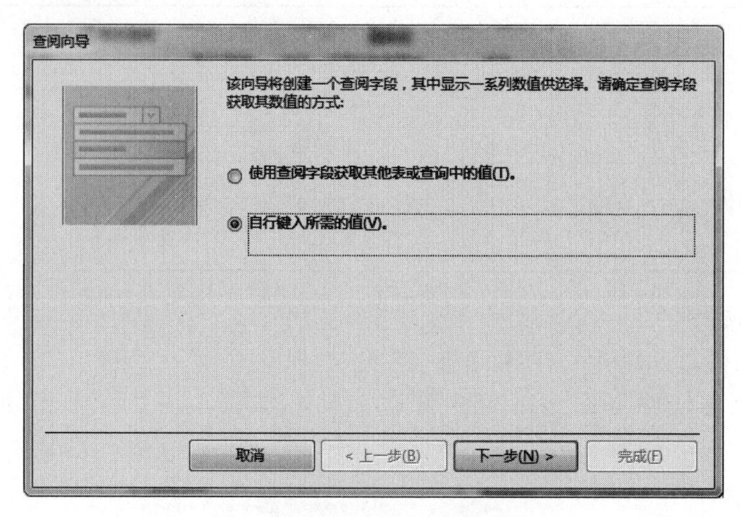

图 2.2 “查阅向导”对话框之一

② 选中“自行键入所需的值”单选按钮,单击“下一步”按钮,进入“查阅向导”对话框之二,如图 2.3 所示。

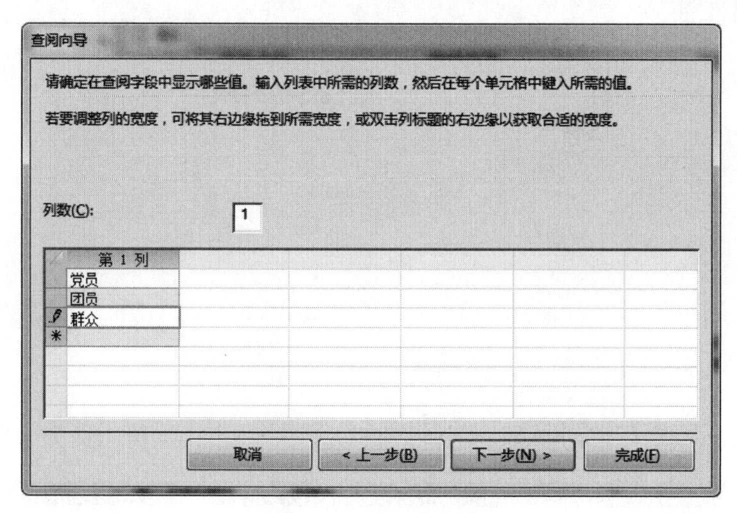

图 2.3 “查阅向导”对话框之二

③ 输入“党员”“团员”“群众”,输入完成后单击“下一步”按钮,进入“查阅向导”对话框之三,如图 2.4 所示。

④ 在“请为查阅字段指定标签”文本框中输入“政治面貌”,然后单击“完成”按钮结束操作。

在“政治面貌”的“查阅”选项卡中可以看到行来源的值已设置为“"党员"; "团员"; "群众"”,如图 2.5 所示。

(5) 继续输入其他字段。

输入“专业”“奖励否”“生源地”“简历”“照片”字段的名称,并在“数据类型”下拉列表框

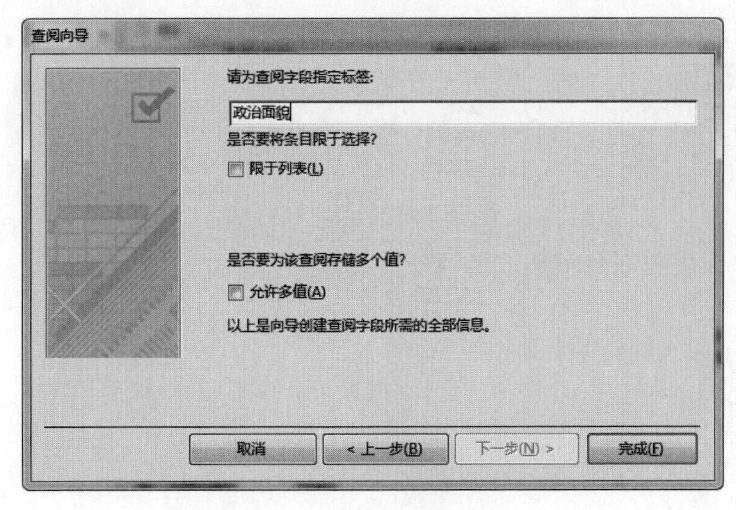

图 2.4 “查阅向导”对话框之三

表1

字段名称	数据类型
学号	短文本
姓名	短文本
性别	短文本
出生日期	日期/时间
政治面貌	短文本

字段属性

常规 查阅

显示控件	组合框
行来源类型	值列表
行来源	"党员";"团员";"群众"
绑定列	1
列数	1

图 2.5 “政治面貌”的“查阅”选项卡

中选择所需的数据类型及相应的属性值,建立“学生”表结构。

(6) 设置“学号”字段为主键。

定义完全部字段后,单击“学号”字段行的字段选定区,然后单击“设计”选项卡中的“主键”按钮,或右击字段选定区,在弹出的快捷菜单中选择“主键”命令,定义“学号”字段为主关键字,如图 2.6 所示。

(7) 保存文件。打开“文件”选项卡,选择“保存”命令,或单击快速访问工具栏中的“保存”按钮,在弹出的“另存为”对话框中输入表名“学生”,然后单击“确定”按钮完成操作。此时,在“表”对象下产生了一个名为“学生”的新表。

2. 向“学生”表中输入数据

利用数据表视图给“学生”输入数据。操作步骤如下。

(1) 在数据库窗口“表”对象下,双击“学生”表,进入数据表视图。

(2) 输入每条记录的字段值,如图 2.7 所示。

(3) 在输入日期型字段的数据时,单击右侧的“”按钮,可显示系统的日期,单击或按钮可改变日期,也可以直接单击要选择的日期,如图 2.8 所示。

图 2.6　在“学生”表设计窗口设置主键

学生

学号	姓名	性别	出生日期	政治面貌	专业	奖励否	生源地	简历	照片
20020002	宋卫华	男	2002年7月26日 星期五	团员	金融	☑	湖北武汉	喜欢篮球、唱歌	
20030005	王宇	男	2002年9月10日 星期二	群众	会计	☐	湖北宜昌	篮球、演讲	
21010001	林丹丹	女	2003年5月20日 星期二	团员	经济	☑	湖北黄石	喜欢唱歌、绘画	
21010002	张云飞	男	2003年8月12日 星期二	团员	经济	☐	北京海淀	喜欢篮球	
21010003	罗敏	男	2003年6月5日 星期四	团员	经济	☑	湖北天门	演讲比赛获三等奖	
21010004	李晓红	女	2003年11月15日 星期六	党员	经济	☐	湖北襄樊	喜欢唱歌	
21020001	肖科	男	2003年4月18日 星期五	团员	金融	☐	浙江金华	擅长绘画	
21020002	王小杰	男	2004年1月6日 星期二	团员	金融	☑	北京宣武	喜欢足球	
22030001	杨依依	女	2005年6月24日 星期五	党员	会计	☐	山西大同	喜欢唱歌、跳舞	
22030002	李倩	女	2005年1月18日 星期二	团员	会计	☑	贵州贵阳	担任学生会干事	

(下拉列表：党员、团员、群众)

记录：第 10 项(共 10 项)　无筛选器　搜索

图 2.7　“数据表视图”窗口

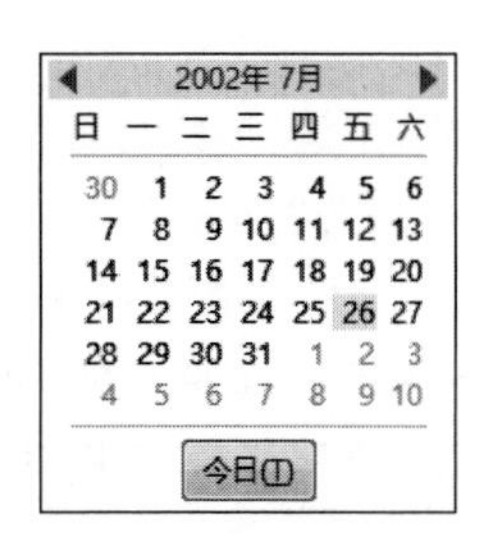

图 2.8　调整日期窗口

还可以直接输入日期，例如，2002 年 7 月 26 日，可输入：02-7-26。

(4) 在输入“政治面貌”字段值时，单击右侧的 ▾ 按钮，会将“政治面貌”字段所包含的内容全部列出，从中选择即可。

在输入过程中，只能输入对字段类型有效的值。若输入了无效数据，则系统会弹出一个信息框显示出错信息。在更正错误之前，无法将光标移动到其他字段上。

记录输入完毕后，关闭当前窗口，保存添加的记录到表中。若欲放弃对当前记录的编辑，可按 Esc 键。

(5) 输入“照片”字段值。

① 右击相应记录的照片字段数据区，弹出一个快捷菜单。

② 选择快捷菜单中的“插入对象”命令，弹出插入对象的对话框，如图 2.9 所示。

③ 选中“新建”单选按钮，将“对象类型”设置为 Bitmap Images(位图图像)，然后单击

图 2.9　插入对象的对话框之一

"确定"按钮,打开位图图像编辑软件——画图。

④ 选择"粘贴"菜单中的"粘贴来源"命令,在弹出的"粘贴来源"对话框中选定所需图片文件的位置和名称,单击"打开"按钮,相应的图片将被粘贴到"图片"软件中,此时可对图片进行剪裁,或者缩放调整图片大小,使其符合设计的要求。

⑤ 编辑完成后,关闭"画图"软件,完成对数据源的更新,返回"学生"数据表视图。

如果在图 2.9 所示的对话框中选中"由文件创建"单选按钮,则打开下一个插入对象的对话框,如图 2.10 所示。在其中输入相应的对象文件位置和名称,或者单击"浏览"按钮,选定所需文件的位置和名称,单击"确定"按钮,文件内容即保存到照片字段中。

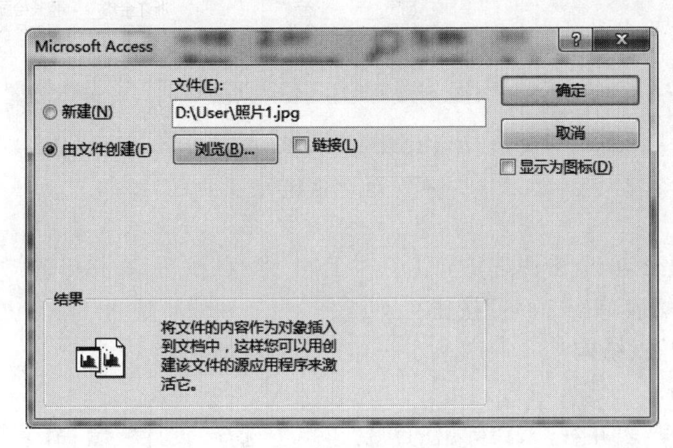

图 2.10　插入对象的对话框之二

(6) 输入数据后,保存文件。

3. 通过输入数据创建"课程"表

通过输入数据创建"教学管理系统"数据库中的"课程"表。表中包含的字段分别是"课程号""课程名称""课程分类""学分"。并设置"课程号"为主键。

操作步骤如下。

(1) 在"教学管理系统"数据库中,单击"创建"选项卡,选择"表格"组中的"表"按钮,打开如图 2.11 所示的空白数据表。

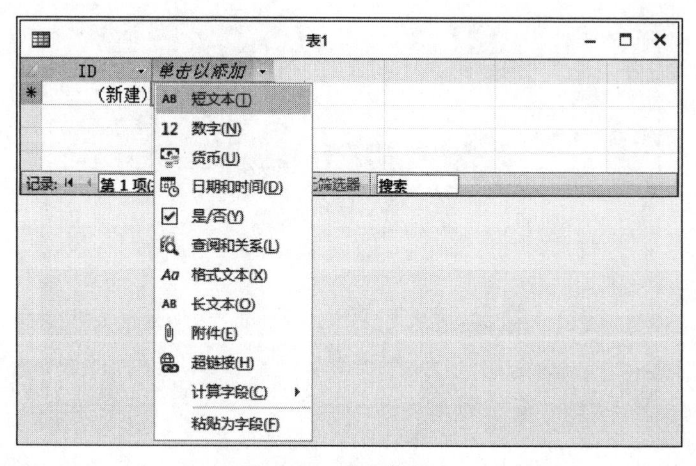

图2.11　空白数据表

(2) 单击"单击以添加",选择"短文本"选项确定字段类型,在显示"字段1"的位置,输入"课程号",按Enter键,光标出现在"课程号"右侧的单元格中。

(3) 用同样的方法依次输入其余字段的名称,建立表结构。

(4) 在记录区中逐行输入"课程"表中的各条记录,如图2.12所示。

ID	课程号	课程名称	课程分类	学分	单击以添
1	101	高等数学	必修课	4	
2	102	大学语文	必修课	3	
3	103	管理学	必修课	2	
4	104	数据库应用	必修课	3	
5	105	市场营销	选修课	2	
6	106	大学英语	必修课	4	
(新建)				0	

记录: 第6项(共6项)　无筛选器　搜索

图2.12　"课程"表

(5) 数据输入完毕,单击快速访问工具栏上的"保存"按钮,在弹出的"另存为"对话框中输入表名"课程",然后单击"确定"按钮。

4. 修改"课程"表结构

操作步骤如下。

(1) 选定"课程"表并右击,在弹出的快捷菜单中选择"设计视图"命令,打开表设计器。

(2) 选定ID字段,然后右击,在弹出的快捷菜单中选择"删除行"命令删除该行。按照表2.2对"课程"表结构进行修改。

表2.2　"课程"表结构

字段名称	字段类型	字段大小/格式	是否为主键
课程号	短文本	3	是
课程名称	短文本	20	否
课程分类	短文本	10	否
学分	数字	字节	否

(3) 设置“课程号”为主键。右击“课程号”字段,在弹出的快捷菜单中选择“主键”命令。

(4) 修改完成后单击“保存”按钮,保存“课程”表结构修改结果。

5. 通过 Excel 导入数据建立“教师”表

使用“导入表”的方法建立“教学管理系统”数据库中的“教师”表,数据来源是 Excel 表。

操作步骤如下。

(1) 在 Excel 中建立一个工作表 js. xlsx(保存在 D:\user 中),表中内容如图 2.13 所示。

	A	B	C	D	E
1	教师编号	姓名	性别	出生日期	职称
2	01001	赵伟华	男	1976-8-12	副教授
3	01002	田梅	女	1990-10-23	讲师
4	01003	李建国	男	1972-2-9	教授
5	01004	杜森	男	1985-3-15	副教授
6	01005	刘娜	女	1975-12-5	副教授
7	01006	王军	男	1987-8-13	讲师
8	01007	张艺	女	1982-12-5	讲师
9	01008	蒋芳菲	女	1992-7-19	助教

图 2.13　js. xlsx

(2) 在 Access 中打开“教学管理系统”数据库。

(3) 在“外部数据”选项卡中的“导入”组中选择 Excel 选项,弹出“获取外部数据-Excel 电子表格”对话框,如图 2.14 所示。然后,单击“浏览”按钮确定导入文件所在的文件夹为 D:\user,在文件列表框中选定 js. xlsx,单击“打开”按钮。接着选中“将源数据导入当前数据库的新表中”单选按钮,单击“确定”按钮。

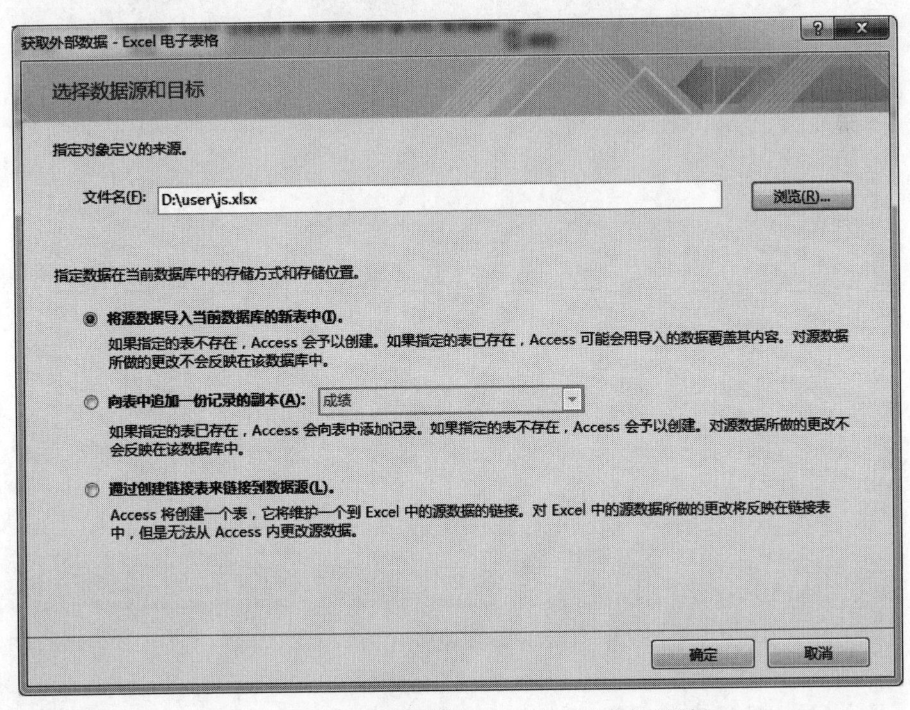

图 2.14　“获取外部数据-Excel 电子表格”对话框

(4) 弹出"导入数据表向导"对话框之一,单击"下一步"按钮,如图 2.15 所示。

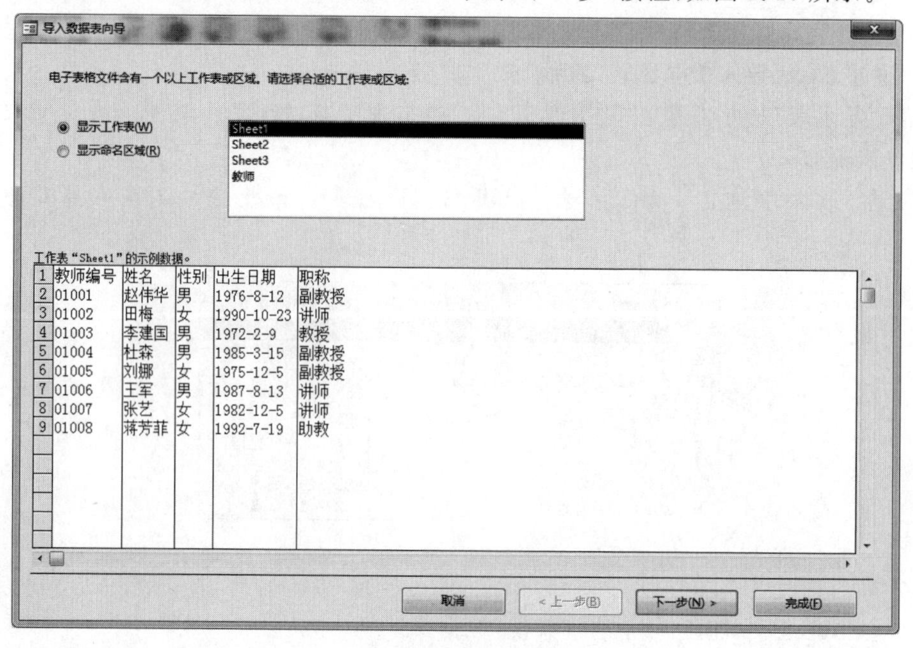

图 2.15 "导入数据表向导"对话框之一

(5) 进入"导入数据表向导"对话框之二,选中"第一行包含列标题"复选框,如图 2.16 所示,单击"下一步"按钮。

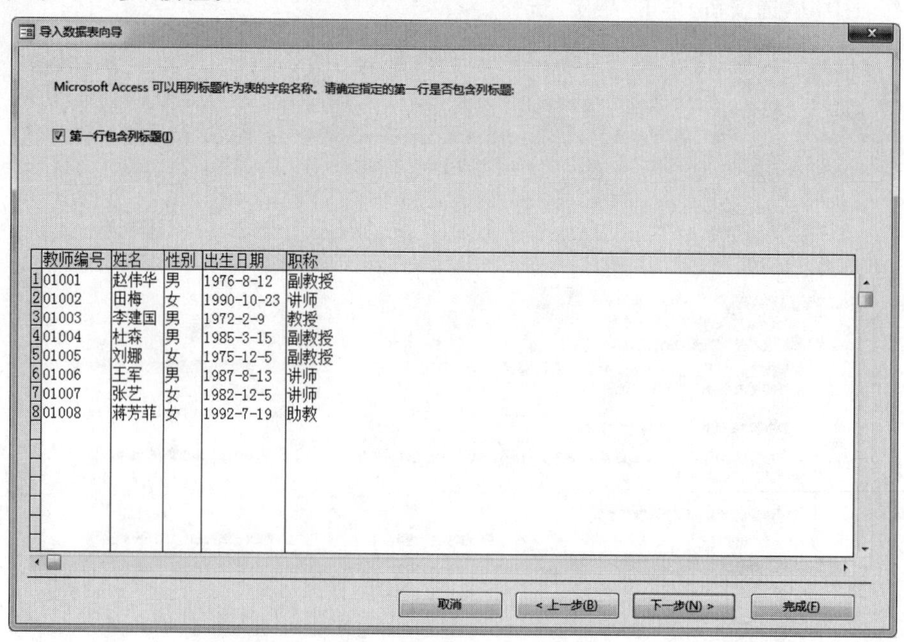

图 2.16 "导入数据表向导"对话框之二

(6) 进入"导入数据表向导"对话框之三,指定相关字段信息,如图 2.17 所示,单击"下一步"按钮。

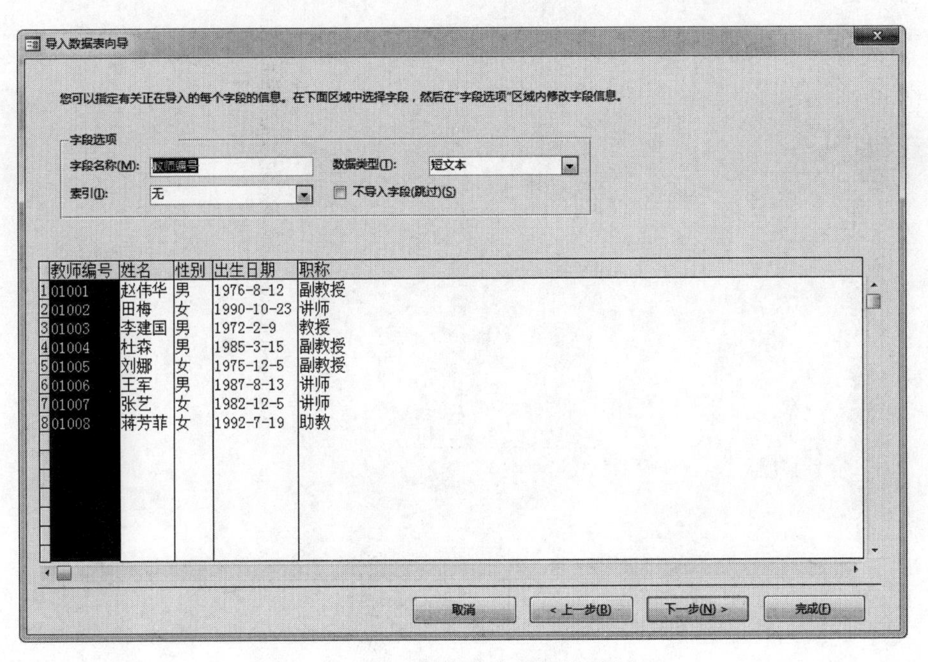

图 2.17 "导入数据表向导"对话框之三

(7) 进入"导入数据表向导"对话框之四，选中"我自己选择主键"单选按钮，单击右侧的下拉按钮选择"教师编号"为主键，如图 2.18 所示，单击"下一步"按钮。

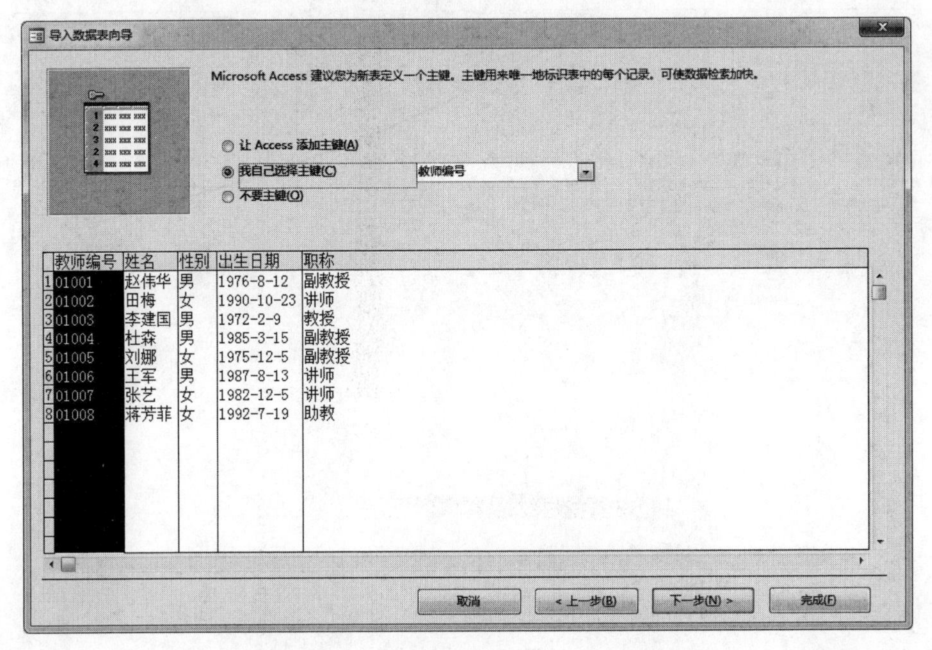

图 2.18 "导入数据表向导"对话框之四

(8) 进入"导入数据表向导"对话框之五。在"导入到表"文本框中输入"教师"，如图 2.19 所示，然后单击"完成"按钮。

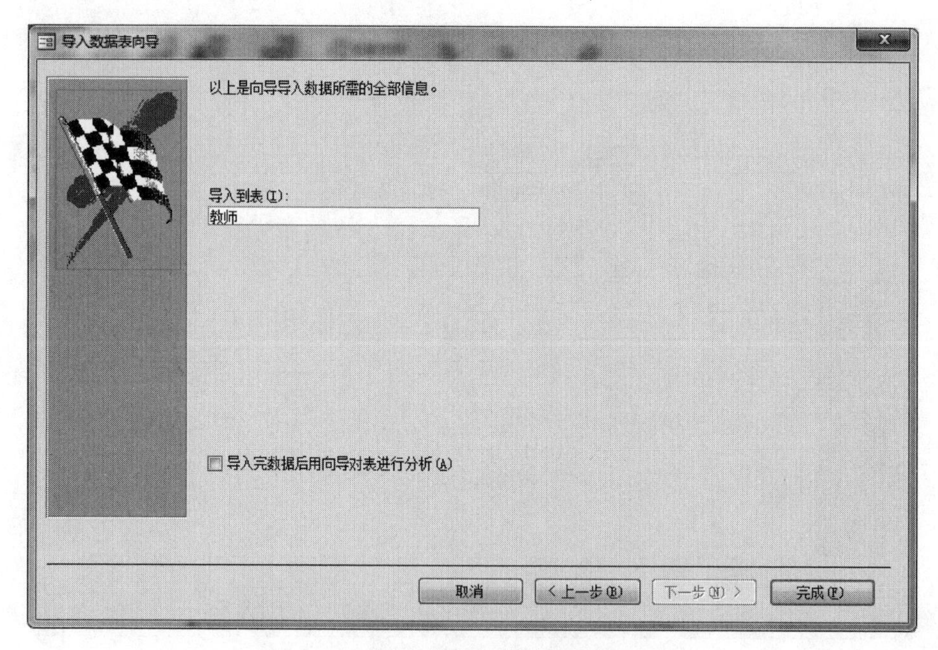

图 2.19 “导入数据表向导”对话框之五

(9) 弹出“获取外部数据-Excel 电子表格”对话框，如图 2.20 所示，单击“关闭”按钮，导入过程结束。

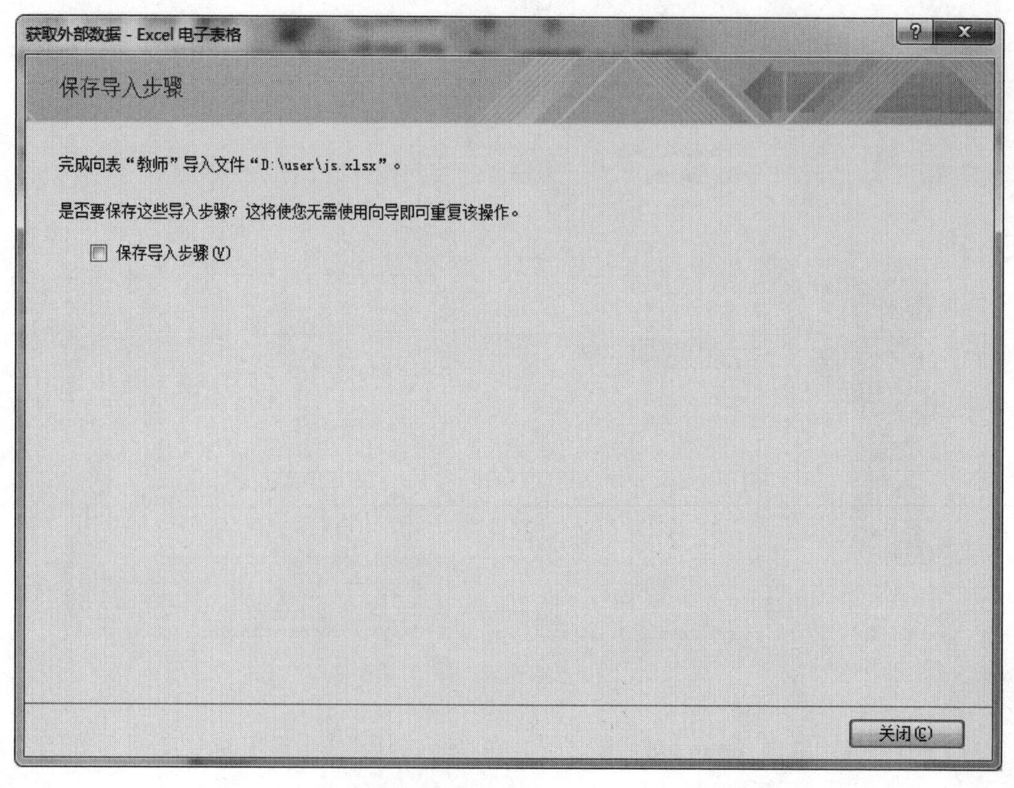

图 2.20 “获取外部数据-Excel 电子表格”对话框

(10) 打开导入完成的“教师”表，单击“视图”按钮，切换到表设计视图，按照表 2.3 对“教师”表结构进行修改。修改完成，保存修改结果。

表 2.3 “教师”表结构

字段名称	字段类型	字段大小/格式	是否为主键
教师编号	短文本	5	是
姓名	短文本	10	否
性别	短文本	1	否
出生日期	日期/时间	短日期	否
职称	短文本	10	否

(11) 单击“关闭”按钮，保存“教师”表结构修改结果，返回数据库操作窗口。

6. 建立“成绩”表

利用素材文件夹下的 cj.xlsx 文件，采用“导入表”的方法建立“教学管理系统”数据库中的“成绩”表。该表的结构如表 2.4 所示。注意：不设主键。

表 2.4 “成绩”表结构

字段名称	字段类型	字段大小/格式	小数位数
学号	短文本	8	
课程号	短文本	3	
成绩	数字	单精度	1
教师编号	短文本	5	

“成绩”表的数据如图 2.21 所示。

	A	B	C	D
1	学号	课程号	成绩	教师编号
2	21020002	105	81	01006
3	22030001	103	79	01004
4	22030001	104	84	01005
5	22030001	105	90	01006
6	22030002	103	95	01004
7	22030002	104	63	01005
8	22030002	105	82	01006
9	20020002	101	85	01001
10	20020002	102	78	01003
11	20030005	101	89	01001
12	20030005	102	82	01003
13	20020002	103	90	01004
14	20020002	104	65	01005
15	20020002	105	70	01006
16	20020002	106	80	01007
17	20030005	103	85	01004
18	20030005	104	90	01005
19	20030005	105	74	01006
20	20030005	106	63	01007

图 2.21 “成绩”表的数据

7. 导入文本文件建立“开课教师”表

利用素材文件夹下的 kkjs.txt 文件，采用“导入文本文件”的方法建立“教学管理系统”数据库中的“开课教师”表。

操作步骤如下。

(1) 用记事本或写字板建立一个文本文件 kkjs.txt(保存在 D:\user 中),文件中的数据如图 2.22 所示。

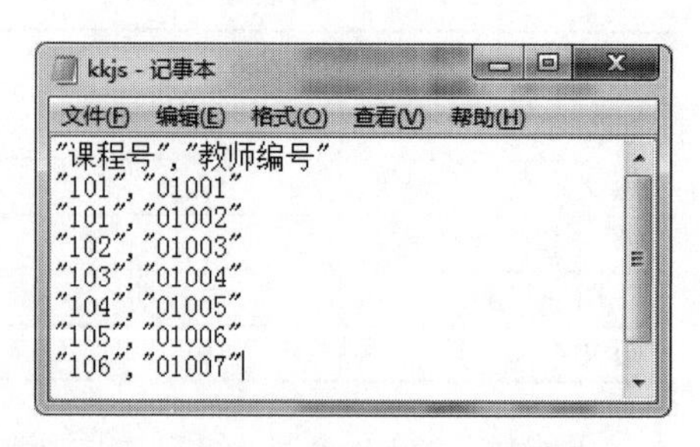

图 2.22　kkjs.txt 文件中的数据

(2) 在 Access 中打开"教学管理系统"数据库。

(3) 在"外部数据"选项卡中的"导入"组中选择"文本文件"选项,弹出"获取外部数据-文本文件"对话框,如图 2.23 所示。然后单击"浏览"按钮确定导入文件所在的文件夹为 D:\user,在文件列表框中选定 kkjs.txt,单击"打开"按钮。接着选中"将源数据导入当前数据库的新表中"单选按钮,单击"确定"按钮。

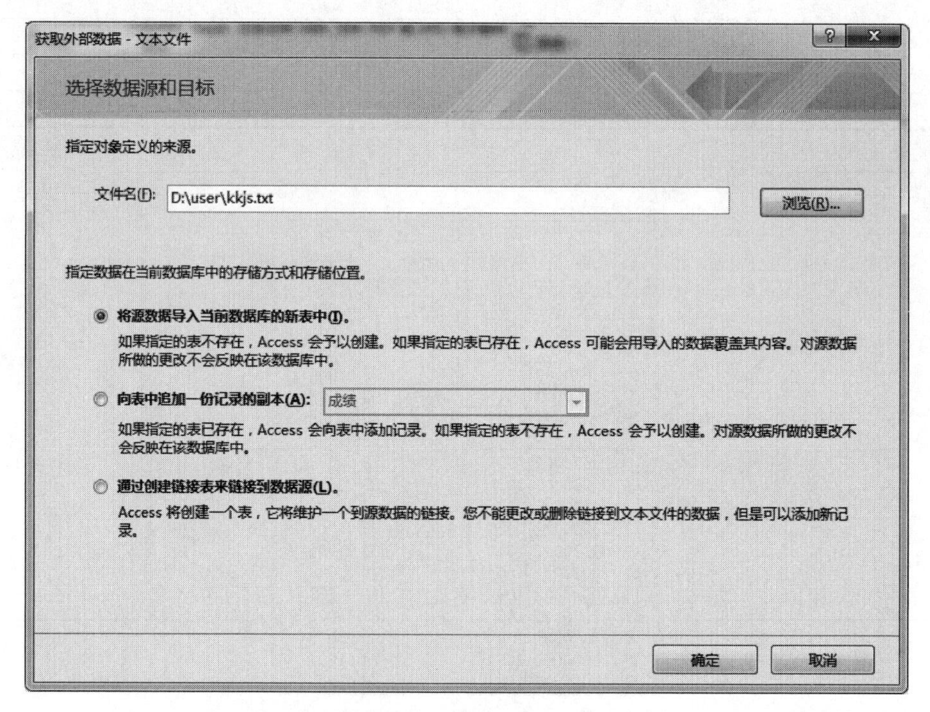

图 2.23　"获取外部数据-文本文件"对话框

(4) 弹出"导入文本向导"对话框之一,选中"带分隔符-用逗号或制表符之类的符号分隔每个字段"单选按钮,单击"下一步"按钮,如图 2.24 所示。

(5) 弹出"导入文本向导"对话框之二,选择"逗号"作为字段分隔符,选中"第一行包含字段名称"复选框,单击"下一步"按钮,如图 2.25 所示。

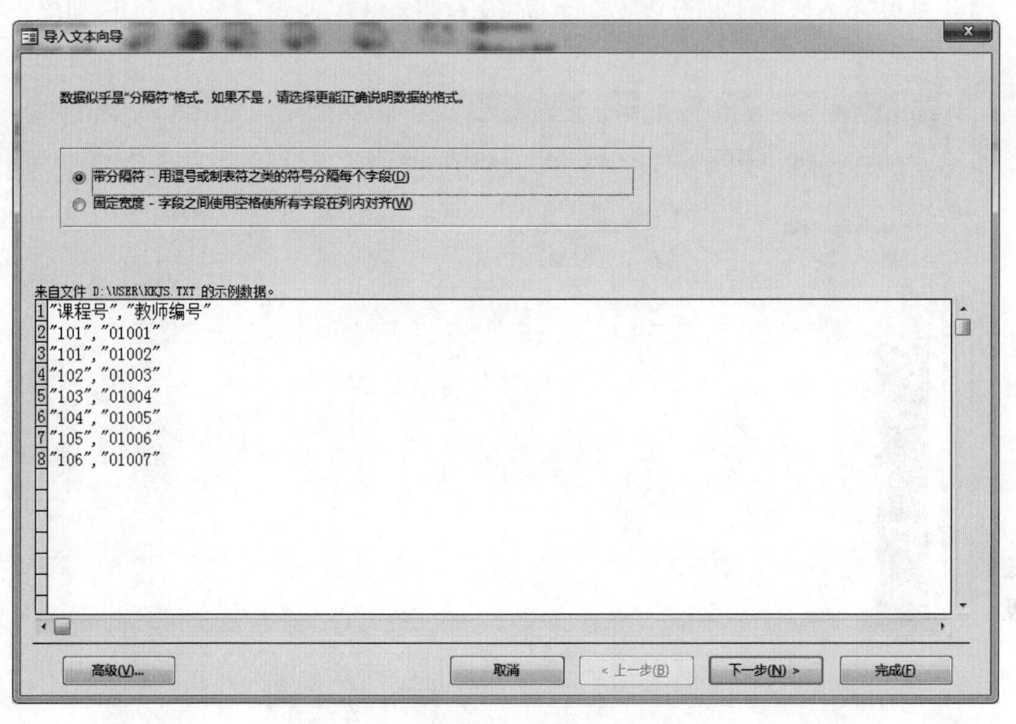

图 2.24 "导入文本向导"对话框之一

导入文本向导

请确定所需的字段分隔符。选择适当的字段分隔符并在下面的预览窗口中查看文本效果。

请选择字段分隔符

制表符(T) 分号(S) 逗号(C) 空格(P) 其他(O):

☑ 第一行包含字段名称(R) 文本识别符(Q): "

课程号	教师编号
101	01001
101	01002
102	01003
103	01004
104	01005
105	01006
106	01007

高级(V)... 取消 < 上一步(B) 下一步(N) > 完成(F)

图 2.25 "导入文本向导"对话框之二

(6) 弹出“导入文本向导”对话框之三,指定字段相关信息,单击“下一步”按钮,如图 2.26 所示。

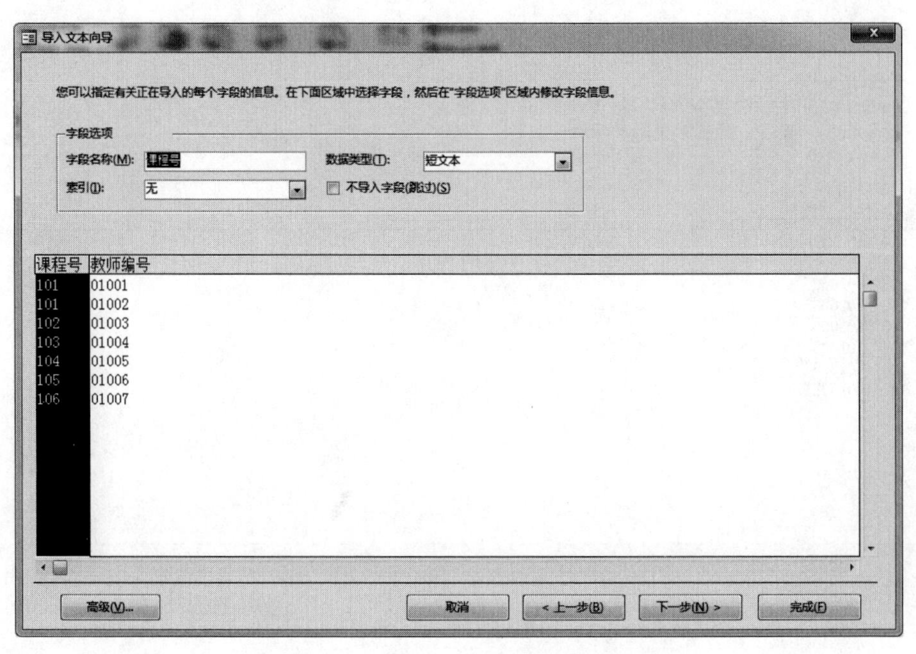

图 2.26 “导入文本向导”对话框之三

(7) 弹出“导入文本向导”对话框之四,选中“不要主键”单选按钮,单击“下一步”按钮,如图 2.27 所示。

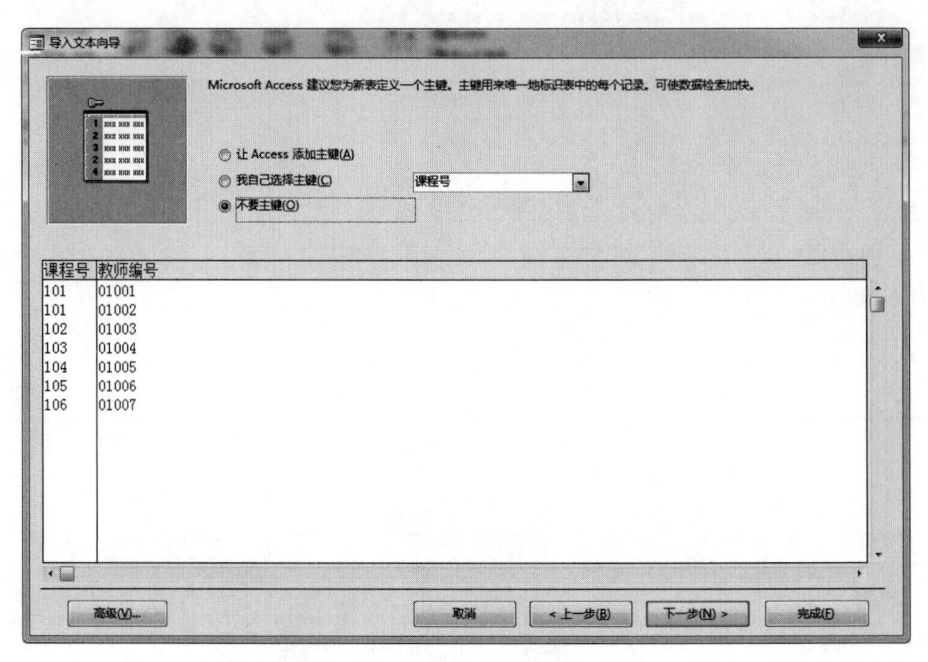

图 2.27 “导入文本向导”对话框之四

(8) 弹出“导入文本文件”对话框之五,在“导入到表”文本框中输入“开课教师”,如图 2.28 所示。单击“完成”按钮,导入过程结束。

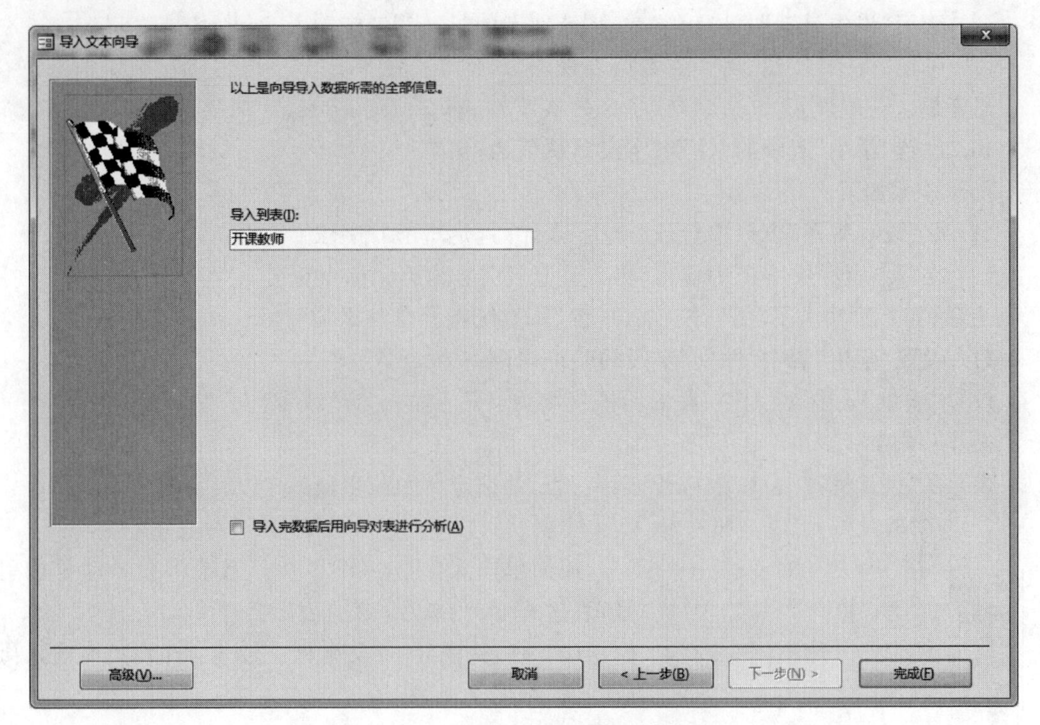

图 2.28 “导入文本文件”对话框之五

(9) 打开导入完成的“开课教师”表,单击“视图”按钮,切换到表设计视图,按照表 2.5 对“开课教师”表结构进行修改。

表 2.5 “开课教师”表结构

字段名称	字段类型	字段大小
课程号	短文本	3
教师编号	短文本	5

(10) 单击“关闭”按钮,保存“开课教师”表结构修改结果,返回数据库操作窗口。

8. 设置“学生”表“学号”字段的输入掩码

设置“学生”表的“学号”字段大小为 8。每位上只能是 0~9 的数字,因此,其输入掩码的格式串应写成 00000000。

操作步骤如下。

(1) 在设计视图下打开“学生”表。

(2) 选定“学号”字段,在“常规”选项卡的“输入掩码”文本框中输入:00000000。

9. 设置“学生”表的“出生日期”字段的格式

设置“学生”表的“出生日期”字段的格式为:yyyy/mm/dd。即用 4 位数字表示年,2 位数字表示月,2 位数字表示日。

操作步骤如下。

(1) 在设计视图下打开"学生"表。

(2) 选定"出生日期"字段,在"常规"选项卡的"格式"框中输入:yyyy/mm/dd。

(3) 单击"视图"按钮,切换到数据表视图,观察操作结果。

思考题:如果设置"出生日期"字段的格式为 yyyy-mmm-ddd,请观察操作结果。

10. 设置"学生"表中的"性别"字段默认值为"男"

操作步骤如下。

(1) 在"设计视图"窗口中打开"学生"表,并选定"性别"字段。

(2) 在"默认值"文本框中输入"男"(注意:引号为英文标点符号)。

注意,如果只输入了"男",按 Enter 键后,系统将会自动添加引号。

11. 设置"学生"表中"性别"字段的验证规则

设置"学生"表中"性别"字段的验证规则为:只能输入"男"或者"女"这两个汉字。

操作步骤如下。

(1) 在"设计视图"窗口中打开"学生"表,并选定"性别"字段。

(2) 在"验证规则"文本框中输入:[性别]= "男" Or [性别]= "女"。

或简单输入:男 OR 女。系统将会自动添加引号,表达式变为:"男" Or "女"。

(3) 在"验证文本"文本框中输入:性别只能输入男或者女,如图 2.29 所示。

(4) 单击快速访问工具栏上的"保存"按钮,完成属性的设置。

(5) 切换到数据表视图,观察结果。

常规 查阅

字段大小	1
格式	
输入掩码	
标题	
默认值	"男"
验证规则	"男" Or "女"
验证文本	性别只能输入男或者女
必需	否

图 2.29 设置"性别"字段的验证规则

12. 输入自己的信息

在数据表视图中,将自己的信息输入到"学生"表中,并仔细观察输入后的结果。

13. 给"成绩"表中的"成绩"字段设置验证规则和验证文本

设置"成绩"表中的"成绩"字段的验证规则为:考试成绩在 0 到 100 之间。

操作步骤如下。

(1) 在"设计视图"窗口中打开"成绩"表,并选定"成绩"字段。

(2) 在"验证规则"文本框中输入:[成绩]＞＝0 AND [成绩]＜＝100。

或简单输入:＞＝0 And ＜＝100。

(3) 在"验证文本"文本框中输入"考试成绩在 0 到 100 之间",如图 2.30 所示。

(4) 单击快速访问工具栏上的"保存"按钮,完成属性的设置。

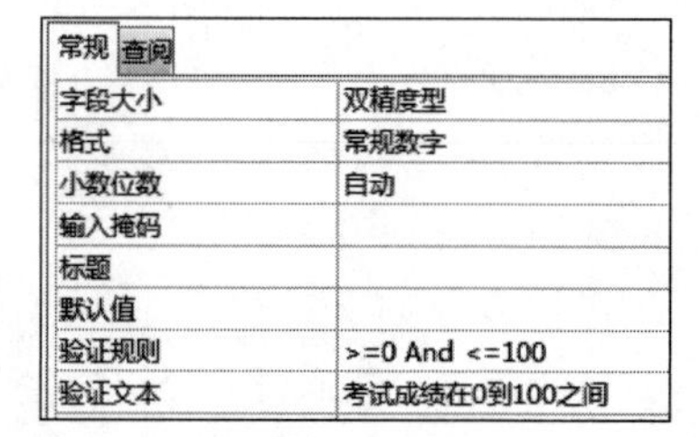

常规 查阅

字段大小	双精度型
格式	常规数字
小数位数	自动
输入掩码	
标题	
默认值	
验证规则	>=0 And <=100
验证文本	考试成绩在0到100之间

图 2.30 设置"成绩"字段的验证规则

14. 冻结或取消冻结"学生"表中的"学号"列

操作步骤如下。

(1) 双击"学生"表,在数据表视图中打开"学生"表。

(2) 右击"学号"字段名,在弹出的快捷菜单中选择"冻结字段"命令。

(3) 拖动滑块或单击水平滚动按钮将表左右移动,观察效果。

(4) 右击“学号”字段名,在弹出的快捷菜单中选择“取消冻结所有字段”命令,将冻结字段解除冻结。

15. 隐藏“学生”表中的“性别”字段

操作步骤如下。

(1) 右击“性别”字段名,在弹出的快捷菜单中选择“隐藏字段”命令。

(2) 观察结果。

(3) 右击任意字段名,在弹出的快捷菜单中选择“取消隐藏字段”命令,取消隐藏。

16. 对“学生”表进行格式设置

操作步骤如下。

(1) 在数据表视图中打开“学生”表。

(2) 选择“开始”选项卡“文本格式”组的相关按钮,改变数据表中数据的字体、字型、字号和背景,如图 2.31 所示。在此将“学生”表的字体、字型、字号及颜色分别调整为宋体、粗体、11 号及蓝色。

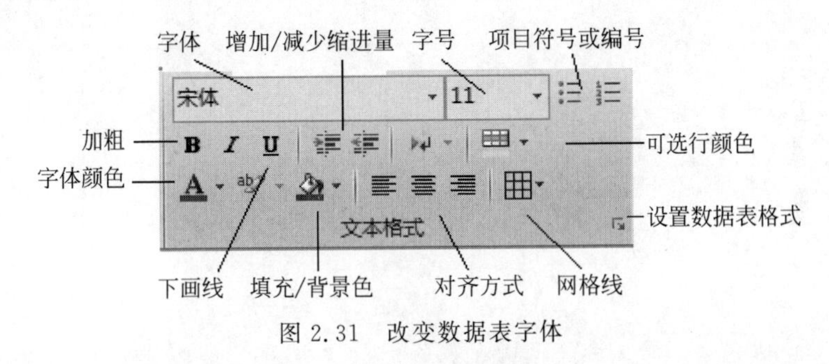

图 2.31 改变数据表字体

(3) 选择“开始”选项卡“文本格式”组右下角的 按钮,弹出“设置数据表格式”对话框,如图 2.32 所示。

图 2.32 “设置数据表格式”对话框

(4) 设置“单元格效果”为“平面”,“网格线颜色”为黑色,“背景色”为白色。单击“确定”按钮,完成对数据表格式的设置。

注意:如果在“单元格效果”选项组中选中“凸起”或“凹陷”单选按钮,则不能再对其他选项进行设置。

17. 关闭“教学管理系统”数据库

单击“文件”菜单中的“关闭数据库”命令,关闭“教学管理系统”数据库。

实验 3 数据表的排序与索引

一、实验目的

(1) 掌握各种筛选记录的方法。

(2) 掌握表中记录的排序方法。

(3) 掌握索引的种类及建立方法。

(4) 掌握表间关联关系的建立方法。

二、实验内容

(1) 对"学生"表中的记录进行定位。

(2) 对"学生"表中的记录进行简单排序。

(3) 显示"学生"表中女生的记录。

(4) 显示"学生"表中不是"会计"专业的记录。

(5) 显示"学生"表中姓"李"的学生记录。

(6) 显示"学生"表中出生日期在 2003 年之后的学生记录。

(7) 按窗体筛选方式在"学生"表中筛选出"会计"专业的女学生。

(8) 使用高级筛选方式筛选出获得奖励的女学生,并按学号升序排序。

(9) 在"学生"表中对"性别"字段创建参数筛选。

(10) 在"学生"表中对"性别"字段创建普通索引。

(11) 创建多字段索引,对"学生"表按"性别"字段升序和"出生日期"字段降序创建普通索引。

(12) 创建表间关系。

(13) 子数据表的使用。

(14) 关闭"数学管理系统"数据库。

(15) 数据表的拆分。

(16) 使用函数设置日期默认值。

(17) 设置表的验证规则。

三、实验步骤

1. 对"学生"表中的记录进行定位

方法一:

(1) 在导航窗格中选定"学生"表,然后双击,在数据表视图中打开"学生"表。

(2) 单击"开始"选项卡"查找"组的"转至"按钮,弹出如图 3.1 所示的菜单。

(3) 选择相关命令进行记录定位。

方法二:

在"数据表视图"窗口中打开"学生"表后,选择窗口的记录定位器,如图 3.2 所示。

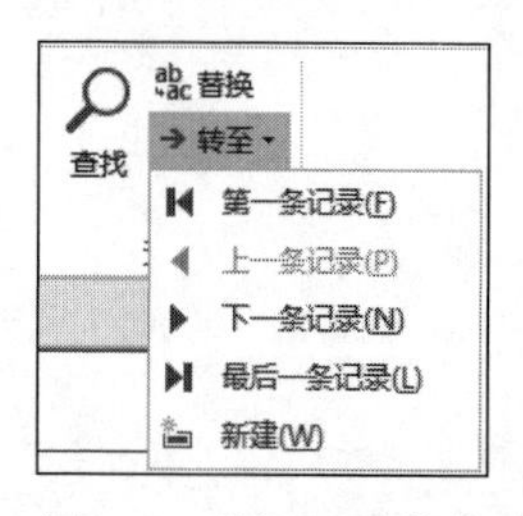

图 3.1 "转至"子菜单

图 3.2 记录定位器

(1) 使用定位器中的 ⏮、◀、▶ 和 ⏭ 按钮定位记录。

(2) 在记录编号框中直接输入记录号,然后按 Enter 键。

(3) 直接将光标定位在指定的记录上。

图 3.3 "排序和筛选"按钮组

2. 对"学生"表中的记录进行简单排序

"开始"选项卡中"排序和筛选"按钮组如图 3.3 所示。

操作步骤如下。

(1) 在数据表视图中打开"学生"表。

(2) 选定"学号"字段,单击 升序 按钮,按"学号"升序排序。

(3) 选定"性别"字段,单击 降序 按钮,按"性别"降序排序。

(4) 单击 取消排序 按钮,取消排序,将记录恢复到排序前的顺序。

3. 显示"学生"表中女生的记录

操作步骤如下。

(1) 将光标指向"性别"字段值为"女"的记录。

(2) 单击"开始"选项卡中"排序和筛选"按钮组上的 选择 按钮,选择"等于"女""命令,如图 3.4 所示。

(3) 单击"排序和筛选"按钮组上的 切换筛选 按钮,恢复显示原来所有的记录。

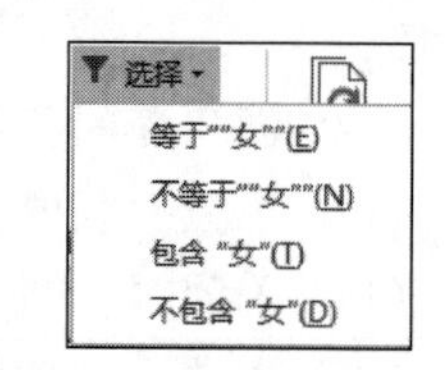

图 3.4 基于选定内容筛选按钮

4. 显示"学生"表中不是"会计"专业的记录

操作步骤如下。

(1) 将光标指向"专业"字段值为"会计"的记录。

(2) 右击,在弹出的快捷菜单中选择"不等于'会计'"命令。查看筛选结果。

(3) 右击"专业"字段,在弹出的快捷菜单中选择"从'专业'清除筛选器"命令,恢复显示原来所有的记录。

5. 显示"学生"表中姓"李"的学生记录

操作步骤如下。

(1) 在"数据表视图"窗口中打开"学生"表,将光标指向"姓名"字段。

(2) 右击,在弹出的快捷菜单中选择“文本筛选器”中的“包含”命令,在弹出的对话框中输入条件“李”,如图 3.5 所示。

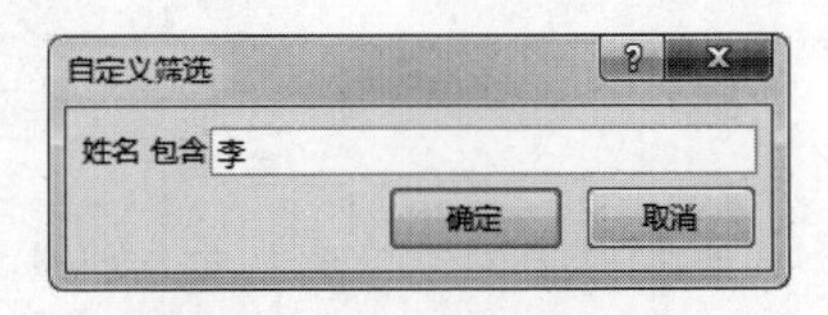

图 3.5　设定文本筛选目标

(3) 单击“确定”按钮执行筛选。

(4) 单击“排序和筛选”按钮组上的 切换筛选 按钮,恢复显示原来所有的记录。

6. 显示“学生”表中出生日期在 2003 年之后的学生记录

操作步骤如下。

(1) 在“数据表视图”窗口中打开“学生”表,将光标指向“出生日期”字段。

图 3.6　给定日期筛选目标

(2) 右击,在弹出的快捷菜单中的选择“日期筛选器”中的“之后”命令,在弹出的对话框中输入条件“♯2003-1-1♯”,如图 3.6 所示。

(3) 单击“确定”按钮执行筛选。

(4) 单击“排序和筛选”按钮组上的 切换筛选 按钮,恢复显示原来所有的记录。

7. 按窗体筛选方式在“学生”表中筛选出“会计”专业的女学生

操作步骤如下。

(1) 单击“排序和筛选”按钮组“高级”选项中的 按窗体筛选(F) 按钮,打开“按窗体筛选”窗口。

(2) 选择“性别”字段,单击其右侧的下拉箭头,在下拉列表框中选定"女";选择“专业”字段,单击其右侧的下拉箭头,在下拉列表框中选定"会计",如图 3.7 所示。

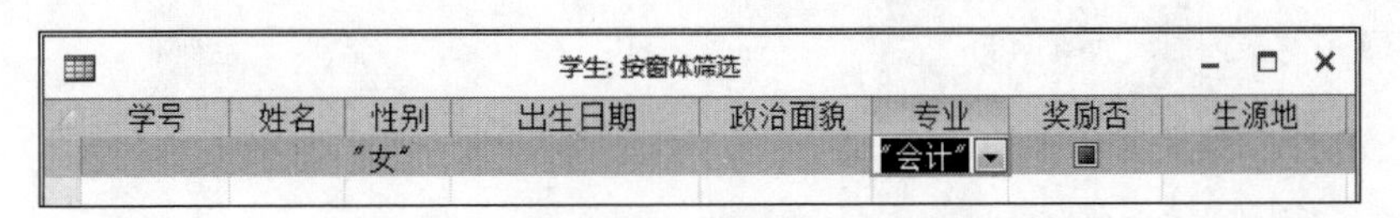

图 3.7　在“按窗体筛选”窗口中设置的筛选条件

(3) 单击“排序和筛选”按钮组“高级”选项中的 切换筛选 按钮,查看筛选结果。

(4) 再次单击“排序和筛选”按钮组“高级”选项中的 切换筛选 按钮,恢复显示原来所有的记录。

8. 使用高级筛选方式筛选出获得奖励的女学生,并按学号升序排序

操作步骤如下。

(1) 单击“排序和筛选”按钮组“高级”选项中的“高级筛选/排序”按钮,弹出的对话框如图 3.8 所示。

(2) 在“字段”栏中选择“学号”字段,在“排序”栏选择排序方式为“升序”;然后选择“性别”字段,在“条件”栏内输入筛选条件"女";选择“奖励否”字段,在“条件”栏内输入筛选条件 True。

(3) 单击“排序和筛选”按钮组中“高级”选项中的 切换筛选 按钮,观察结果。

(4) 再次单击“排序和筛选”按钮组中“高级”选项中的 切换筛选 按钮,恢复显示原来所有的记录。

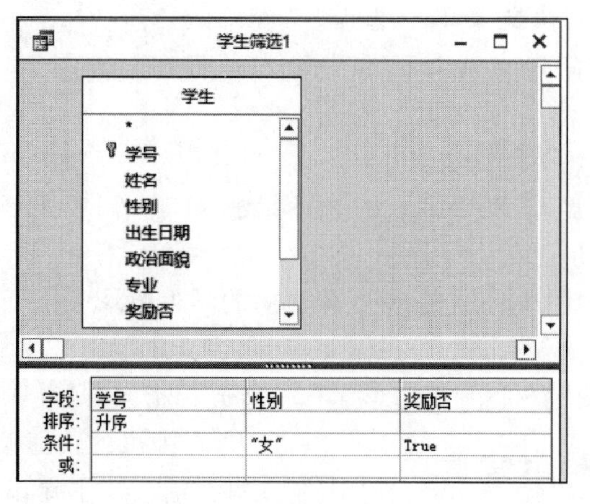

图 3.8　高级筛选窗口

9. 在"学生"表中对"性别"字段创建参数筛选

操作步骤如下。

(1) 单击"排序和筛选"组"高级"选项中的"高级筛选/排序"按钮。

(2) 在打开的筛选窗口中进行相应操作,如图 3.9 所示。

在字段列表中选择"性别"字段,在"条件"栏内输入筛选条件"[请输入性别]"。

(3) 单击"排序和筛选"按钮组"高级"选项中的 切换筛选 按钮,弹出"输入参数值"对话框,提示用户输入性别,输入"男",如图 3.10 所示。单击"确定"按钮,观察结果。

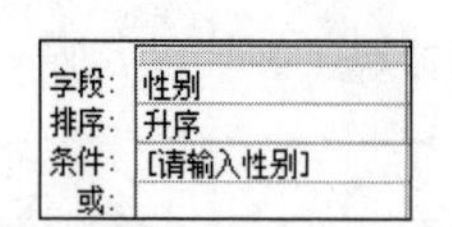

图 3.9　在打开的筛选窗口中设置参数

图 3.10　"输入参数值"对话框

(4) 单击"排序和筛选"按钮组"高级"选项中的 切换筛选 按钮,恢复显示原来所有的记录。

10. 在"学生"表中对"性别"字段创建普通索引

操作步骤如下。

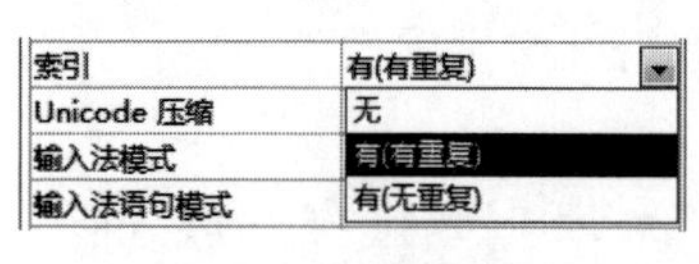

图 3.11　普通索引

(1) 在"设计视图"窗口中打开"学生"表。

(2) 选定"性别"字段,再单击"常规"选项卡中"索引"的下拉箭头,选择"有(有重复)"选项,如图 3.11 所示。

(3) 保存表,结束索引的建立。

11. 创建多字段索引,对"学生"表按"性别"字段升序和"出生日期"字段降序创建普通索引

操作步骤如下。

(1) 在"设计视图"窗口中打开"学生"表。

(2) 单击"设计"选项卡中的"索引"按钮 ,弹出"索引:学生"对话框,如图 3.12 所示。

(3) 在"索引名称"的空白行中输入"性别日期",在"字段名称"下拉列表中选定第一个

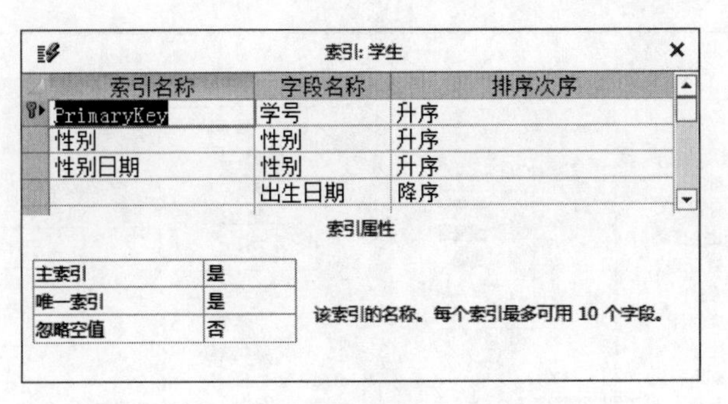

图 3.12 “索引：学生”对话框

字段“性别”，“排序次序”为“升序”；在“字段名称”的下一行选择第二个字段“出生日期”(该行的索引名称为空)，“排序次序”为“降序”。

(4) 保存表，结束多字段索引的建立。

12. 建立表间关系

在“教学管理系统”数据库中，在“学生”表和“成绩”表之间建立一对多的关系；在“课程”表与“成绩”表之间建立一对多的关系；在“教师”表与“开课教师”表之间建立一对多的关系；在“教师”表与“成绩”表之间建立一对多的关系；在“课程”表与“开课教师”表之间建立一对多的关系。

操作步骤如下。

(1) 打开“教学管理系统”数据库。

(2) 设置“学生”表中的“学号”字段为主键；“课程”表中的“课程号”字段为主键；“教师”表中的“教师编号”字段为主键。

(3) 关闭所有的数据表。

(4) 单击“数据库工具”选项卡中“关系”组中的“关系”按钮，弹出“显示表”对话框，如图 3.13 所示。

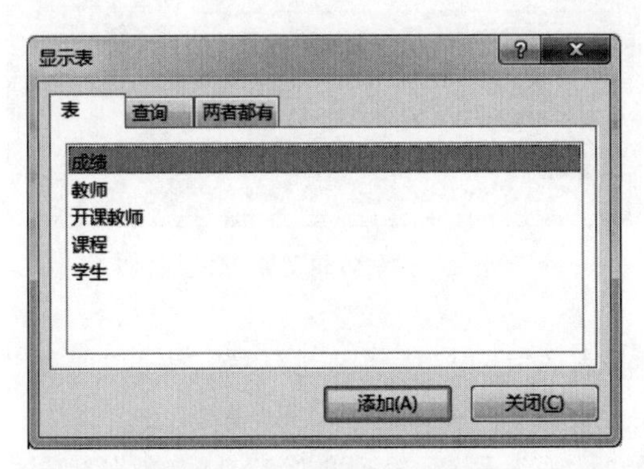

图 3.13 “显示表”对话框

(5) 在“显示表”对话框中，分别选定“学生”表、“成绩”表、“课程”表、“教师”表和“开课教师”表，通过单击“添加”按钮，将它们添加到“关系”窗口中，如图 3.14 所示。单击“关闭”按钮，关闭“显示表”对话框。

注意：如果某个表被多次打开，右击该表，在弹出的快捷菜单中选择“隐藏表”命令，关

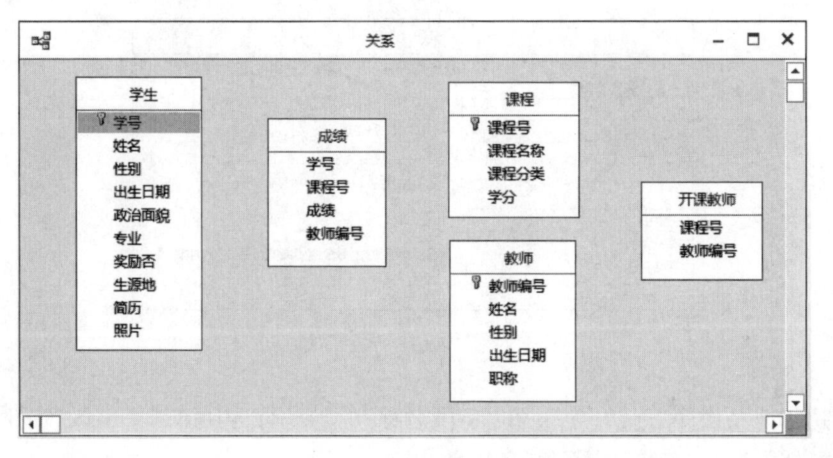

图 3.14 “关系”窗口

闭多余的表。如果遗漏了某个表,右击空白处,在弹出的快捷菜单中选择“显示表”命令,打开相应的表。

(6) 在“关系”窗口中拖动“学生”表的“学号”字段到“成绩”表的“学号”字段上,释放鼠标,即可弹出“编辑关系”对话框。

(7) 在“编辑关系”对话框中选中“实施参照完整性”“级联更新相关字段”“级联删除相关记录”复选框,单击“确定”按钮,创建“学生”表(父表)和“成绩”表(子表)按“学号”字段建立的一对多关系,如图 3.15 所示。

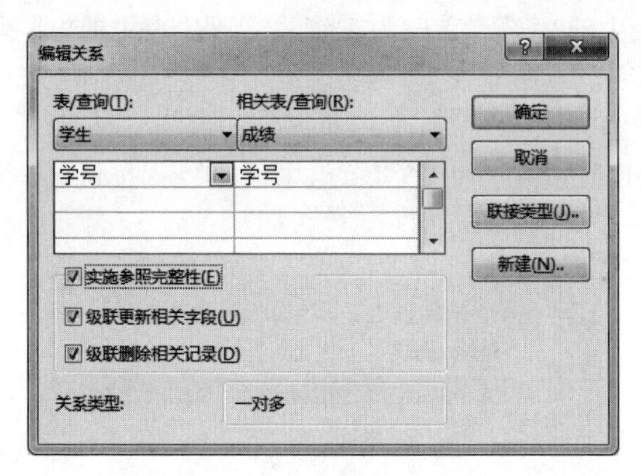

图 3.15 “编辑关系”对话框

(8) 同理,拖动“课程”表的“课程”号字段到“成绩”表的“课程”号字段上,在弹出的“编辑关系”对话框中进行相关设置,创建“课程”表和“成绩”表之间的一对多关系。

(9) 拖动“教师”表的“教师编号”字段到“成绩”表的“教师编号”字段上,在弹出的“编辑关系”对话框中进行相关设置,建立“教师”表与“开课教师”表之间的一对多的关系。

(10) 拖动“教师”表的“教师编号”字段到“开课教师”表的“教师编号”字段上,在弹出的“编辑关系”对话框中进行相关设置,建立“教师”表与“开课教师”表之间的一对多关系。

(11) 拖动“课程”表的“课程号”字段到“开课教师”表的“课程号”字段上,在弹出的“编辑关系”对话框中进行相关设置,建立“课程”表与“开课教师”表之间的一对多关系。

(12) 完成关系建立的“关系”窗口如图 3.16 所示。

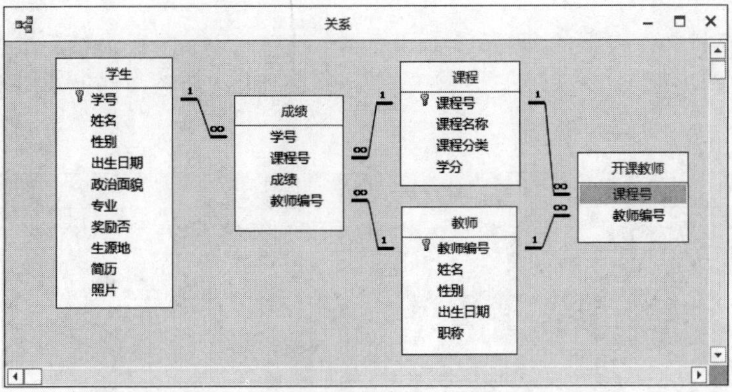

图 3.16　完成关系建立的“关系”窗口

(13) 单击“关闭”按钮,关闭“关系”窗口,保存所创建的关系。

13. 子数据表的使用

在两个表之间建立关联后,在主表的数据表视图中能看到左边新增了带有“+”的一列,这说明该表与另外的表(子数据表)建立了关系。

从“学生”表中查看“成绩”子数据表的内容。

操作步骤如下。

(1) 在“数据表视图”窗口中打开“学生”表。

(2) 单击“+”按钮,可以看到“成绩”子数据表中的相关记录,“+”符号变成“−”符号,如图 3.17 所示。

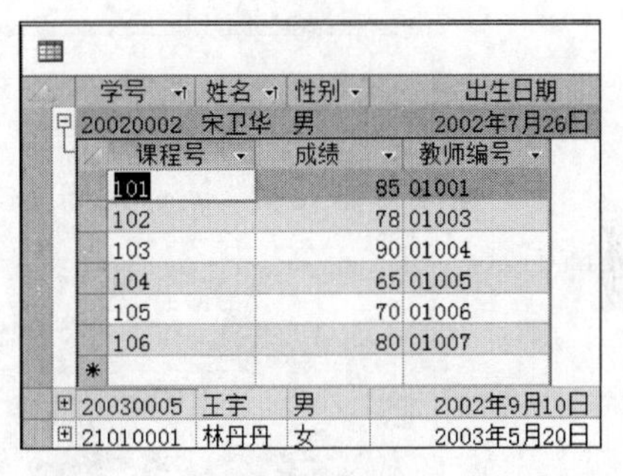

图 3.17　与“成绩”表建立了关系的“学生”表

此时,可以对“成绩”表进行编辑。

给“成绩”子数据表中的相关记录输入考试成绩,输入一个 100 分,一个不及格成绩。

(3) 单击“−”按钮,可以隐藏“成绩”子数据表中的相关记录。

(4) 单击“关闭”按钮,关闭“学生”表。

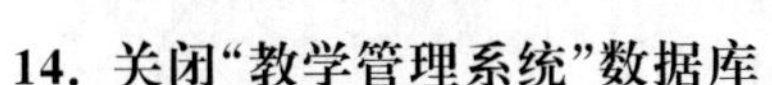

14. 关闭“教学管理系统”数据库

选择“文件”菜单中的“关闭数据库”命令,关闭“教学管理系统”数据库。

15. 数据表的拆分

在创建数据库的过程中,如果有些表的结构不符合规范化要求,可以对相应的数据表进行拆分操作。

在素材文件夹下,samp1.accdb 数据库中已建立表对象 student。

student 表结构为:学号,姓名,性别,出生日期,籍贯,入学日期,院系,院长,院办电话;主键为学号。其中:院系、院长、院办电话 3 个字段互相依赖,不符合规范化要求。

将 student 表拆分为两个新表,表名分别为 tStud 和 tOffice。其中 tStud 表结构为:学号,姓名,性别,出生日期,籍贯,入学日期;主键为学号。tOffice 表结构为“院系,院长,院办电话”；主键为“院系”,同时保留 student 表。

操作步骤如下。

(1) 打开素材文件夹下的 samp1. accdb。

(2) 选择“数据库工具”选项卡“分析”组中的“分析表”命令,打开“表分析器向导”对话框,如图 3.18 所示。

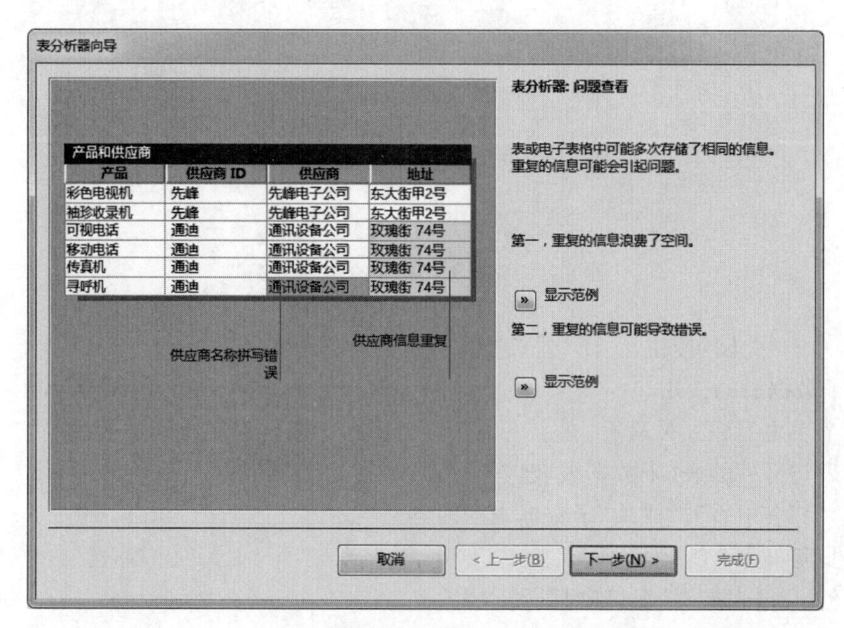

图 3.18 “表分析器向导”对话框之一

(3) 连续单击两次“下一步”按钮,分别弹出如图 3.19 和图 3.20 所示“表分析器向导”对话框之二和之三,选中 student 表,单击“下一步”按钮。

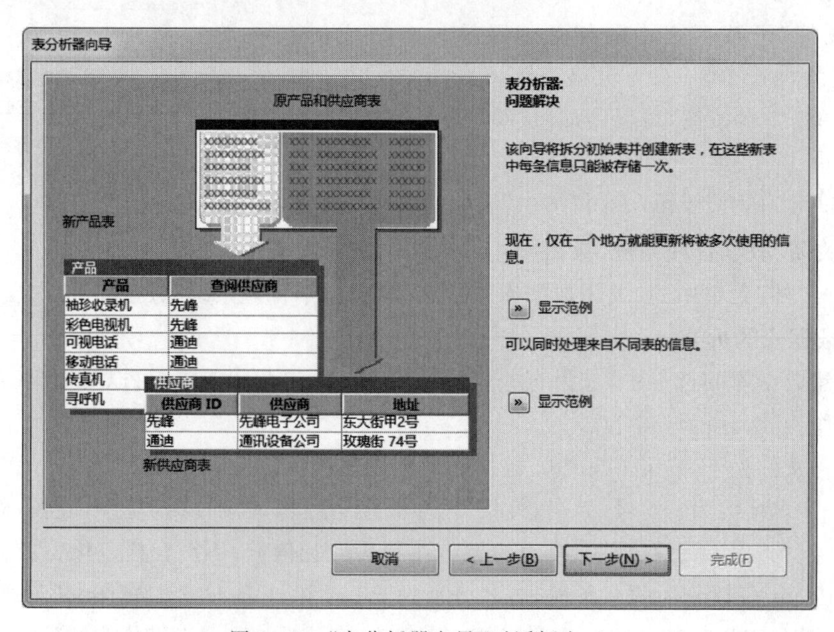

图 3.19 “表分析器向导”对话框之二

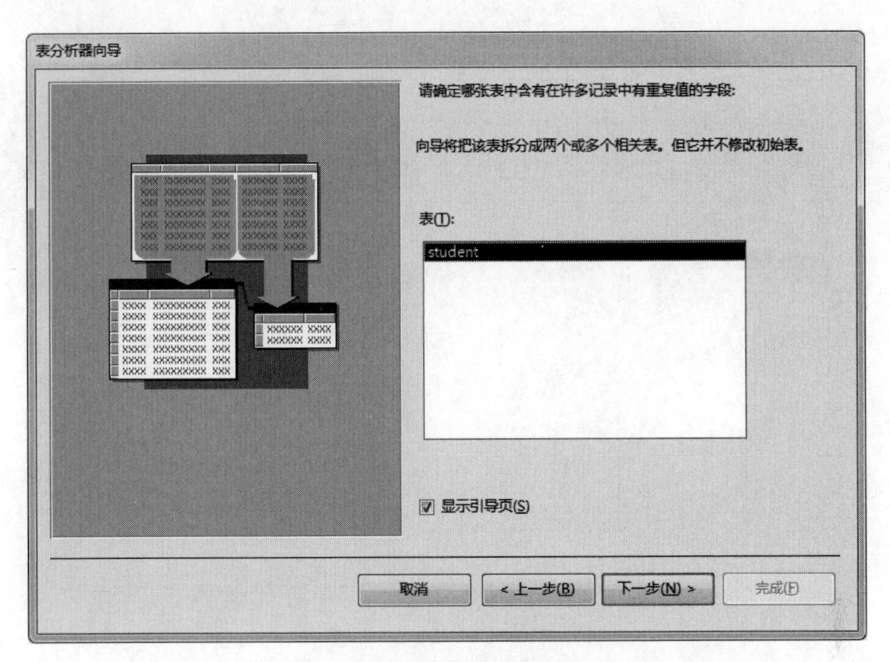

图 3.20 “表分析器向导”对话框之三

(4) 在如图 3.21 所示的“表分析器向导”对话框之四中,选中“否,自行决定”单选按钮,连续单击两次“下一步”按钮。

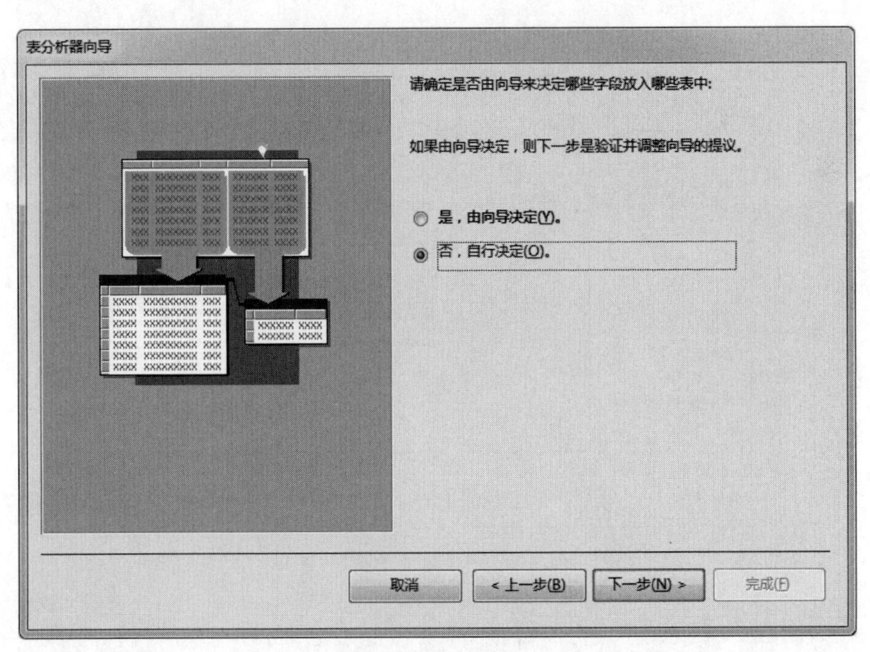

图 3.21 “表分析器向导”对话框之四

(5) 在如图 3.22 所示的“表分析器向导”对话框之五中,选中“表 1”,单击“重命名表”按钮,在“表名称”文本框中输入表名 tStud 后,单击“完成”按钮。

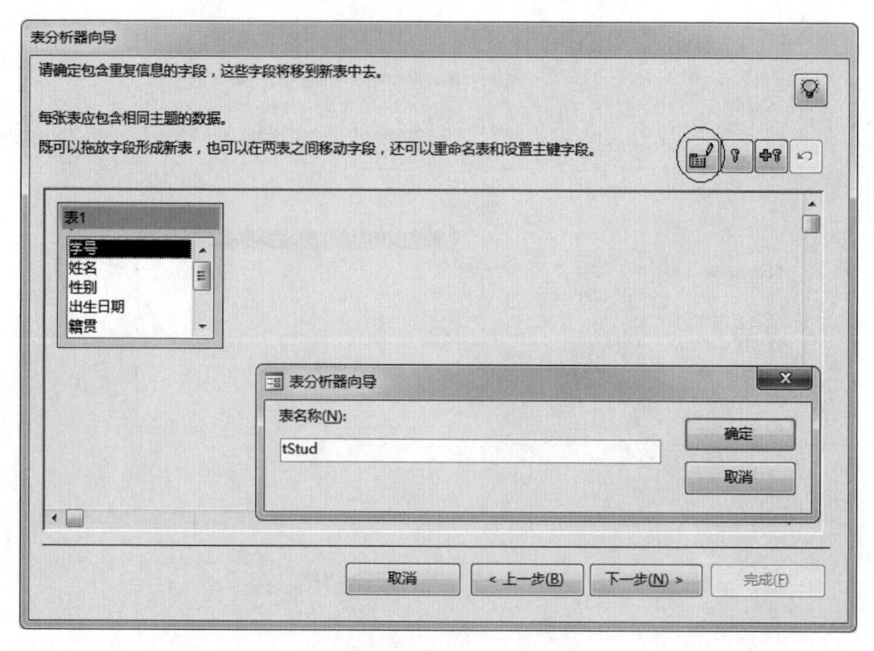

图 3.22 “表分析器向导”对话框之五

(6) 在如图 3.23 所示的“表分析器向导”对话框之六中，从 tStud 表中拖放出“院系”字段形成新表 tOffice，单击“完成”按钮。

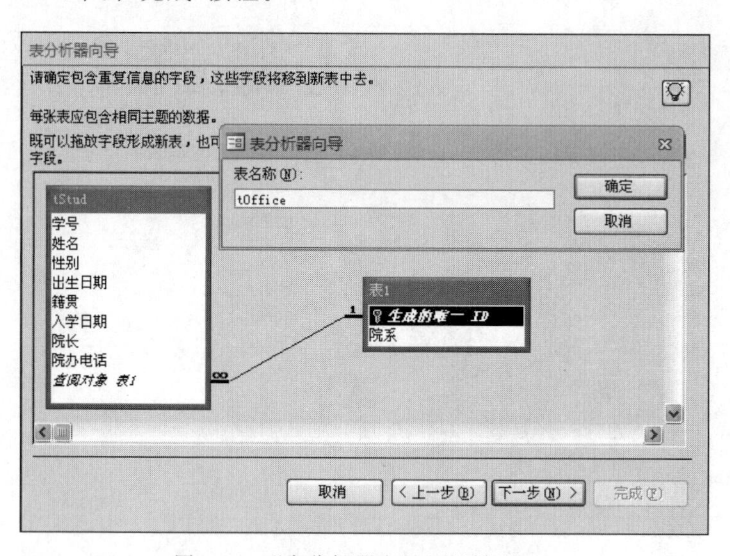

图 3.23 “表分析器向导”对话框之六

(7) 在如图 3.24 所示的“表分析器向导”对话框之七中，将“院长”“院办电话”字段依次从 tStud 表中拖放到 tOffice 表中，设置 tStud 表的主键为“学号”，tOffice 表的主键为“院系”，单击“下一步”按钮。

(8) 在如图 3.25 所示的“表分析器向导”对话框之八中选中“否，不创建查询”单选按钮，然后单击“完成”按钮。

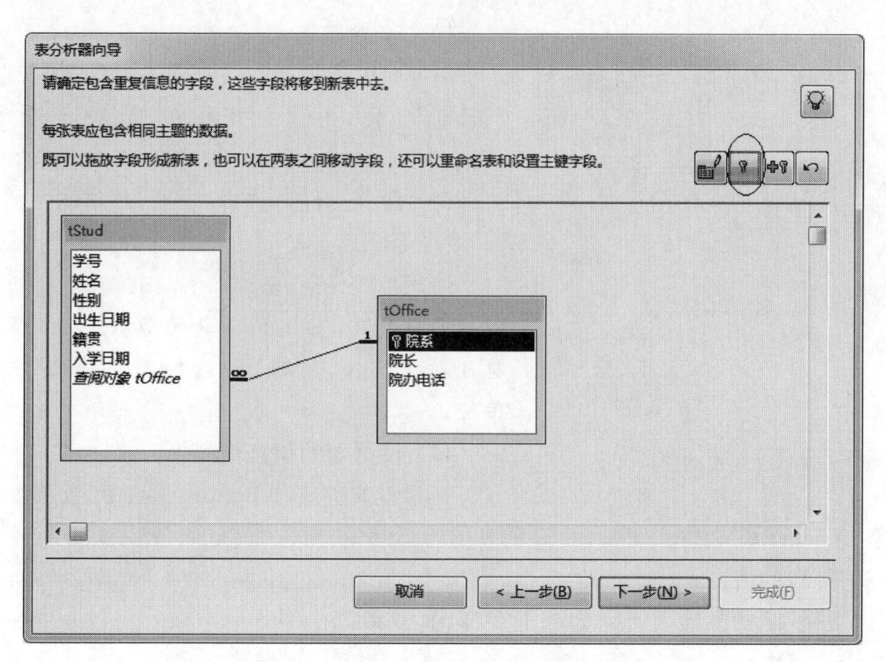

图 3.24 “表分析器向导”对话框之七

此时，student 表被拆分为 tStud 和 tOffice 两个新表。请仔细观察拆分后的数据表。

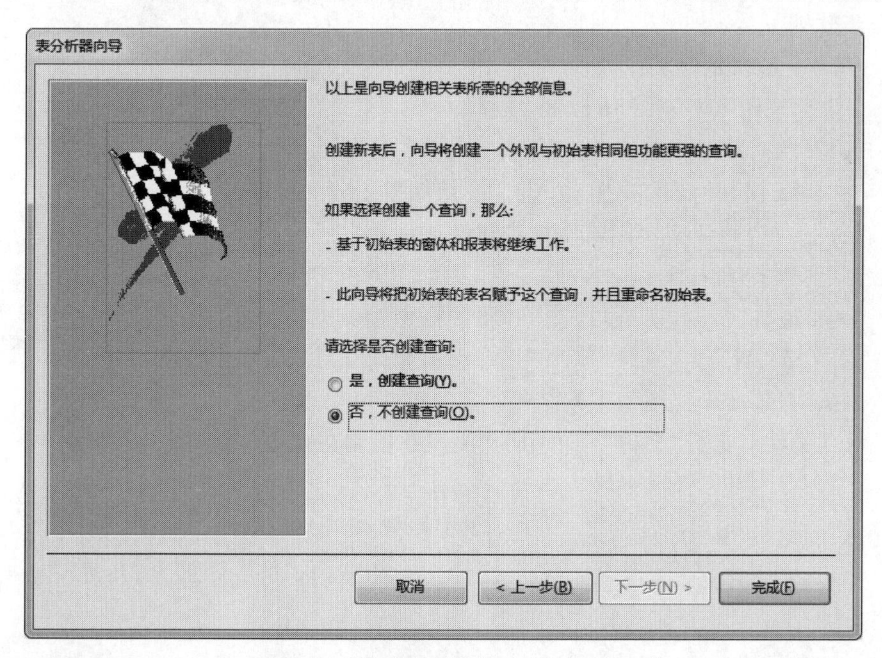

图 3.25 “表分析器向导”对话框之七

16. 使用函数设置日期默认值

在 samp1.accdb 数据库中设置 student 表中学生的“入学日期”字段的默认值为本年度的 9 月 1 日。

图 3.26 设置日期默认值

操作步骤如下。

(1) 用设计视图方式打开 student 表,选中"入学日期"字段,再选中下面的"默认值"属性,输入"DateSerial(Year(Date()),9,1)",如图 3.26 所示。

(2) 保存文件。选择"文件"菜单中的"关闭数据库"命令。

注意:DateSerial(年,月,日)函数的功能是返回指定的日期;Date()函数的功能是返回系统的当前日期;Year(日期)函数的功能是返回日期的年份。

17. 设置表的验证规则

在素材文件夹下,samp2.accdb 数据库中已建立表对象 tNorm。对数据表 tNorm 设置表的验证规则,要求"最低储备"字段的值必须小于"最高储备"字段的值。

设置"规格"字段的输入掩码为 9 位字母、数字和字符的组合。其中,前三位只能是数字,第 4 位为大写字母 V,第 5 位为字符"—",最后一位为大写字母 W,其他位为数字。

操作步骤如下。

(1) 打开 samp2.accdb 数据库。

(2) 在设计视图下打开 tNorm 表。

(3) 在"表格工具"的"设计"选项卡中单击"属性表"按钮,在"验证规则"属性框中输入:[最低储备]<[最高储备]。在"验证文本" 属性框中输入:请输入有效数据。如图 3.27 所示。

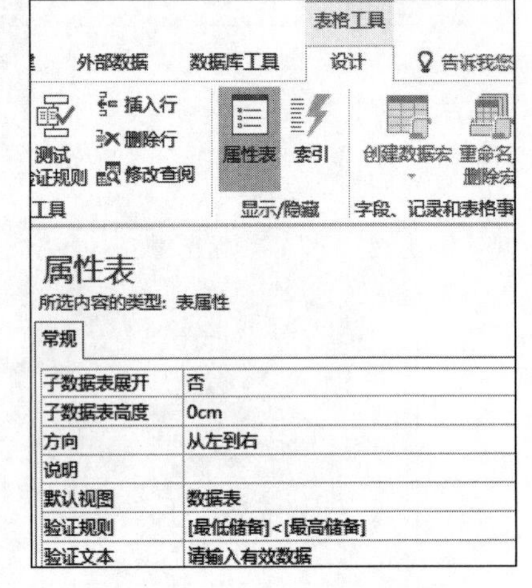

图 3.27 设置表的验证规则

(4) 选中"规格"字段,在"输入掩码"属性框中输入:000"V—"000"W"。

(5) 切换到"数据表视图",观察结果。

(6) 保存文件。选择"文件"菜单中的"关闭数据库"命令。

实验 4　查询的创建与操作

一、实验目的

(1) 熟练掌握查询设计视图的使用方法。
(2) 掌握查询向导的使用方法。
(3) 掌握创建计算查询的方法。
(4) 掌握在查询中添加计算字段的方法。
(5) 掌握参数查询的创建方法。

二、实验内容

(1) 利用“简单查询向导”创建查询。
(2) 利用“查找重复项查询向导”创建查询。
(3) 使用“查找不匹配项查询向导”创建查询。
(4) 使用“设计视图”创建单表查询。
(5) 创建多表查询。
(6) 统计“学生”表中不同性别的学生人数。
(7) 使用 Year()函数创建计算字段。
(8) 使用 IIf()函数查询学生考试等级。
(9) 在计算查询中使用条件。
(10) 在分组查询中使用条件。
(11) 使用 Count()函数统计湖北籍的学生人数。
(12) 使用 Is Null 查询没有照片的非湖北籍学生信息。
(13) 使用向导创建交叉表查询。
(14) 使用“设计视图”创建交叉表查询。
(15) 创建嵌套查询查找成绩低于所有课程总平均分的学生信息。
(16) 创建单参数查询。
(17) 创建多参数查询。
(18) 关闭安全警告,启用内容。
(19) 创建生成表查询。
(20) 创建更新查询。
(21) 创建追加查询。

三、实验步骤

1. 利用“简单查询向导”创建查询

利用“简单查询向导”创建“课程基本情况”查询,即为“课程”表创建名为“课程基本情况”的查询,查询结果中包括“课程号”“课程名称”“学分”3 个字段。

操作步骤如下。

(1) 在 Access 中打开“教学管理系统”数据库。

(2) 选择“创建”选项卡中的“查询”组。

(3) 单击“查询向导”按钮,弹出“新建查询”对话框,如图 4.1 所示。

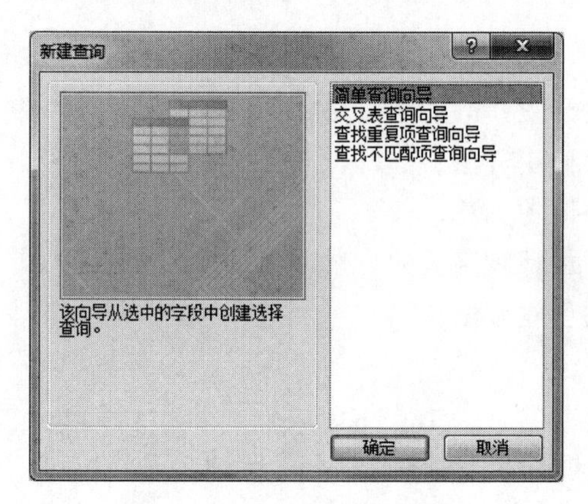

图 4.1 “新建查询”对话框

(4) 选择“简单查询向导”选项,单击“确定”按钮。

(5) 在弹出的如图 4.2 所示的“简单查询向导”对话框之一中,单击“表/查询”下拉列表框右侧的箭头,从弹出的列表框中选定“表:课程”表。然后在“可用字段”列表框中选择“课程号”字段,单击 > 按钮,该字段被添加到右侧“选定字段”列表框中;用同样的方法将“课程名称”“学分”字段添加到“选定字段”列表框中。

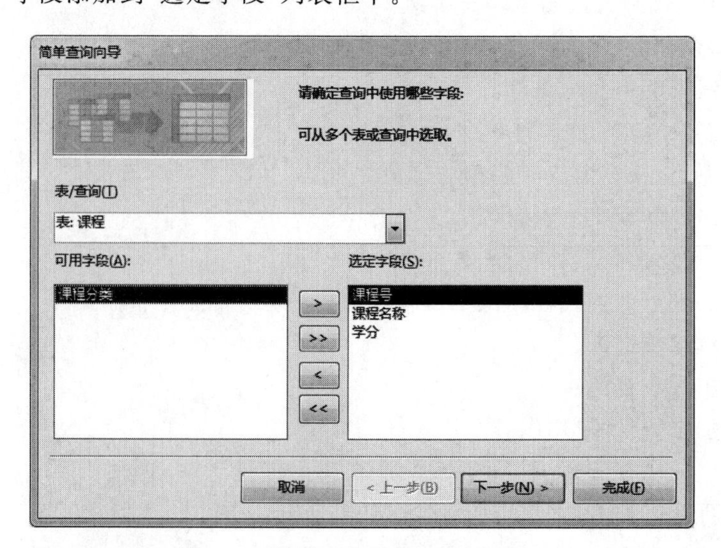

图 4.2 “简单查询向导”对话框之一

如果要选择所有的字段，可直接单击 >> 按钮一次完成；要取消已选择的字段，可以利用 < 和 << 按钮进行。

(6) 单击“下一步”按钮，进入“简单查询向导”对话框之二，如图 4.3 所示。

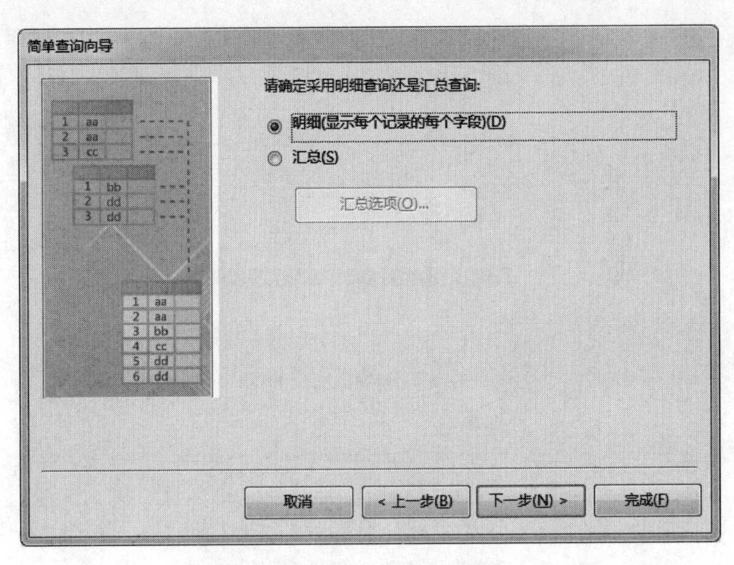

图 4.3 “简单查询向导”对话框之二

(7) 选中“明细(显示每个记录的每个字段)”单选按钮。单击“下一步”按钮。进入“简单查询向导”对话框之三，如图 4.4 所示。

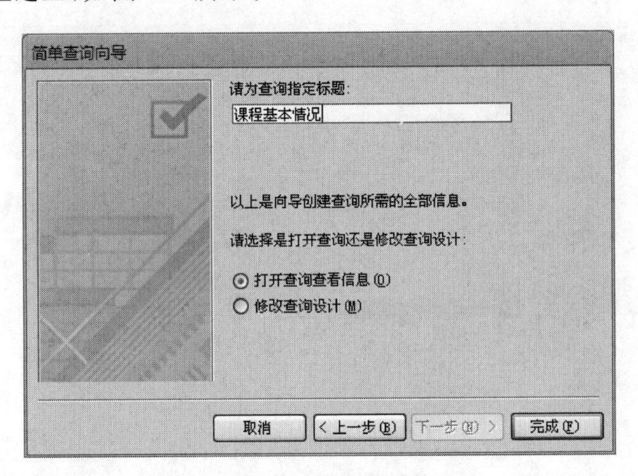

图 4.4 “简单查询向导”对话框之三

(8) 输入查询标题“课程基本情况”，并选中“打开查询查看信息”单选按钮，单击“完成”按钮，系统将显示新建查询的结果。

2. 利用“查找重复项查询向导”创建查询

利用“查找重复项查询向导”创建“不同专业学生人数”查询。

操作步骤如下。

(1) 选择“创建”选项卡中的“查询”组。

(2) 单击“查询向导”按钮,弹出“新建查询”对话框。

(3) 在打开的“查找重复项查询向导”对话框之一中,选择“学生”表,如图 4.5 所示,单击“下一步”按钮。

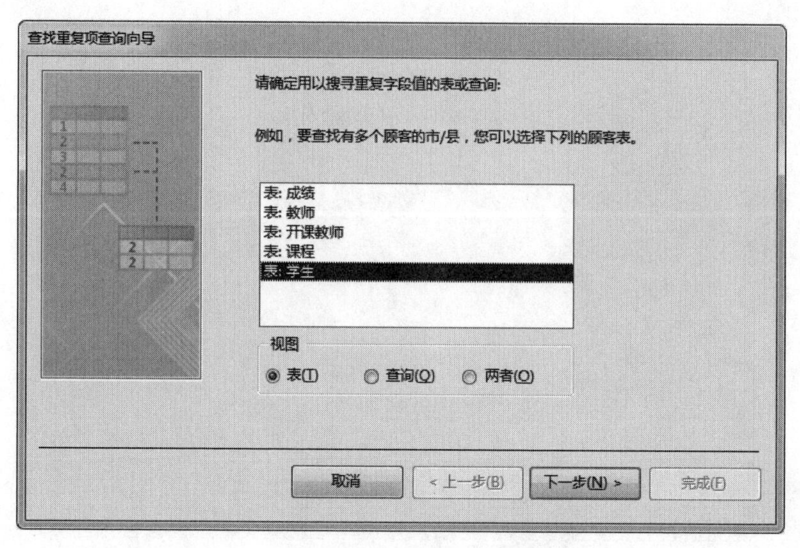

图 4.5 “查找重复项查询向导”对话框之一

(4) 在弹出的“查找重复项查询向导”对话框之二中选择“专业”字段,如图 4.6 所示,单击“下一步”按钮。

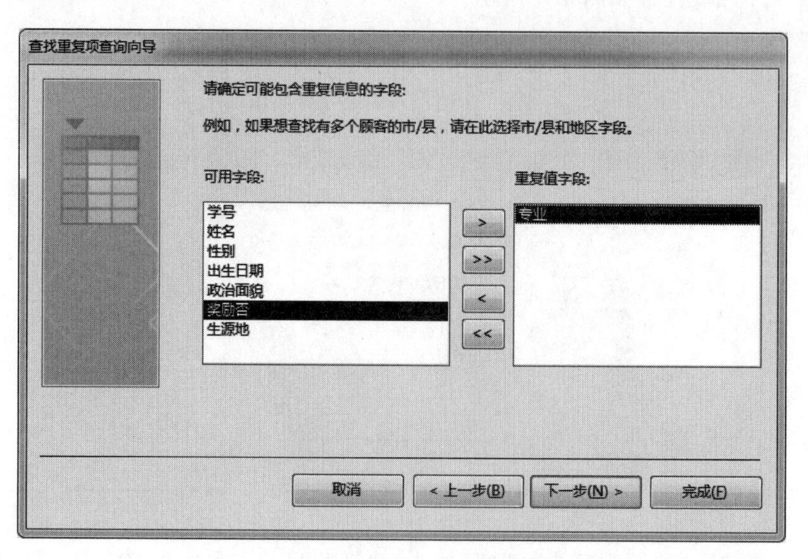

图 4.6 “查找重复项查询向导”对话框之二

(5) 在弹出的“查找重复项查询向导”对话框之三中,不选择其他字段,如图 4.7 所示,单击“下一步”按钮。

(6) 在弹出的“查找重复项查询向导”对话框之四中,输入查询名称“不同专业学生人数”,选中“查看结果”单选按钮,如图 4.8 所示,单击“完成”按钮,系统将显示查询的结果。

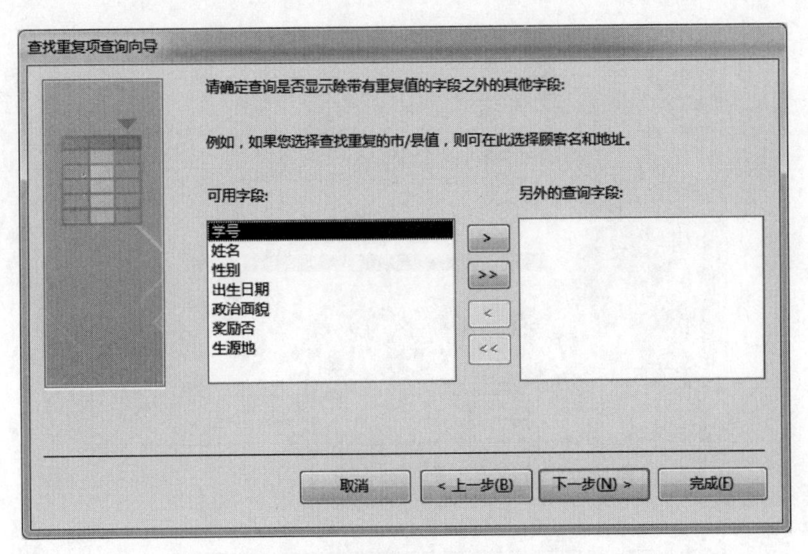

图 4.7 “查找重复项查询向导”对话框之三

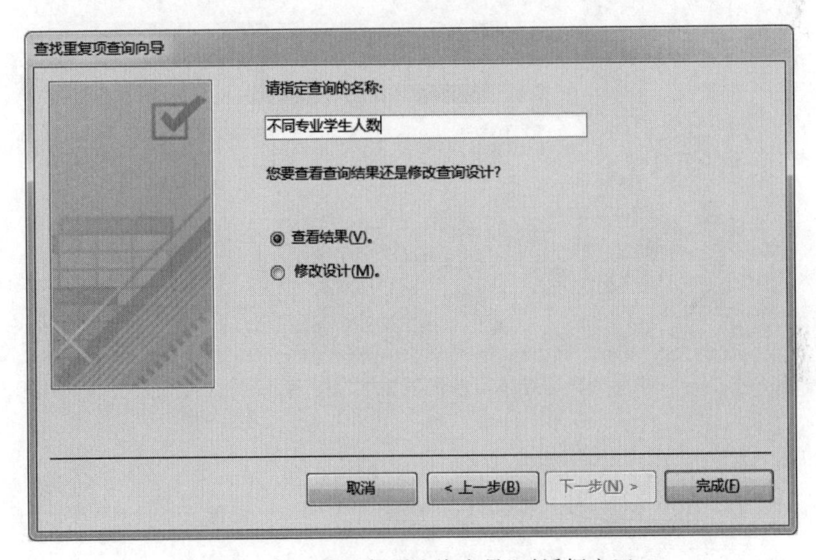

图 4.8 “查找重复项查询向导”对话框之四

3. 使用“查找不匹配项查询向导”创建查询

使用“查找不匹配项查询向导”创建“没有选修课程学生”的查询。

操作步骤如下。

(1) 选择“创建”选项卡中的“查询”选项组。

(2) 单击“查询向导”按钮,在弹出的“新建查询”对话框中选择“查找不匹配项查询向导”选项,然后单击“确定”按钮,弹出“查找不匹配项查询向导”对话框之一。

(3) 在“查找不匹配项查询向导”对话框之一中,选择“学生”表,如图 4.9 所示。

(4) 单击“下一步”按钮,选择与“学生”表包含相关记录的“成绩”表,如图 4.10 所示。

(5) 单击“下一步”按钮,确定在两张表中都有的匹配的字段,选择“学号”字段,单击

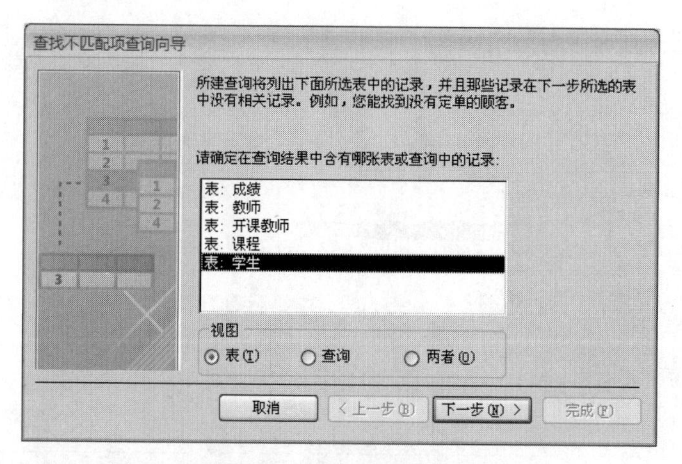

图 4.9 "查找不匹配项查询向导"对话框之一

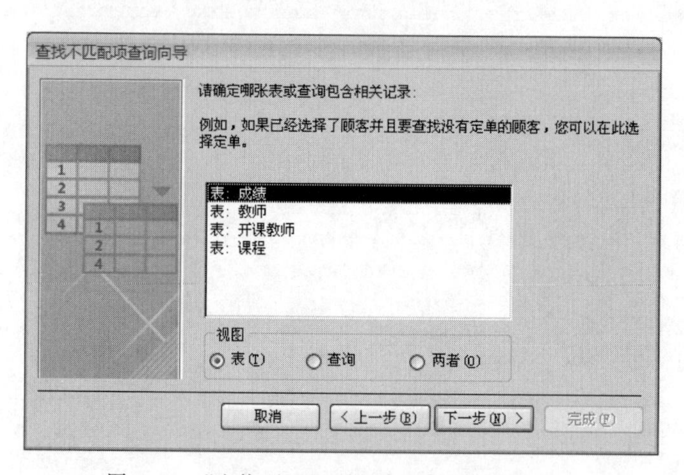

图 4.10 "查找不匹配项查询向导"对话框之二

<=> 按钮,如图 4.11 所示。

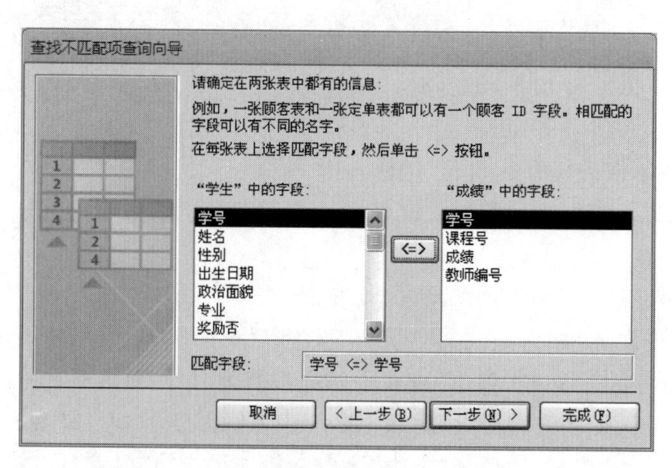

图 4.11 "查找不匹配项查询向导"对话框之三

(6) 单击“下一步”按钮,在对话框中选择查询结果中所需的字段,选择“学号”“姓名”“专业”字段,如图 4.12 所示。

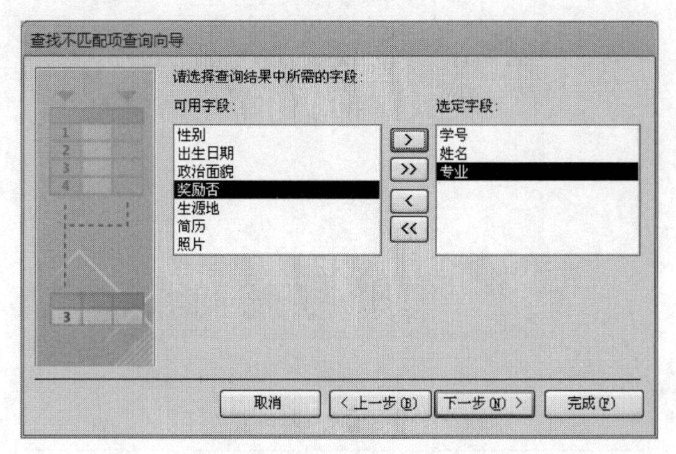

图 4.12 “查找不匹配项查询向导”对话框之四

(7) 单击“下一步”按钮,输入查询名称“没有选修课程学生”,选中“查看结果”单选按钮,然后单击“完成”按钮。

4. 使用“设计视图”创建单表查询

在 Access 2016 中,查询主要有 3 种视图:设计视图、数据表视图和 SQL 视图。使用“设计视图”不仅可以设计比较复杂的查询,还可以对一个已有的查询进行编辑和修改。在查询设计视图中会出现查询工具的“设计”选项卡,如图 4.13 所示。

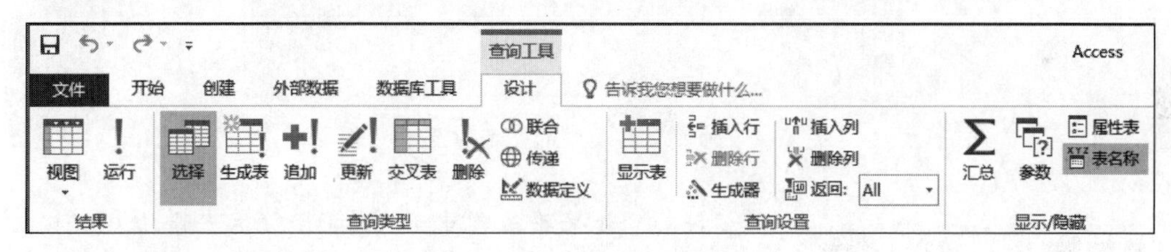

图 4.13 查询工具的“设计”选项卡

使用设计视图创建“获得奖励的女生”单表查询。

操作步骤如下。

(1) 打开“教学管理系统”数据库,选择“创建”选项卡中的“查询”选项组。

(2) 单击“查询设计”按钮,弹出“显示表”对话框,如图 4.14 所示。

(3) 在“表”选项卡中,双击“学生”表,将其添加到查询“设计视图”窗口中,单击“关闭”按钮,关闭“显示表”对话框。

(4) 在查询“设计视图”窗口中,双击“学生”表中的“学号”“姓名”“性别”“奖励否”字段。

(5) 在“性别”字段对应的“条件”行中输入条件“"女"”,在“奖励否”字段对应的“条件”行中输入条件 True,如图 4.15 所示。

(6) 单击功能区上“视图”按钮右侧的下拉箭头,在弹出的下拉列表中选择“数据表视图”命令,预览查询的结果。

图 4.14 “显示表”对话框

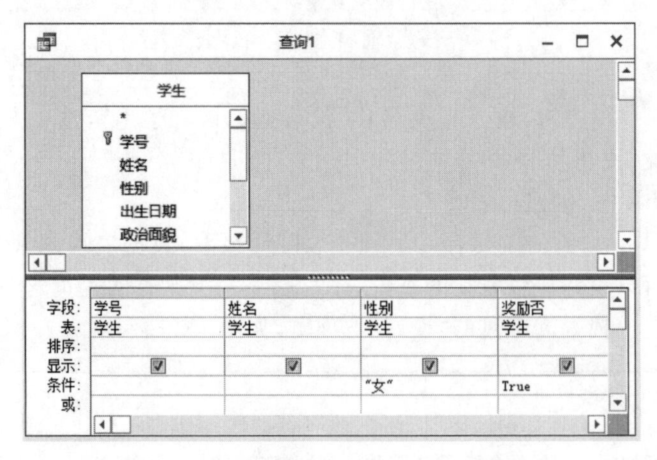

图 4.15 查询获得奖励的女生的设计视图

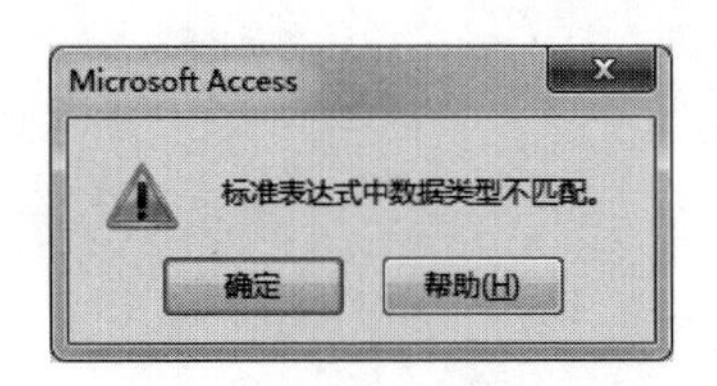

图 4.16 出错信息窗口

注意：如果系统弹出如图 4.16 所示出错信息窗口，表示条件行的英文单词输入错误，“奖励否”字段的“条件”行可以输入 True 或 Yes。修改错误，重新预览查询的结果。

(7) 单击快速访问工具栏上的“保存”按钮，弹出“另存为”对话框，在“查询名称”文本框中输入查询名称“获得奖励的女生”，单击“确定”按钮，完成查询的建立。

5. 创建多表查询

创建“学生的考试成绩”的多表查询。

操作步骤如下。

(1) 打开“教学管理系统”数据库，选择“创建”选项卡中的“查询”选项组。

(2) 单击“查询设计”按钮，弹出“显示表”对话框。

(3) 双击“学生”表、“成绩”表和“课程”表，将三个表添加到查询“设计视图”窗口中，单击“关闭”按钮，关闭“显示表”对话框。

(4) 在查询“设计视图”窗口中选择“学生”表的“学号”“姓名”字段，“课程”表的“课程名称”字段,“成绩”表的“成绩”字段;在“学号”字段对应的“排序”行中选择“升序”,如图 4.17 所示。

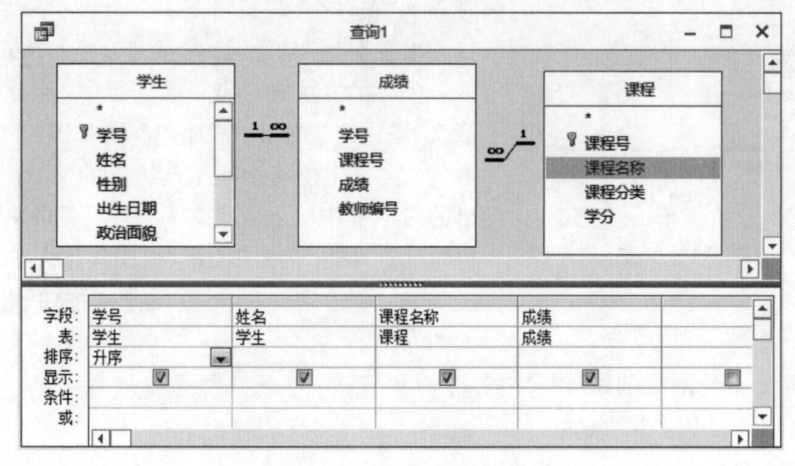

图 4.17　查询“设计视图”窗口

(5) 单击功能区上的“运行”按钮 ！,显示查询的结果,如图 4.18 所示。单击快速访问工具栏上的“保存”按钮,弹出“另存为”对话框,在“查询名称”文本框中输入查询名称“学生的考试成绩”,完成查询的建立。

查询1

学号	姓名	课程名称	成绩
20020002	宋卫华	大学语文	7
20020002	宋卫华	管理学	90
20020002	宋卫华	数据库应用	65
20020002	宋卫华	市场营销	70
20020002	宋卫华	大学英语	80
20020002	宋卫华	高等数学	85
20030005	王宇	高等数学	89
20030005	王宇	大学语文	82
20030005	王宇	管理学	85
20030005	王宇	数据库应用	90
20030005	王宇	市场营销	74
20030005	王宇	大学英语	63
21010001	林丹丹	管理学	79
21010001	林丹丹	大学英语	52
21010001	林丹丹	数据库应用	90

记录: 第 1 项(共 60 项　无筛选器　搜索

图 4.18　多表查询结果

6. 统计“学生”表中不同性别的学生人数。

操作步骤如下。

(1) 打开“教学管理系统”数据库,选择“创建”选项卡中的“查询”选项组。

(2) 单击“查询设计”按钮,弹出“显示表”对话框。

(3) 在“表”选项卡中双击“学生”表,将其添加到查询“设计视图”窗口中,单击“关闭”按钮,关闭“显示表”对话框。

(4) 在查询“设计视图”窗口的上半部分,双击“性别”和“学号”两个字段,将其添加到

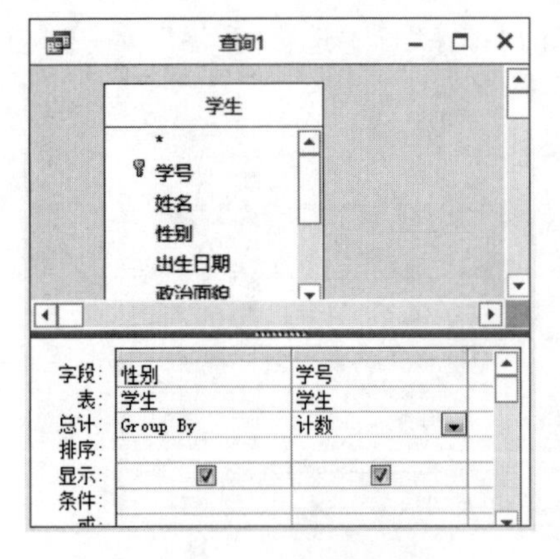

图 4.19 分组记录

"设计网格"中。

(5) 单击"显示/隐藏"组中的"汇总"按钮 Σ,此时查询"设计视图"窗口下半部分多了一个"总计"行,自动设置对应"总计"行内容为分组 Group By。

(6) 在学号的对应"总计"行中,单击右侧的向下箭头,单击列表框中的"计数"项,如图 4.19 所示。

(7) 单击快速访问工具栏上的"保存"按钮,在弹出的对话框中输入查询名称"统计不同性别的学生人数",然后单击"确定"按钮,查询建立完毕。

(8) 单击功能区上的"运行"按钮 ,将显示查询的结果。

7. 使用 Year()函数创建计算字段

计算"学生"表中学生的年龄。

操作步骤如下。

(1) 打开"教学管理系统"数据库,选择"创建"选项卡中的"查询"选项组。

(2) 单击"查询设计"按钮,弹出"显示表"对话框。

(3) 双击"学生"表添加到查询"设计视图"窗口中,单击"关闭"按钮。

(4) 选择"姓名"字段,将其添加到"设计网格"中,如图 4.20 所示。并在"设计网格"中第二列"字段"行输入:

年龄:Year(Date())-Year([出生日期])

注意:*一定要输入英文标点符号,左右括弧一定要配对。*

(5) 单击快速访问工具栏上的"保存"按钮,输入查询名称"年龄查询",然后单击功能区上的"运行"按钮进行查询,查询结果如图 4.21 所示。

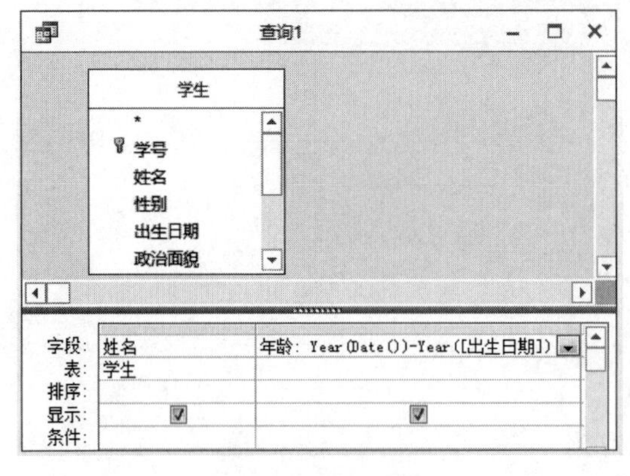

图 4.20 创建计算字段

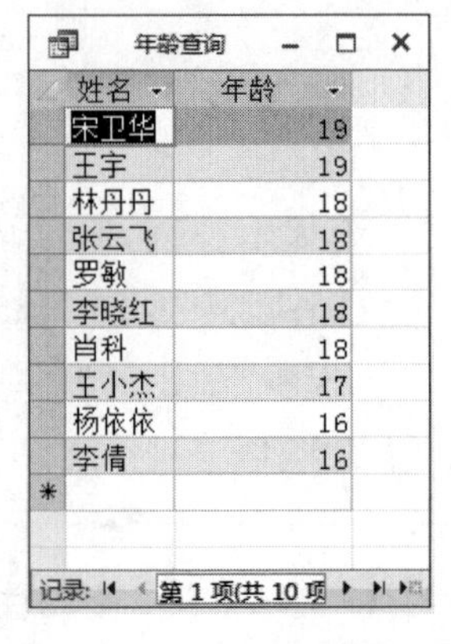

图 4.21 年龄查询的结果

8. 使用 IIf()函数查询学生考试等级

在已建立的"学生的考试成绩"的基础上,增加一列查询学生考试等级。考试成绩 90 分以上的为"优秀",60 分以下为"不合格",其他的等级为"合格"。

函数:IIf([成绩]>=90,"优秀",IIf([成绩]>=60,"合格","不合格"))

操作步骤如下。

(1) 在“查询”对象中右击“学生的考试成绩” 查询，在弹出的快捷菜单中选择“设计视图”命令，打开查询。

(2) 选择新列，在“字段”栏中输入：

“考试等级：IIf(［成绩］＞＝90,"优秀",IIf(［成绩］＞＝60,"合格","不合格"))”，如图 4.22 所示。

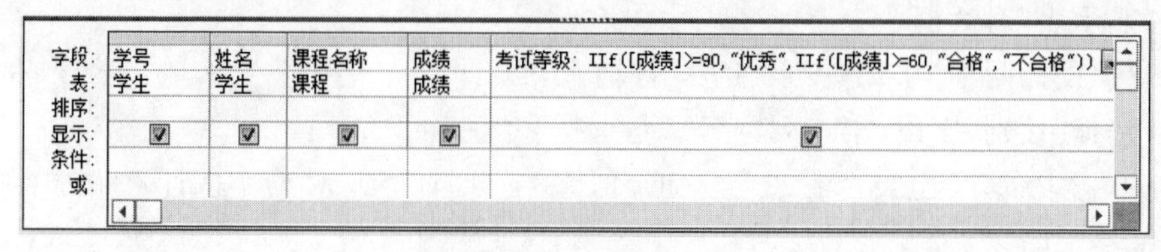

图 4.22　IIf()函数的使用

(3) 选择“文件”菜单下的“另存为”命令，在弹出的对话框中输入查询名称“查询考试等级”，然后单击功能区上的“运行”按钮进行查询。

9. 在计算查询中使用条件

统计“学生”表中爱好篮球运动的学生人数。

操作步骤如下。

(1) 在“教学管理系统”数据库中，选择“创建”选项卡中的“查询”组。

(2) 单击“查询设计”按钮，弹出“显示表”对话框。

(3) 在“表”选项卡中，双击“学生”表，将其添加到查询“设计视图”窗口中，单击“关闭”按钮，关闭“显示表”对话框。

(4) 在“设计网格”中第一列“字段”行输入：爱好篮球运动的学生人数：学号，在第二列“字段”行选择“简历”字段。

(5) 单击功能区上的“汇总”按钮 Σ，系统自动设置对应“总计”行内容为分组 Group By。

在“学号”字段的对应“总计”行中，单击右侧的向下箭头，在弹出的列表框中选择“计数”命令。

在“简历”字段的对应“总计”行中，单击右侧的向下箭头，在弹出的列表框中选择 Where，设置查询条件为“Like" * 篮球 * ""”，去掉“显示”行中的“√”，查询结果中不显示“简历”字段，如图 4.23 所示。

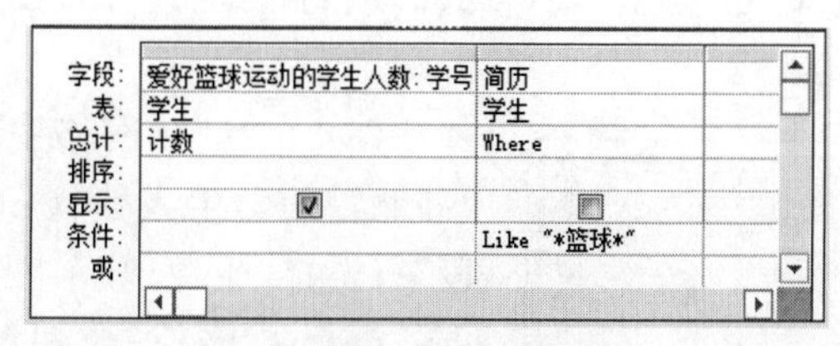

图 4.23　统计爱好篮球运动的学生人数

(6) 保存查询，在弹出的对话框中输入查询名称为“爱好篮球运动的学生人数”。单击功能区上的“运行”按钮运行查询。

10. 在分组查询中使用条件

创建一个选择查询,统计会计专业男女学生的人数。

操作步骤如下。

(1) 在“教学管理系统”数据库中,选择“创建”选项卡中的“查询”组。

(2) 单击“查询设计”按钮,弹出“显示表”对话框。

(3) 在“表”选项卡中双击“学生”表,将其添加到查询“设计视图”窗口中,单击“关闭”按钮,关闭“显示表”对话框。

(4) 在“设计网格”中第一列“字段”行输入:会计专业男女学生人数:学号,在第二列“字段”行选择“性别”字段,第三列“字段”行选择“专业”字段。

(5) 单击功能区上的“汇总”按钮 Σ,系统自动设置对应“总计”行内容为分组 Group By。

在“学号”字段的对应“总计”行中,单击右侧的向下箭头,在弹出的列表框中选择“计数”命令。

在“专业”字段的对应“总计”行中,单击右侧的向下箭头,在弹出的列表框中选择 Where 命令,设置查询条件为:"会计",去掉“显示”行中的“√”,查询结果中不显示“专业”字段,如图 4.24 所示。

字段:	会计专业男女学生人数: 学号	性别	专业
表:	学生	学生	学生
总计:	计数	Group By	Where
排序:			
显示:	☑	☑	☐
条件:			"会计"
或:			

图 4.24 统计会计专业男女学生的人数

(6) 保存查询为“统计会计专业男女学生的人数”。单击功能区上的“运行”按钮运行查询。

11. 使用 Count()函数统计湖北籍的学生人数

创建一个选择查询,统计出湖北籍的学生人数。

操作步骤如下。

(1) 在“教学管理系统”数据库中,选择“创建”选项卡中的“查询”组。单击“查询设计”按钮,弹出“显示表”对话框。

(2) 在“表”选项卡中双击“学生”表,将其添加到查询“设计视图”窗口中,单击“关闭”按钮,关闭“显示表”对话框。

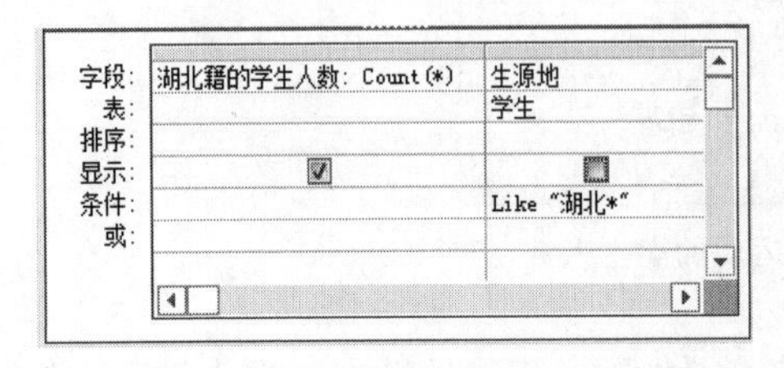

图 4.25 统计湖北籍的学生人数

(3) 在“设计网格”中第一列“字段”行输入“湖北籍的学生人数:Count(*)”,在第二列“字段”行选择“生源地”字段。

(4) 在“专业”字段的对应“条件”行中输入“Like "湖北*"”,去掉“显示”行中的“√”,查询结果中不显示“生源地”字段,如图 4.25 所示。

(5) 保存查询名为“湖北籍的学生人数”。

单击功能区上的“运行”按钮运行查询。

12. 使用 Is Null 查询没有照片的非湖北籍学生的信息

创建一个选择查询,查询没有照片的非湖北籍学生的信息。

操作步骤如下。

(1) 在“教学管理系统”数据库中,选择“创建”选项卡中的“查询”组。单击“查询设计”按钮,弹出“显示表”对话框。

(2) 在“表”选项卡中双击“学生”表,将其添加到查询“设计视图”窗口中,单击“关闭”按钮,关闭“显示表”对话框。

(3) 在“字段”行选择“学号”“姓名”“性别”“生源地”“照片”字段。

(4) 在“生源地”字段对应的“条件”行中输入“Not Like "湖北 * "”,在“照片”字段对应的“条件”行中输入 Is Null,如图 4.26 所示。

字段:	学号	姓名	性别	生源地	照片
表:	学生	学生	学生	学生	学生
排序:					
显示:	☑	☑	☑	☑	☑
条件:				Not Like "湖北*"	Is Null
或:					

图 4.26 查询没有照片的非湖北籍学生的信息

(5) 保存查询名为“没有照片的非湖北籍同学”。单击功能区上的“运行”按钮运行查询。

13. 使用向导创建交叉表查询

在已建立的“学生的考试成绩”查询的基础上,建立“学生的考试成绩交叉表”查询。

操作步骤如下。

(1) 在 Access 中打开“教学管理系统”数据库。选择“创建”选项卡中的“查询”选项组。

(2) 单击“查询向导”按钮,弹出“新建查询”对话框。选择“交叉表查询向导”选项,然后单击“确定”按钮。

(3) 在打开的“交叉表查询向导”对话框之一中选中“视图”区的“查询”单选按钮,在查询列表框中选定“学生的考试成绩”,如图 4.27 所示。

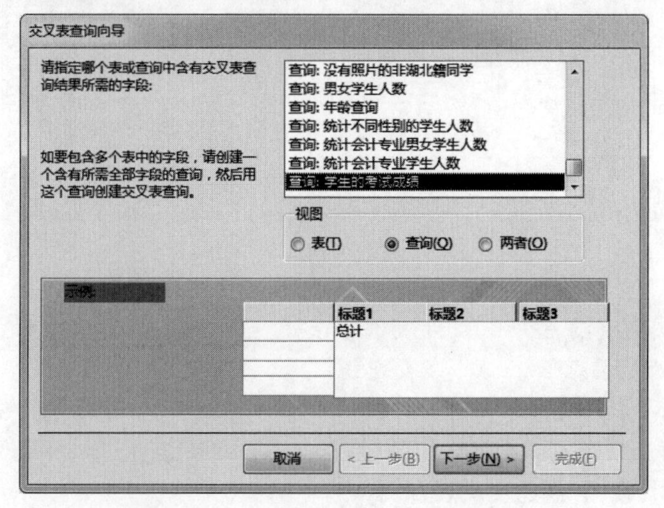

图 4.27 “交叉表查询向导”对话框之一

(4) 单击“下一步”按钮,进入“交叉表查询向导”对话框之二。双击可用字段中的“学号”“姓名”,设置这两个字段为行标题,如图4.28所示。

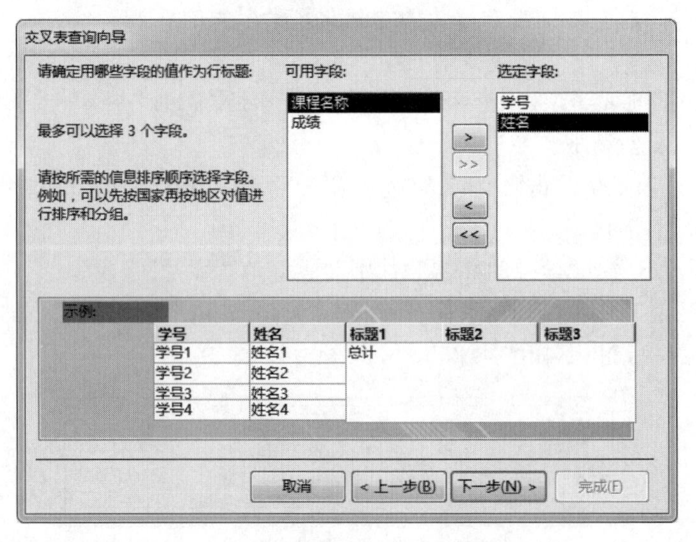

图4.28 “交叉表查询向导”对话框之二

(5) 单击“下一步”按钮,进入“交叉表查询向导”对话框之三,如图4.29所示。选定“课程名称”作为列标题,单击“下一步”按钮,进入“交叉表查询向导”对话框之四。

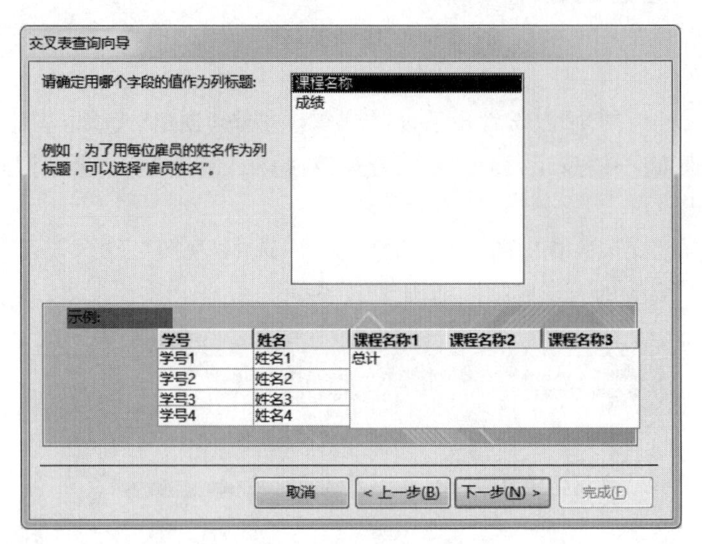

图4.29 “交叉表查询向导”对话框之三

(6) 选定“成绩”字段,在“函数”列表框中选择“第一”,并取消选中“是,包括各行小计”复选框,如图4.30所示。

(7) 单击“下一步”按钮,在弹出的对话框中输入查询名称“学生的考试成绩_交叉表”,然后单击“完成”按钮,完成操作,此时系统将会显示查询结果。

14. 使用“设计视图”创建交叉表查询

使用设计视图创建“各专业男女学生人数”交叉表查询。

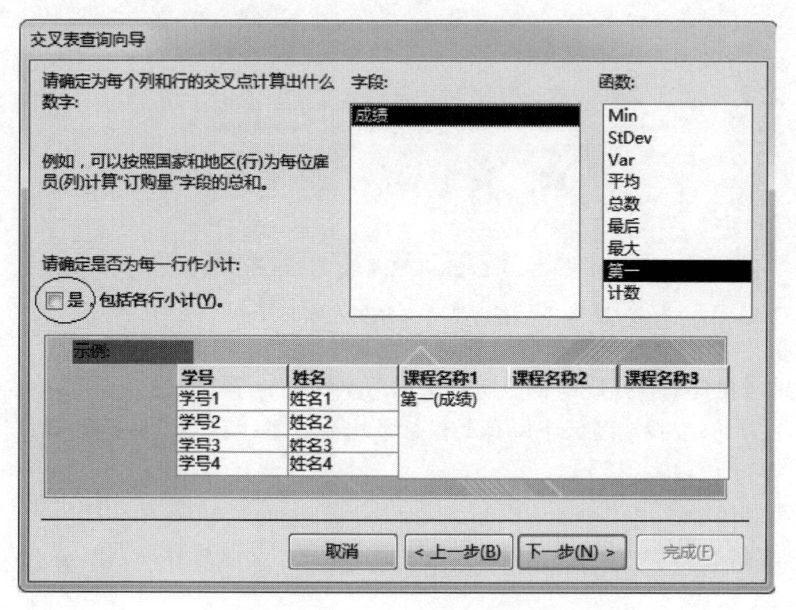

图 4.30 “交叉表查询向导”对话框之四

操作步骤如下。

(1) 打开“教学管理系统”数据库，选择“创建”选项卡中的“查询”组。单击“查询设计”按钮，弹出“显示表”对话框。

(2) 在“显示表”对话框中双击“学生”表，单击“关闭”按钮。

(3) 在查询“设计视图”窗口选定“专业”“性别”“学号”3 个字段。

(4) 选择“设计”选项卡“查询类型”组中的“交叉表”命令，在查询“设计视图”窗口的下半部分自动多了“总计”行和“交叉表”行。

单击“专业”字段“交叉表”行右侧的向下箭头，在打开的列表框中选定“行标题”；在“性别”字段的“交叉表”行选定“列标题”；在“学号”字段的“交叉表”行选定“值”，然后在“总计”行选定“计数”，如图 4.31 所示。

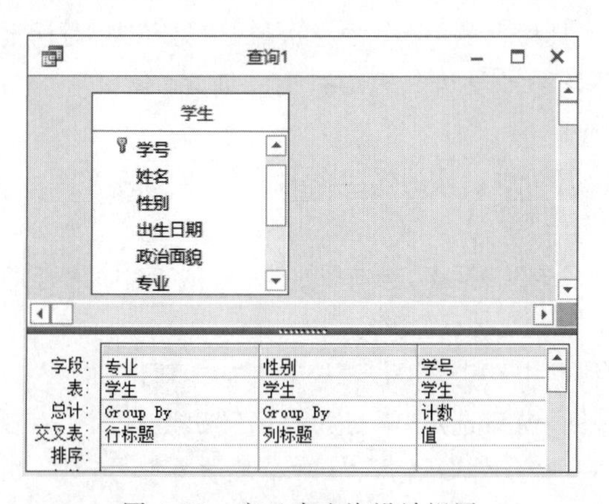

图 4.31 交叉表查询设计视图

(5) 保存查询,将其命名为“各专业男女学生人数”。然后单击功能区上的“运行”按钮运行查询,查询结果如图4.32所示。

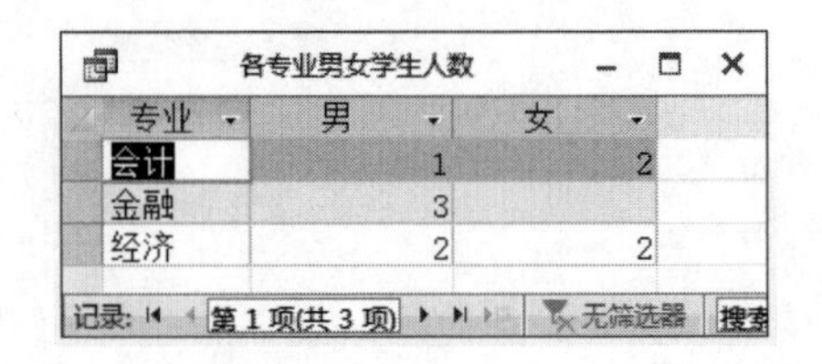

各专业男女学生人数

专业	男	女
会计	1	2
金融	3	
经济	2	2

记录: 第1项(共3项) 无筛选器 搜索

图4.32　各专业男女学生人数的查询结果

15. 使用嵌套查询查找成绩低于所有课程总平均分的学生信息

创建一个查询,查找成绩低于所有课程总平均分的学生信息,并显示“学号”“姓名”“课程名称”“成绩”字段内容。

操作步骤如下。

(1) 选择“创建”选项卡中的“查询”选项组,单击“查询设计”按钮,弹出“显示表”对话框。

(2) 分别选择“学生”表、“成绩”表和“课程”表,单击“添加”按钮,关闭“显示表”对话框。

(3) 在查询“设计视图”窗口中选择“学生”表的“学号”“姓名”字段,“课程”表的“课程名称”字段,“成绩”表的“成绩”字段。

(4) 在“成绩”字段的“条件”行输入“＜(select avg(成绩) from 成绩)”,如图4.33所示。

字段:	学号	姓名	课程名称	成绩
表:	学生	学生	课程	成绩
排序:				
显示:	☑	☑	☑	☑
条件:				<(select avg(成绩) from 成绩)
或:				

图4.33　嵌套查询“设计视图”窗口

(5) 单击功能区上的“运行”按钮,显示查询的结果。

(6) 单击快速访问工具栏上的“保存”按钮,弹出“另存为”对话框,在“查询名称”文本框中输入查询名称“低于平均分的学生”,完成查询的创建。

16. 创建单参数查询

创建单参数查询,根据用户输入的学生学号查询相关的信息。

操作步骤如下。

(1) 打开“教学管理系统”数据库,选择“创建”选项卡中的“查询”组。单击“查询设计”按钮,弹出“显示表”对话框。

(2) 在“显示表”对话框中双击“学生”表,单击“关闭”按钮。

(3) 在查询“设计视图”窗口选定“学号”“姓名”“出生日期”“专业”4个字段。

(4) 在“学号”字段列的“条件”行输入“[请输入学生学号:]”,如图4.34所示。

(5) 切换到查询数据表视图,弹出“输入参数值”对话框,如图4.35所示。在“请输入学生学号”文本框中输入学号20020002,单击“确定”按钮,将显示查询结果。

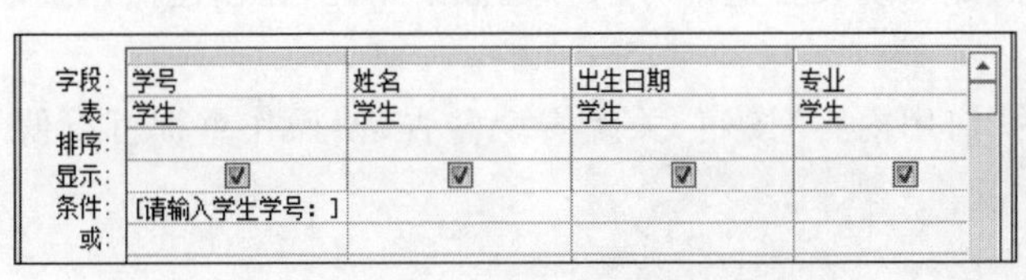

字段:	学号	姓名	出生日期	专业
表:	学生	学生	学生	学生
排序:				
显示:	☑	☑	☑	☑
条件:	[请输入学生学号:]			
或:				

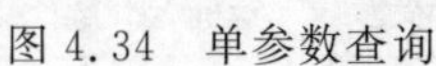
图 4.34　单参数查询

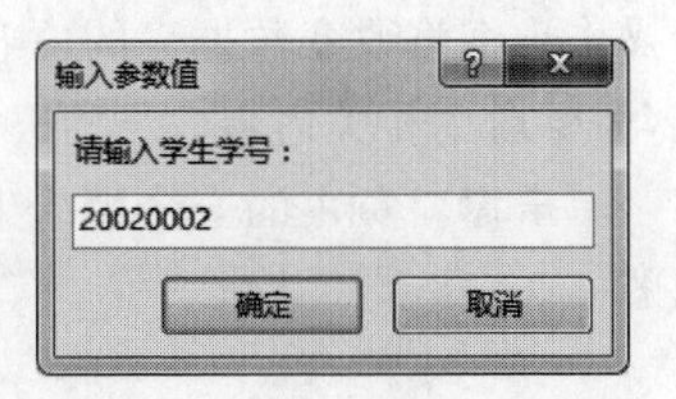

图 4.35　“输入参数值”对话框

(6) 单击快速访问工具栏上的“保存”按钮，在弹出的对话框中输入文件名为“单参数查询”，完成操作。

17. 创建多参数查询

根据用户输入的“学号”和“课程名称”，查询满足条件的学生成绩信息。

操作步骤如下。

(1) 打开“教学管理系统”数据库，选择“创建”选项卡中的“查询”选项组。单击“查询设计”按钮，弹出“显示表”对话框。

(2) 添加“学生”表、“成绩”表和“课程”表，单击“关闭”按钮。

(3) 在查询“设计视图”窗口中，选择查询“学生”表的“学号”“姓名”字段，“课程”表的“课程名称”字段，“成绩”表的“成绩”字段。

(4) 在“学号”对应的“条件”行中输入“[请输入学生学号:]”，在“课程名称”对应的“条件”行中输入“[请输入课程名称:]”，如图 4.36 所示。

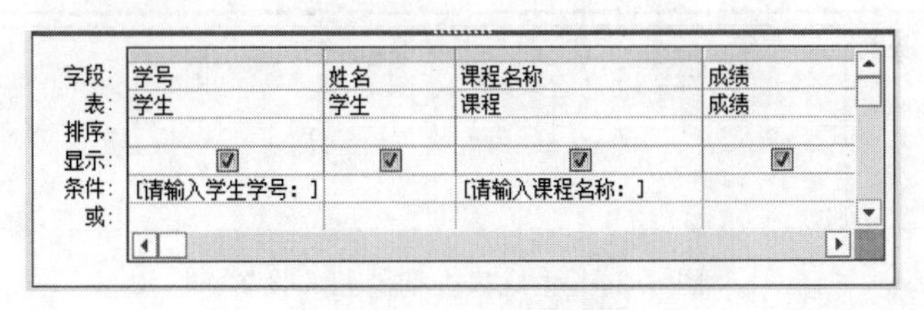

字段:	学号	姓名	课程名称	成绩
表:	学生	学生	课程	成绩
排序:				
显示:	☑	☑	☑	☑
条件:	[请输入学生学号:]		[请输入课程名称:]	
或:				

图 4.36　多参数查询

(5) 单击快速访问工具栏上的“保存”按钮，保存查询名为“多参数查询”。

(6) 运行查询。在如图 4.37 所示的“输入参数值”对话框之一中输入学号 20020002，单击“确定”按钮；在“输入参数值”对话框之二中输入课程名称“高等数学”。

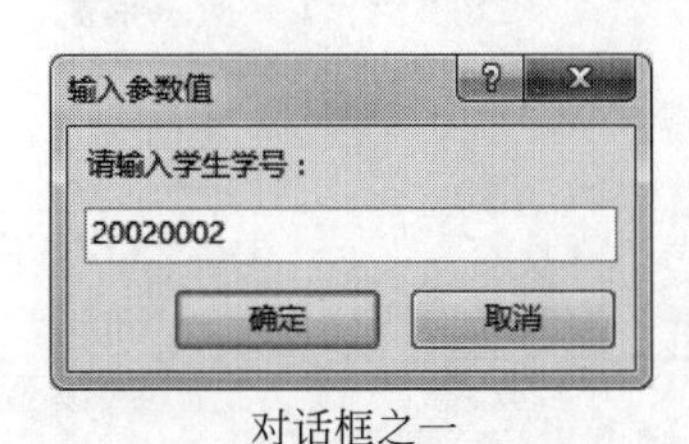

对话框之一

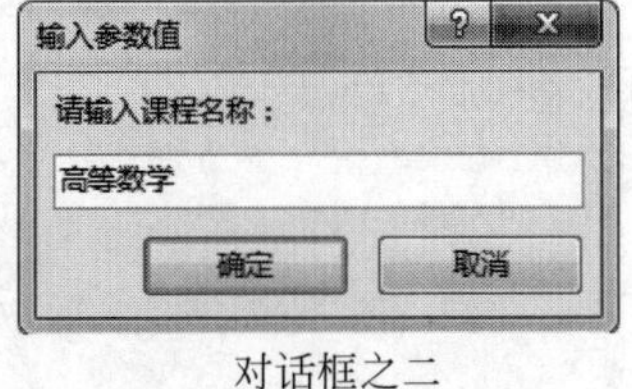

对话框之二

图 4.37　“输入多参数值”对话框

(7) 单击“确定”按钮，用户就可以看到相应的查询结果。

18. 关闭安全警告，启用内容

Access 中包括 4 种类型的操作查询：生成表查询、追加查询、更新查询和删除查询。由于操作查询将改变数据表的内容，因此系统设置这部分内容是被禁用的，在创建操作查询之前，需要启用相关内容。

单击窗口黄色的安全警告上的“启用内容”按钮，关闭安全警告，使操作查询可以使用，如图 4.38 所示。

图 4.38　安全警告

19. 创建生成表查询

将不及格学生的记录保存到新表“不及格学生记录”中。要求显示“学号”“姓名”“专业”“课程名称”“成绩”5 个字段。

操作步骤如下。

(1) 打开“教学管理系统”数据库，选择“创建”选项卡中的“查询”选项组。单击“查询设计”按钮，弹出“显示表”对话框。

(2) 选择“学生”表、“成绩”表和“课程”表，添加到查询“设计视图”窗口中，然后单击“关闭”按钮。

(3) 将“学生”表的“学号”“姓名”“专业”字段，“课程”表的“课程名称”字段，“成绩”表的“成绩”字段添加到设计网格的“字段”行上。

(4) 在“成绩”字段列的“条件”行输入“＜60”，如图 4.39 所示。

字段:	学号	姓名	专业	课程名称	成绩
表:	学生	学生	学生	课程	成绩
排序:					
显示:	☑	☑	☑	☑	☑
条件:					<60
或:					

图 4.39　生成表查询的相关设置

(5) 单击功能区中的“生成表”查询按钮，弹出“生成表”对话框。在“表名称”组合框中输入新表名“不及格学生记录”，如图 4.40 所示。单击“确定”按钮，返回查询“设计视图”窗口。

图 4.40　“生成表”对话框

(6) 保存查询为“生成不及格学生查询”，查询建立完毕。

(7) 在设计视图中，单击功能区上的“运行”按钮，弹出生成表消息框，单击“是”按钮，确认生成表操作。

此时在导航窗格中单击表对象后,用户可以看到多了一个名为“不及格学生记录”的表。

20. 创建更新查询

将姓“王”学生的高等数学成绩增加 5 分。

操作步骤如下。

(1) 选择“创建”选项卡,在“查询”组中单击“查询设计”按钮,弹出“显示表”对话框。添加“学生”“成绩”“课程”表作为数据源,关闭“显示表”对话框。

(2) 双击“学生”表的“学号”“姓名”字段,“课程”表的“课程名称”字段,“成绩”表的“成绩”字段。

(3) 在“姓名”字段的“条件”行输入“Like "王 * "”。在“课程名称”字段的“条件”行输入:高等数学。

(4) 选择功能区中的“更新”查询按钮 ,在“设计视图”窗口的下半部分多了一行“更新到”取代了原来的“显示”和“排序”行。在“成绩”字段的“更新到”单元格中,输入用来更改这个字段的表达式“[成绩]+5”,如图 4.41 所示。

字段:	学号	姓名	课程名称	成绩
表:	学生	学生	课程	成绩
更新到:				[成绩]+5
条件:		Like "王*"	"高等数学"	
或:				

图 4.41 创建更新查询

(5) 保存查询为“更改高等数学成绩”,查询建立完毕。

(6) 运行查询。弹出更新消息框,单击“是”按钮更新数据。打开“成绩”表,可以看出数据已被更新。

注意:本次查询运行修改数据表后,不要再次运行,否则将破坏数据表的数据。

21. 创建追加查询

将“学生”表中的“会计”专业学生记录追加到一个结构类似、内容为空的表中。

操作步骤如下。

(1) 创建“学生”表的副本。右击导航窗格中的“学生”表,选择“复制”命令。右击导航窗格中的空白处,在弹出的快捷菜单中选择“粘贴”命令。

由于只需要复制表的结构,不需要复制数据,所以在“粘贴选项”中选中“仅结构”单选按钮,将副本命名为“会计专业学生”,如图 4.42 所示。

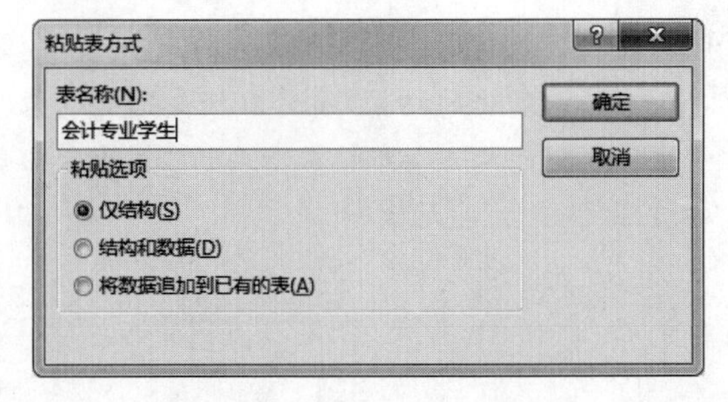

图 4.42 “粘贴表方式”对话框

(2) 在设计视图中创建查询,添加“学生”表作为数据源。

(3) 分别双击“学生”表中的星号(*)和“专业”字段。

(4) 在“专业”字段的“条件”行输入"会计",如图 4.43 所示。

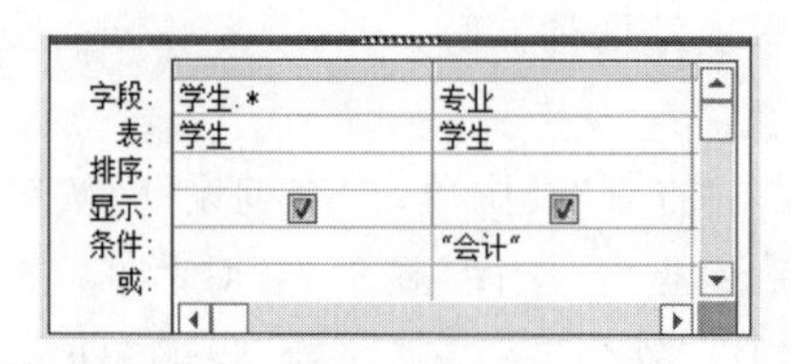

图 4.43　创建追加查询

(5) 单击功能区中的“追加”查询按钮 +!,弹出“追加”对话框。单击表名称右侧的向下箭头,在打开的列表框选择“会计专业学生”表,如图 4.44 所示。然后单击“确定”按钮。

图 4.44　“追加”对话框

(6) 回到设计视图,删除“专业”字段下“追加到”行中的内容,如图 4.45 所示。

(7) 保存查询为“追加会计专业学生”,查询建立完毕。

(8) 在“数据表视图”中预览要追加到会计专业学生表中的记录。

(9) 运行查询,弹出如图 4.46 所示的追加查询消息框,单击“是”按钮追加数据。

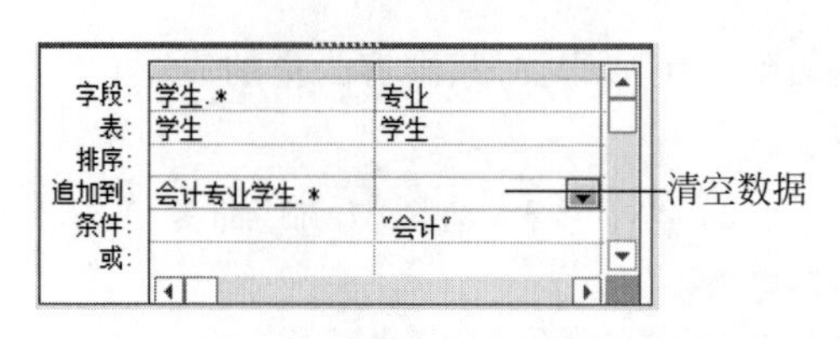

图 4.45　追加查询的设计视图

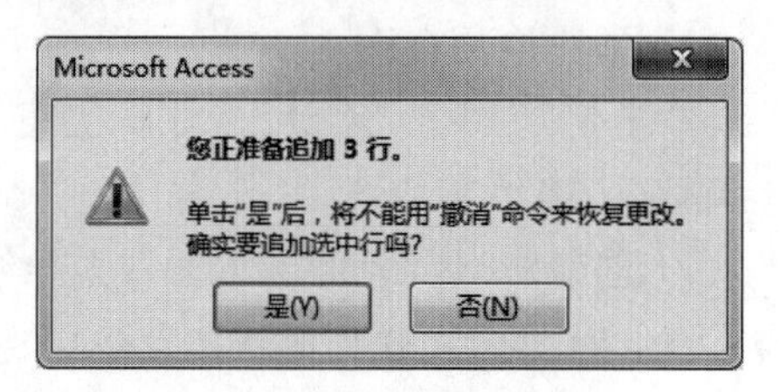

图 4.46　追加查询消息框

(10) 打开“会计专业学生”表,此时可以看出记录已被追加在了该表中。

注意:如果追加查询不能得到正确的结果,请仔细检查“学生”表中的结构是否正确,改正错误,同时重新复制“学生”表,然后粘贴,将副本命名为“会计专业学生”。将“会计”专业学生记录追加到一个结构类似、内容为空的表中。

实验 5 SQL 查询

一、实验目的

(1) 掌握 SQL 的数据查询功能。

(2) 掌握 SQL 的数据定义功能。

(3) 掌握 SQL 的数据操纵功能。

二、实验内容

1. 数据定义和数据操纵

(1) 用 CREATE TABLE 命令建立"职工"数据表。

(2) 用 CREATE TABLE 命令建立"工资"数据表。

(3) 用 CREATE INDEX 命令建立索引。

(4) 为"职工"表按"性别"和"出生日期"字段建立一个多字段索引 XBCSRQ。

(5) 删除"工资备份"表。

(6) 为"职工"表增加一个"电话号码"字段。

(7) 删除"职工"表的"电话号码"字段。

(8) 在"职工"表尾部添加一条新记录。

(9) 在"职工"表尾部插入第二条记录。

(10) 更新数据,计算"工资"表中的实发数。

(11) 删除数据,将"职工"表中女职工的记录删除。

2. 数据查询

(1) 在 SQL 视图中修改已建查询中的准则。

(2) 查询"学生"表的全部字段。

(3) 在"学生"表中查询"学号""姓名"字段。

(4) 查询"学生"表中全部学生的"姓名"和"年龄",删除重名。

(5) 查询"学生"表中学号为 21010003 和 21010004 的记录。

(6) 查询"成绩"表中成绩为 70～90 分的学生记录。

(7) 查询"学生"表中姓"王"的男学生的记录。

(8) 计算查询,在"学生"表中统计学生人数。

(9) 查询"会计"专业的学生人数。

(10) 统计"成绩"表中不同课程"成绩"字段的最大值和最小值。

(11) 分别统计男女学生的人数。

(12) 按学号“升序”查询“学生”表中的记录。

(13) 在“成绩”表中统计有 10 个以上学生选修的课程。

(14) 创建多表查询。

(15) 查询教师的编号、姓名和课程名称。

(16) 查询课程考试成绩前三名的学生的学号、姓名、课程名称、成绩信息。

(17) 创建参数查询,按输入的学号和课程号名称查询学生成绩信息。

(18) 创建联合查询,查询学生成绩高于 80 分或低于 60 分的学生记录。

(19) 创建嵌套查询,查询选修了课程名称为“大学英语”的学生的学号。

(20) 查询选修“大学英语”或“高等数学”的所有学生的学号。

(21) 查询没有选修课程的学生信息。

三、实验步骤

(一) 数据定义和数据操纵

1. 用 CREATE TABLE 命令建立“职工”数据表

建立“职工管理”数据库,并在库中建立一个“职工”数据表,表由“职工号”“姓名”“性别”“出生日期”“婚否”字段组成,其中,设置“职工号”为主键。

操作步骤如下。

(1) 启动 Access,创建“职工管理”数据库。

(2) 选择“创建”选项卡中的“查询”选项组。

(3) 单击“查询设计”按钮,弹出“显示表”对话框。

(4) 关闭弹出的“显示表”对话框,打开查询“设计视图”窗口。

(5) 选择“设计”选项卡→“查询类型”→“数据定义”命令,打开“查询”窗口。

(6) 在“查询”窗口中输入如下 SQL 语句:

```
CREATE TABLE 职工(职工号 TEXT(4) PRIMARY KEY,姓名 TEXT(4),性别 TEXT(1),出生日期 DATE,婚否 LOGICAL)
```

(7) 保存查询为“职工数据表定义”,查询建立完毕。

(8) 单击功能区上的“运行”按钮,执行 SQL 语句,完成“职工”表的创建操作。

(9) 在导航窗格中选定“表”对象,可以看到在列表框中多了一个“职工”表。

在“设计视图”窗口中打开“职工”表,显示的表结构如图 5.1 所示。

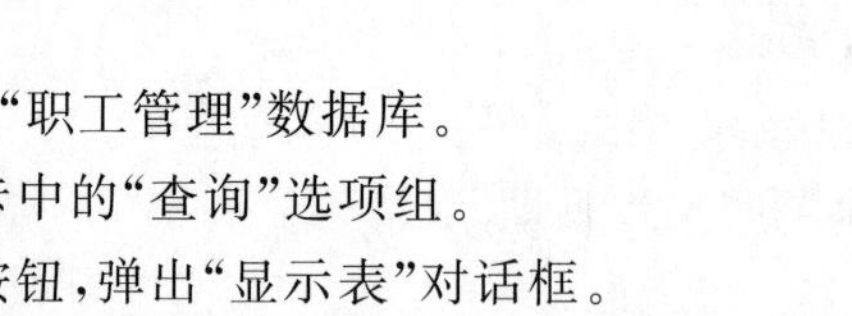

职工

字段名称	数据类型
职工号	文本
姓名	文本
性别	文本
出生日期	日期/时间
婚否	是/否

图 5.1 “职工”表结构

2. 用 CREATE TABLE 命令建立“工资”数据表

用 CREATE TABLE 命令建立“工资”数据表,并通过“职工”号字段建立与“职工”表的关系。操作步骤如下。

(1) 重复前面(2)~(6)的操作步骤,输入如下 SQL 语句:

```
CREATE TABLE 工资(职工号 TEXT(4) PRIMARY KEY REFERENCES 职工,工资 single,应扣 single,实发
single)
```

(2) 保存查询为"工资数据表定义",查询建立完毕。

(3) 运行"工资数据表定义"查询,完成"工资"表的创建操作。

单击"数据库工具"选项卡"关系"选项组中的"关系"按钮,在打开的"关系"窗口中可以看到两个表的结构及两个表之间已经建立的关系,如图 5.2 所示。

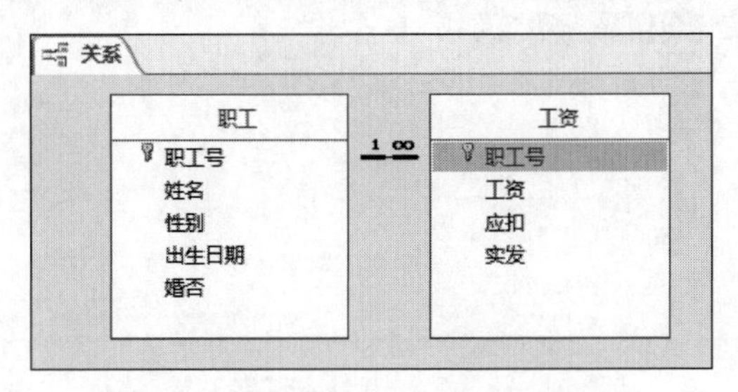

图 5.2 "职工"表与"工资"表的关系

(4) 双击关系的连线,弹出如图 5.3 所示的对话框,将 3 个复选框都选中,则两表之间成为一对一关系。

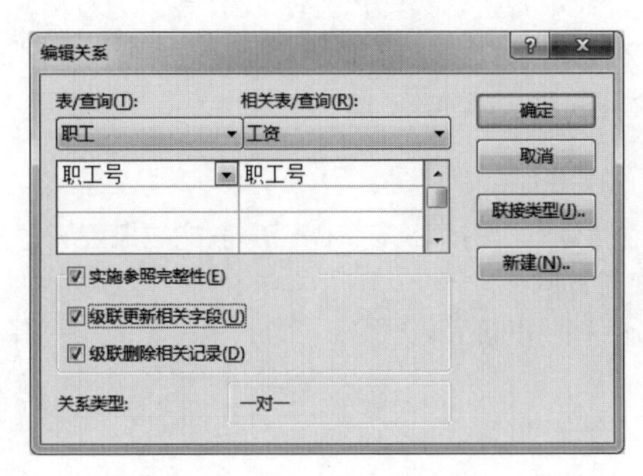

图 5.3 "编辑关系"对话框

3. 用 CREATE INDEX 命令建立索引

为"工资"表按"工资"字段建立一个降序索引,操作步骤如下。

(1) 选择"创建"选项卡中的"查询"选项组。

(2) 单击"查询设计"按钮,弹出"显示表"对话框。

(3) 关闭弹出的"显示表"对话框,打开查询"设计视图"窗口。

(4) 单击"设计"选项卡→"查询类型"→"数据定义"按钮,打开"查询"窗口。

(5) 在"查询"窗口中输入如下 SQL 语句:

```
CREATE INDEX GZ ON 工资(工资 DESC)
```

(6) 单击功能区上的"运行"按钮,执行 SQL 语句。

4. 为"职工"表按"性别"和"出生日期"字段建立一个多字段索引 XBCSRQ

重复前面(1)~(4)的操作步骤,在"查询"窗口中输入如下 SQL 语句。

```
CREATE INDEX XBCSRQ ON 职工(性别,出生日期 ASC)
```

在设计视图中打开"职工"表,选择功能区上的"索引"按钮,打开"索引:职工"对话框,如图 5.4 所示。从图中可以看出,索引 XBCSRQ 已经建立。

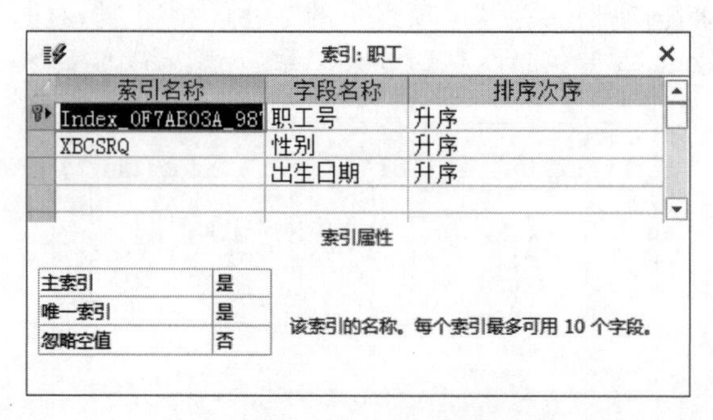

图 5.4 "索引:职工"对话框

5. 删除"工资备份"表

操作步骤如下。

(1) 为"工资"表建立一个备份,命名为"工资备份"表。

(2) 打开"数据定义查询"窗口。

(3) 输入以下删除表的 SQL 语句:

```
DROP TABLE 工资备份
```

(4) 单击功能区上的"运行"按钮,执行 SQL 语句,完成删除表的操作,则"工资备份"表将从"职工管理"数据库窗口消失。

6. 为"职工"表增加一个"电话号码"字段

操作步骤如下。

(1) 打开"数据定义查询"窗口。

(2) 输入如下 SQL 语句:

```
ALTER TABLE 职工 ADD 电话号码 Char(8)
```

(3) 单击功能区上的"运行"按钮,执行 SQL 语句。

7. 删除"职工"表的"电话号码"字段

操作步骤如下。

(1) 打开"数据定义查询"窗口。

(2) 输入如下 SQL 语句:

```
ALTER TABLE 职工 DROP 电话号码
```

(3) 单击功能区上的“运行”按钮,执行 SQL 语句。

8. 在“职工”表尾部添加一条新记录

操作步骤如下。

(1) 在“职工管理”数据库窗口中打开“数据定义查询”窗口。

(2) 在“数据定义查询”窗口中,输入以下插入数据的 SQL 语句:

```
INSERT INTO 职工(职工号,姓名,性别,出生日期,婚否)
VALUES("1001","张明","男",#1975-03-09#,yes)
```

(3) 单击功能区中的“运行”按钮,执行 SQL 语句,完成插入数据的操作。

(4) 在“数据表视图”中打开“职工”表,查看显示结果。

9. 在“职工”表尾部插入第二条记录

其 SQL 语句如下:

```
INSERT INTO 职工 VALUES("1002","王芳","女",#1996-07-21#,no)
```

在“数据表视图”中打开“职工”表,查看结果。

10. 更新数据,计算“工资”表中的实发数

操作步骤如下。

(1) 首先打开“工资”表,给每位职工的“工资”和“应扣”字段输入数据。输入完毕,关闭“工资”表。

(2) 在“职工管理”数据库窗口中打开“数据定义查询”窗口。

(3) 在“数据定义查询”窗口中,输入更新数据的 SQL 语句:

```
UPDATE 工资 SET 实发 = 工资 - 应扣
```

(4) 单击功能区上的“运行”按钮,执行 SQL 语句,完成更新数据的操作。

(5) 在“数据表视图”中打开“工资”表,查看更新结果。

11. 删除数据,将“职工”表中女职工的记录删除

操作步骤如下。

(1) 在“职工管理”数据库窗口中,打开“数据定义查询”窗口。

(2) 在“数据定义查询”窗口中,输入以下删除数据的 SQL 语句:

```
DELETE FROM 职工 WHERE 性别 = "女"
```

(3) 单击功能区上的“运行”按钮,执行 SQL 语句,完成删除数据的操作。

(4) 在“数据表视图”中打开“职工”表,查看显示结果。

(5) 关闭“职工管理”数据库。

(二) 数据查询

1. 在 SQL 视图中修改已建查询中的准则

在 SQL 视图中将“教学管理系统”数据库已经建立的“获得奖励的女生”查询中的准则改为“获得奖励的男生”。

操作步骤如下。

(1) 打开“教学管理系统”数据库。

(2) 在“设计视图”中打开已建立的查询“获得奖励的女生”，如图 5.5 所示。

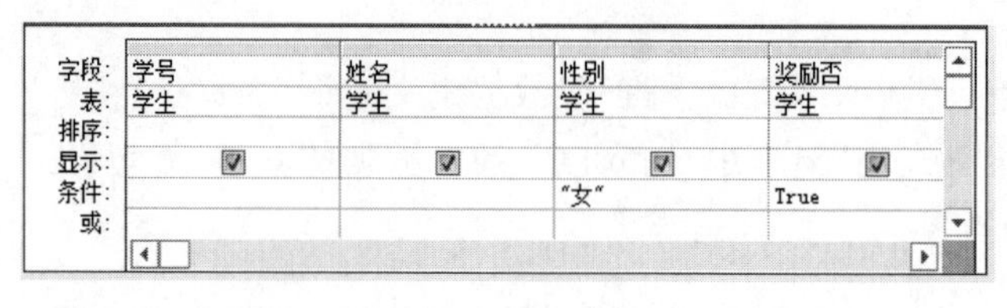

图 5.5 “获得奖励的女生”的设计视图

(3) 单击功能区上“视图”按钮下侧的向下箭头，从下拉列表中选择“SQL 视图”选项，打开 SQL 视图窗口，如图 5.6 所示。

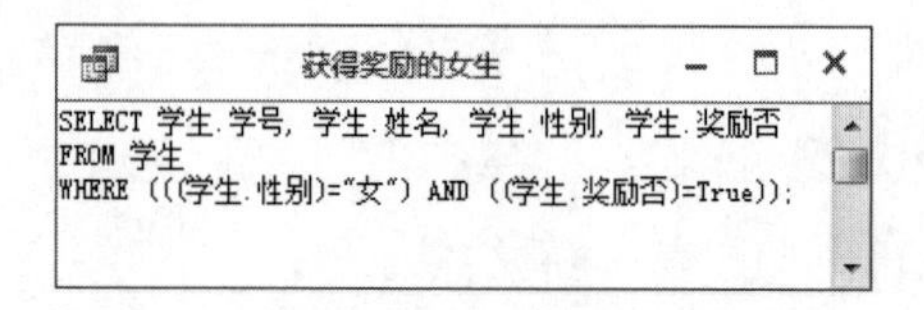

图 5.6 “获得奖励的女生”的 SQL 视图

(4) 在图 5.6 所示窗口中选中要修改的部分，将条件 ="女"改为 ="男"。修改结果如下：

```
SELECT 学生.学号, 学生.姓名, 学生.性别, 学生.奖励否
FROM 学生
WHERE (((学生.性别) = "男") AND ((学生.奖励否) = True));
```

(5) 单击“视图”按钮，在数据表视图中预览查询的结果。

(6) 选择“文件”菜单下的“另存为”命令，保存本次查询为“获得奖励的男生”。

2. 查询“学生”表的全部字段

操作步骤如下。

(1) 选择“创建”选项卡中的“查询”选项组。

(2) 单击“查询设计”按钮，弹出“显示表”对话框。

(3) 关闭弹出的“显示表”对话框，打开查询“设计视图”窗口。

(4) 选择“设计”选项卡“结果”组中的“视图”按钮，选择“SQL 视图”命令，打开“查询”窗口。

(5) 在“查询”窗口中输入以下 SQL 语句：

```
SELECT * FROM 学生
```

(6) 在数据表视图中查看查询结果，然后保存查询，查询建立完毕。

(7) 在“设计视图”中，单击功能区上的“运行”按钮，显示运行查询的结果。

下面列举一些与前面操作类似的查询，它们的操作步骤与前面的操作步骤基本一致，只是 SQL 语句不同。注意观察运行结果。

3. 在“学生”表中查询“学号”“姓名”字段

操作步骤与查询“学生”表全部字段的步骤相同，其中 SQL 语句如下：

```
SELECT 学号,姓名 FROM 学生
```

4. 查询“学生”表中全部学生的“姓名”和“年龄”,删除重名

操作步骤与查询“学生”表全部字段的步骤相同,其中 SQL 语句如下:

```
SELECT DISTINCT 姓名,YEAR(DATE()) - YEAR(出生日期) AS 年龄 FROM 学生
```

5. 查询“学生”表中学号为 21010003 和 21010004 的记录

操作步骤与查询“学生”表全部字段的步骤相同,其中 SQL 语句如下:

```
SELECT * FROM 学生 WHERE 学号 IN("21010003","21010004")
```

或

```
SELECT * FROM 学生 WHERE 学号 = "21010003" OR 学号 = "21010004"
```

6. 查询“成绩”表中成绩为 70～90 分的学生记录

操作步骤与查询“学生”表全部字段的步骤相同,其中 SQL 语句如下:

```
SELECT * FROM 成绩 WHERE 成绩 BETWEEN 70 AND 90
```

或

```
SELECT * FROM 成绩 WHERE 成绩> = 70 AND 成绩< = 90
```

7. 查询“学生”表中姓“王”的男学生的记录

操作步骤与查询“学生”表全部字段的步骤相同,其中 SQL 语句如下:

```
SELECT * FROM 学生 WHERE 姓名 LIKE "王 * " AND 性别 = "男"
```

8. 计算查询,在“学生”表中统计学生人数

操作步骤与查询“学生”表全部字段的步骤相同,其中 SQL 语句如下:

```
SELECT COUNT( * ) As 学生人数 FROM 学生
```

9. 查询“会计”专业的学生人数

操作步骤与查询“学生”表全部字段的步骤相同,其中 SQL 语句如下:

```
SELECT COUNT( * ) As 会计专业学生人数 FROM 学生 WHERE 专业 = "会计"
```

10. 统计“成绩”表中不同课程“成绩”字段的最大值和最小值

操作步骤与查询“学生”表全部字段的步骤相同,其中 SQL 语句如下:

```
SELECT 课程号, Max(成绩) AS 成绩最大值, Min(成绩) AS 成绩最小值
FROM 成绩
GROUP BY 课程号
```

11. 分别统计男女学生的人数

操作步骤与查询“学生”表全部字段的步骤相同,其中 SQL 语句如下:

```
SELECT 性别, Count(性别) AS 人数 FROM 学生 GROUP BY 性别
```

12. 按学号“升序”查询“学生”表中的记录

操作步骤与查询“学生”表全部字段的步骤相同,其中 SQL 语句如下:

```
SELECT * FROM 学生 ORDER BY 学号 ASC
```

13. 在"成绩"表中统计有 10 个以上学生选修的课程

操作步骤与查询"学生"表全部字段的步骤相同,其中 SQL 语句如下:

```
SELECT 课程号,COUNT( * ) AS 选课人数
FROM 成绩
GROUP BY 课程号 HAVING COUNT( * )> = 10
```

14. 创建多表查询

在"学生"表、"成绩"表和"课程"表中,查询"学号""姓名""课程名称""成绩"字段,并将查询结果按"学号"排序。SQL 语句如下:

```
SELECT 学生.学号, 学生.姓名, 课程.课程名称, 成绩.成绩
FROM 学生,课程,成绩
WHERE 课程.课程号 = 成绩.课程号 AND 学生.学号 = 成绩.学号
ORDER BY 学生.学号
```

15. 查询教师的编号、姓名和课程名称

在"教师"表、"开课教师"表和"课程"表中,查询开课教师的"教师编号""姓名""课程名称"字段。SQL 语句如下:

```
SELECT 教师.教师编号, 教师.姓名, 课程.课程名称
FROM 课程 INNER JOIN (教师 INNER JOIN 开课教师 ON 教师.教师编号 = 开课教师.教师编号) ON 课
程.课程号 = 开课教师.课程号
```

16. 查询课程考试成绩前三名的学生的学号、姓名、课程名称、成绩信息

操作步骤与查询"学生"表全部字段的步骤相同,其中 SQL 语句如下:

```
SELECT TOP 3 学生.学号, 学生.姓名, 课程.课程名称, 成绩.成绩
FROM 学生 INNER JOIN (课程 INNER JOIN 成绩 ON 课程.课程号 = 成绩.课程号) ON 学生.学号 = 成
绩.学号
ORDER BY 成绩.成绩 DESC
```

17. 创建参数查询,按输入的学号和课程名称查询学生成绩信息

操作步骤与查询"学生"表全部字段的步骤相同,其中 SQL 语句如下:

```
SELECT 学生.学号, 学生.姓名, 课程.课程名称, 成绩.成绩
FROM 学生 INNER JOIN (课程 INNER JOIN 成绩
ON 课程.课程号 = 成绩.课程号) ON 学生.学号 = 成绩.学号
WHERE (学生.学号 = [请输入学号:]) AND (课程.课程名称 = [请输入课程名称:])
```

18. 创建联合查询,查询学生成绩高于 80 分或低于 60 分的学生记录

操作步骤如下。

(1) 选择"创建"选项卡中的"查询"选项组。

(2) 单击"查询设计"按钮,弹出"显示表"对话框。

(3) 关闭弹出的"显示表"对话框,打开查询"设计视图"窗口。

(4) 选择"设计"选项卡"查询类型"组中的"联合"命令,打开"查询"窗口。

(5) 在"查询"窗口中输入以下 SQL 语句:

```
SELECT * FROM 成绩 WHERE 成绩>=80
UNION
SELECT * FROM 成绩 WHERE 成绩<60
```

(6) 保存查询,并在数据表视图中查看查询结果。

(7) 在设计视图中单击功能区上的“运行”按钮,显示运行查询的结果。

19. 创建嵌套查询,查询选修了课程名称为“大学英语”的学生的学号

在 SQL 视图窗口中,输入以下命令:

```
SELECT 学号 FROM 成绩 WHERE 课程号 IN
    (SELECT 课程号 FROM 课程 WHERE 课程名称="大学英语")
```

20. 查询选修“大学英语”或“高等数学”的所有学生的学号

操作步骤与查询“学生”表全部字段的步骤相同,其中 SQL 语句如下:

```
SELECT 学号 FROM 成绩 WHERE 课程号=ANY
    (SELECT 课程号 FROM 课程
    WHERE 课程名称="大学英语" OR 课程名称="高等数学")
```

21. 查询没有选修课程的学生信息

操作步骤与查询“学生”表全部字段的步骤相同,其中 SQL 语句如下:

```
SELECT 学生.学号, 学生.姓名, 学生.专业
    FROM 学生 LEFT JOIN 成绩 ON 学生.[学号] = 成绩.[学号]
    WHERE (((成绩.学号) Is Null))
```

或

```
SELECT 学生.学号, 学生.姓名, 学生.专业
    FROM 学生
    WHERE (学生.学号 Not In (select 成绩.学号 from 成绩))
```

实验 6　窗体的基本操作

一、实验目的

(1) 熟练掌握使用向导创建窗体的方法。

(2) 熟练使用窗体设计器进行窗体的创建、修改、美化与修饰。

(3) 掌握窗体控件的基本使用方法，能够进行属性值的设置。

二、实验内容

(1) 使用“窗体向导”创建“学生基本信息”窗体。

(2) 使用窗体设计器创建“学生基本信息 1”窗体。

(3) 创建主/子窗体。

(4) 向窗体添加命令按钮。

(5) 组合框的使用一。

(6) 组合框的使用二。

(7) 图表控件的使用。

(8) 选项卡的使用。

(9) 创建导航窗体。

三、实验步骤

1. 使用“窗体向导”创建“学生基本信息”窗体

使用“窗体向导”为“学生”表创建一个“两端对齐”窗体，标题为“学生基本信息”，运行效果如图 6.1 所示，注意，其中没有“照片”字段。

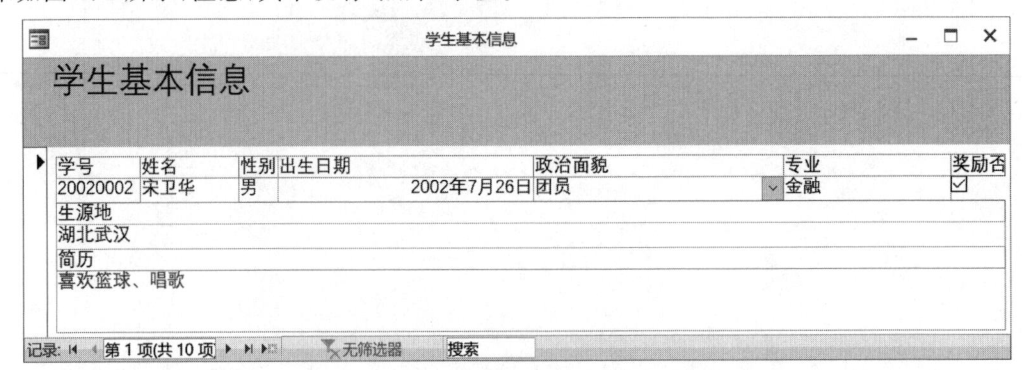

图 6.1　“学生基本信息”窗体

操作步骤如下。

(1) 打开“教学管理系统”数据库,选择“创建”选项,单击“窗体”组中的“窗体向导”按钮,弹出“窗体向导”对话框之一,如图 6.2 所示。

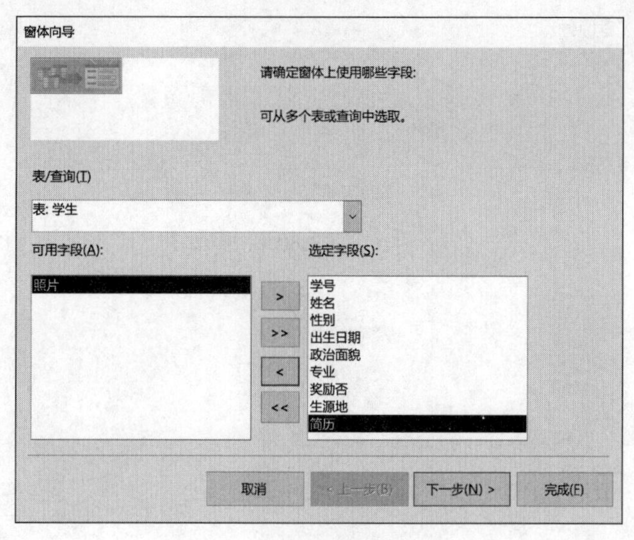

图 6.2 “窗体向导”对话框之一

(2) 在“表/查询”下拉列表框中选择“表:学生”选项,然后单击 >> 按钮,将“学生”表的所有字段添加到“选定字段”列表框中。然后,在“选定字段”列表框中选中“照片”字段,单击 < 按钮,从“选定字段”列表框中删除“照片”字段。

注意:此处也可以逐个字段地进行选择和添加。方法是在“可用字段”列表框中选择一个字段,然后单击 > 按钮,添加一个字段到“选定字段”列表框中,然后重复该操作,完成指定字段的添加。

单击“下一步”按钮,进入“窗体向导”对话框之二,如图 6.3 所示。

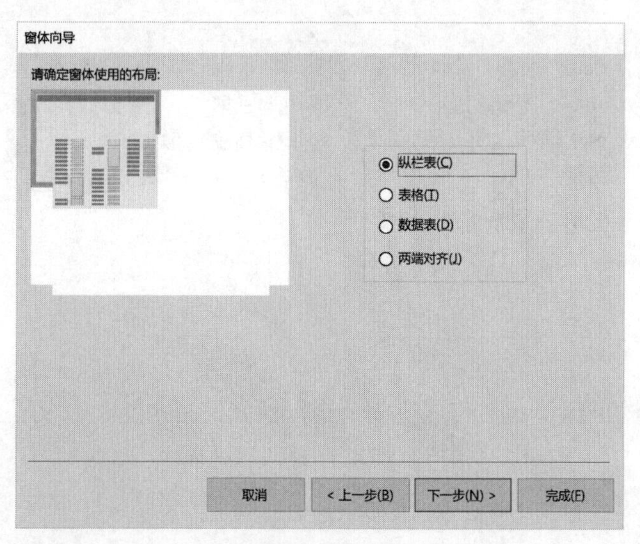

图 6.3 “窗体向导”对话框之二

(3) 选择窗体布局为“两端对齐”,然后单击“下一步”按钮,进入“窗体向导”对话框之三,如图 6.4 所示。

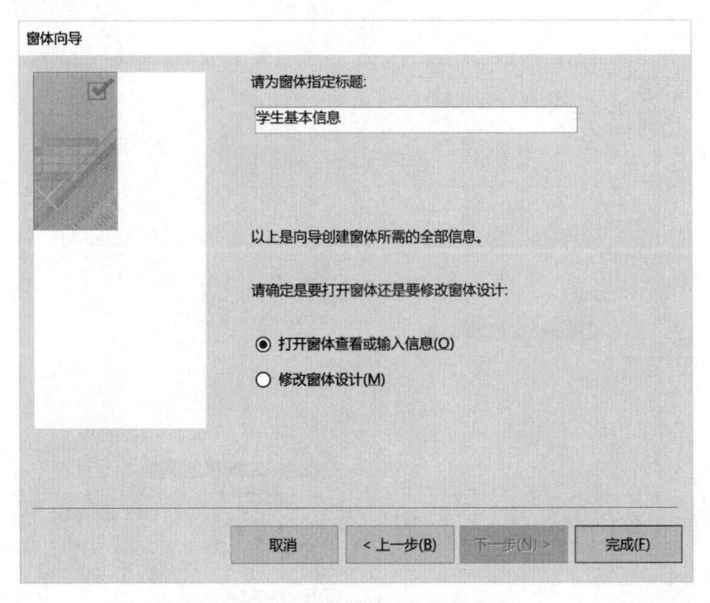

图 6.4 “窗体向导”对话框之三

(4) 在“请为窗体指定标题:”文本框中输入窗体标题“学生基本信息”,然后单击“完成”按钮,在“窗体视图”中查看窗体的运行结果。

2. 使用窗体设计器创建“学生基本信息 1”窗体

使用窗体设计器创建一个如图 6.5 所示的“学生基本信息 1”窗体,显示“学生”表中的“学号”“姓名”“性别”“出生日期”“政治面貌”“专业”字段的信息。在窗体的页眉区显示窗体标题“学生基本信息”,在窗体页脚区的右下角显示当前日期。

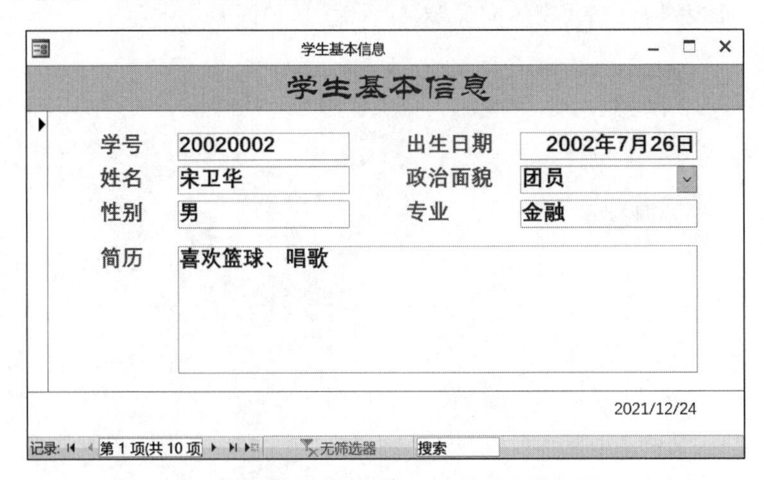

图 6.5 “学生基本信息 1”窗体的窗体视图

操作步骤如下。

(1) 打开“教学管理系统”数据库,选择“创建”选项,单击“窗体”组中的“窗体设计”

按钮。

(2) 双击窗体选择器区域,弹出窗体的“属性表”窗格,选择“数据”选项,将“记录源”属性设置为“学生”表,然后选择“格式”选项卡,设置标题属性为“学生基本信息”,“分隔线”属性为“是”。

(3) 设置窗体的标题信息。选择“设计”选项,单击“页眉/页脚”组中的“标题”按钮,将自动向窗体添加“窗体页眉”和“窗体页脚”节,并且在“窗体页眉”节中自动添加一个标签控件用于显示标题信息。将该标签的标题属性设置为“学生基本信息”,字体设置为“华文隶书”,大小设置为 22 磅,“文本对齐”设置为“居中”,并适当调整标签的位置和大小。

(4) 设置窗体的主体数据显示部分。选择“设计”选项,单击“工具”组中的“添加现有字段”按钮,打开“字段列表”窗口。从“字段列表”中拖动“学号”“姓名”“性别”“出生日期”“政治面貌”“专业”“简历”字段到窗体的主体部分。

(5) 选中各控件,设置字体为 14 磅,“粗体”,在“排列”选项卡的“调整大小和排序”组中,打开“大小/空格”下拉菜单,执行“正好容纳”命令。

(6) 调整各控件的位置、大小与布局,并适当调整主体节的高度。

(7) 在窗体的页脚部分添加一个文本框,删除添加文本框时附带的标签。设置文本框的“控件来源”属性值为“=Date()”,“背景样式”属性值为“透明”,“边框样式”属性值为“透明”,“特殊效果”属性值为“平面”,“是否锁定”属性值为“是”。

(8) 单击“保存”按钮,在弹出的“另存为”对话框中输入窗体的名称“学生基本信息 1”,单击“确定”按钮,窗体的设计结果如图 6.6 所示。

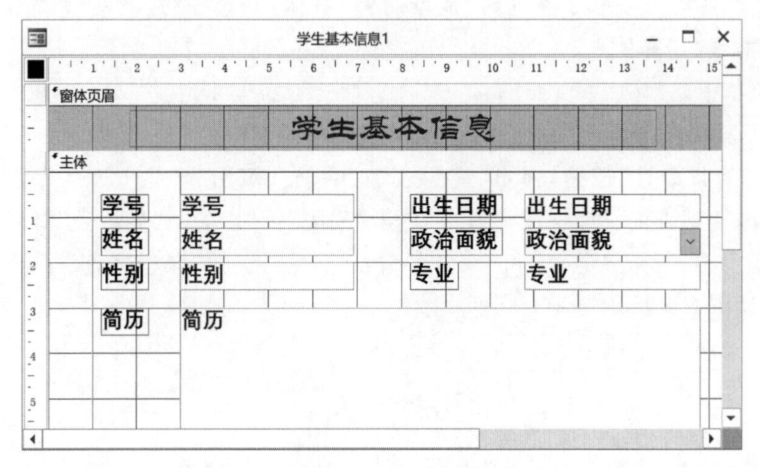

图 6.6 “学生基本信息 1”窗体的设计视图

(9) 切换到“窗体视图”,选择“开始”选项卡,单击“窗口”组中的“调整至窗体大小” 按钮(注意,窗口不要最大化)。

注意:在“文件”菜单中选择“选项”命令,对“当前数据库”进行设置,文档窗口可以设置为“重叠窗口”或“选项卡窗口”。在“重叠窗口”状态下,窗口大小可以调节;在“选项卡窗口”状态下,“调整至窗体大小” 按钮不能使用。

3. 创建主/子窗体。

在“1·使用‘窗体向导’创建‘学生基本信息’窗体”中创建的“学生基本信息”窗体中增

加一个“成绩明细”子窗体,并设置窗体主题为“平面”,设计结果如图6.7所示。

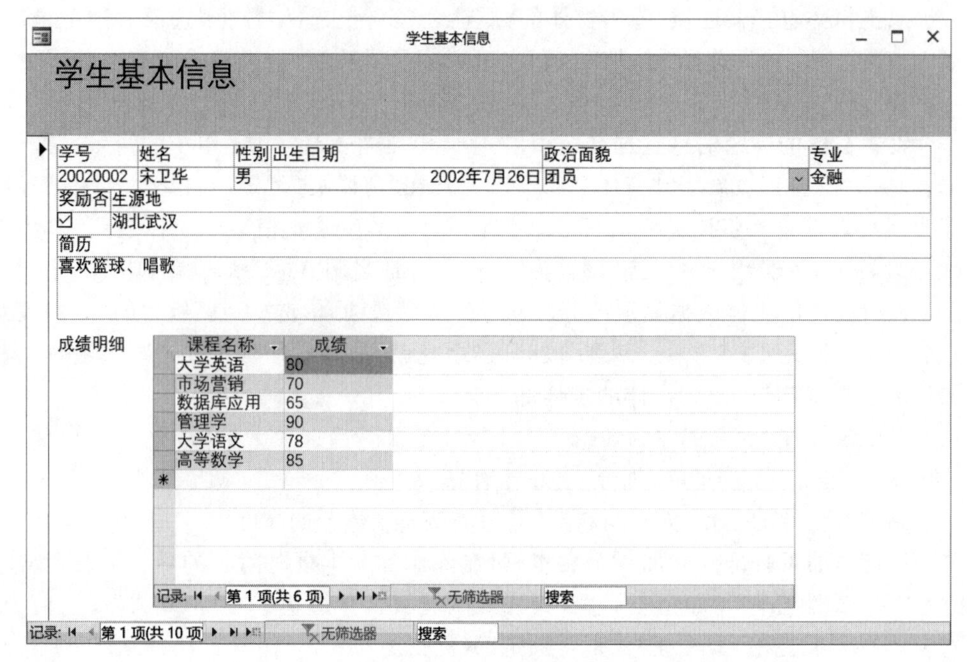

图6.7 主/子窗体设计结果

提示:可先创建一个基于查询的“成绩明细”窗体,然后将“成绩明细”窗体作为子窗体插入“学生基本信息”窗体中。

操作步骤如下。

(1) 打开“教学管理系统”数据库,选择“创建”选项卡中的“查询”组。

(2) 单击“查询设计”按钮,弹出“显示表”对话框。双击“学生”表、“成绩”表和“课程”表,将三个表添加到查询设计视图窗口中,单击“关闭”按钮,关闭“显示表”对话框。

(3) 选择“学生”表的“学号”和“姓名”字段,“课程”表的“课程名称”字段,“成绩”表的“成绩”字段,如图6.8所示。

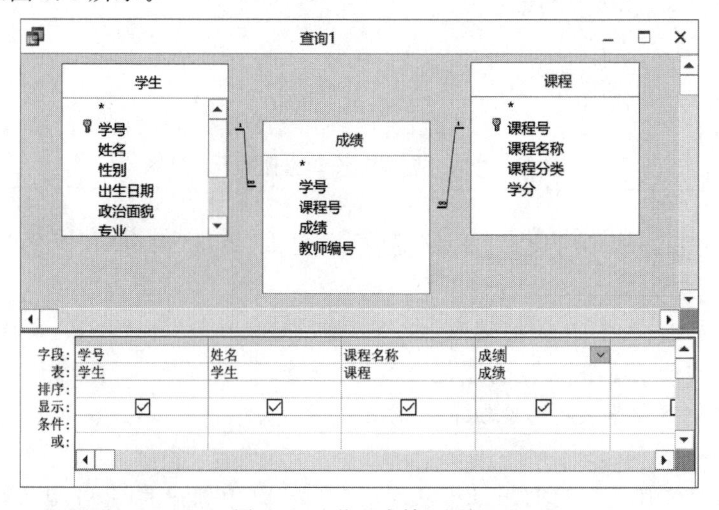

图6.8 “学生成绩”查询

(4) 单击快速访问工具栏上的“保存”按钮，弹出“另存为”对话框，在“查询名称”文本框中输入查询名称“学生成绩”，完成查询的建立。

(5) 单击功能区上的“运行”按钮 **!**，将显示查询的结果。按学号排序后的结果如图 6.9 所示。关闭“学生成绩”查询窗体。

学生成绩

学号	姓名	课程名称	成绩
20020002	宋卫华	大学语文	78
20020002	宋卫华	管理学	90
20020002	宋卫华	数据库应用	65
20020002	宋卫华	市场营销	70
20020002	宋卫华	大学英语	80
20020002	宋卫华	高等数学	85
20030005	王宇	高等数学	89
20030005	王宇	大学语文	82
20030005	王宇	管理学	85
20030005	王宇	数据库应用	90
20030005	王宇	市场营销	74
20030005	王宇	大学英语	63
21010001	林丹丹	管理学	79

记录: 第 1 项(共 60 项 无筛选器 搜索

图 6.9 “学生成绩”查询的运行结果

(6) 在数据库的“导航窗格”中选中“学生成绩”查询对象，然后选择“创建”选项，打开“窗体”组的“其他窗体”下拉菜单，选择“数据表”命令，自动创建基于“学生成绩”查询对象的数据表窗体。

(7) 单击快捷工具栏中的“保存”按钮，在“另存为”对话框中输入“成绩明细”。至此，基于查询的“成绩明细”窗体创建完成，运行结果如图 6.10 所示。

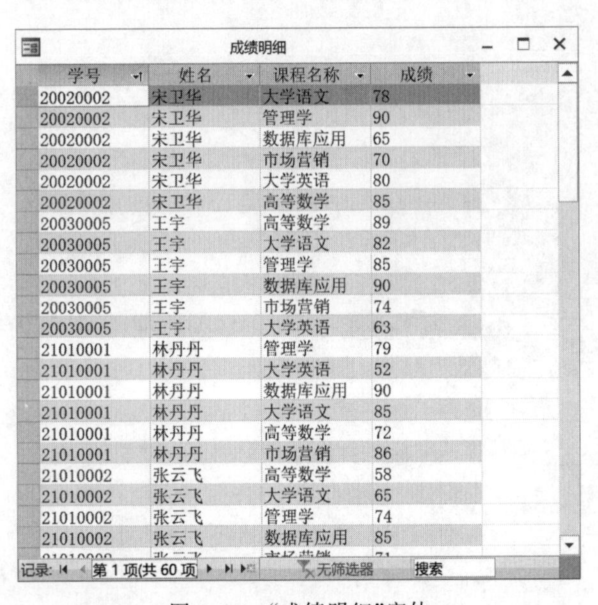
成绩明细

学号	姓名	课程名称	成绩
20020002	宋卫华	大学语文	78
20020002	宋卫华	管理学	90
20020002	宋卫华	数据库应用	65
20020002	宋卫华	市场营销	70
20020002	宋卫华	大学英语	80
20020002	宋卫华	高等数学	85
20030005	王宇	高等数学	89
20030005	王宇	大学语文	82
20030005	王宇	管理学	85
20030005	王宇	数据库应用	90
20030005	王宇	市场营销	74
20030005	王宇	大学英语	63
21010001	林丹丹	管理学	79
21010001	林丹丹	大学英语	52
21010001	林丹丹	数据库应用	90
21010001	林丹丹	大学语文	85
21010001	林丹丹	高等数学	72
21010001	林丹丹	市场营销	86
21010002	张云飞	高等数学	58
21010002	张云飞	大学语文	65
21010002	张云飞	管理学	74
21010002	张云飞	数据库应用	85

记录: 第 1 项(共 60 项 无筛选器 搜索

图 6.10 “成绩明细”窗体

(8) 在“设计视图”中打开前面创建的“学生基本信息”窗体。

(9) 调整窗体的高度，增加“主体”节的高度。

(10) 使“控件”组中的“使用控件向导”按钮处于选中状态，单击“子窗体/子报表”按钮▤,在"学生基本信息"窗体主体节的合适位置单击,弹出"子窗体向导"对话框之一,如图 6.11 所示。

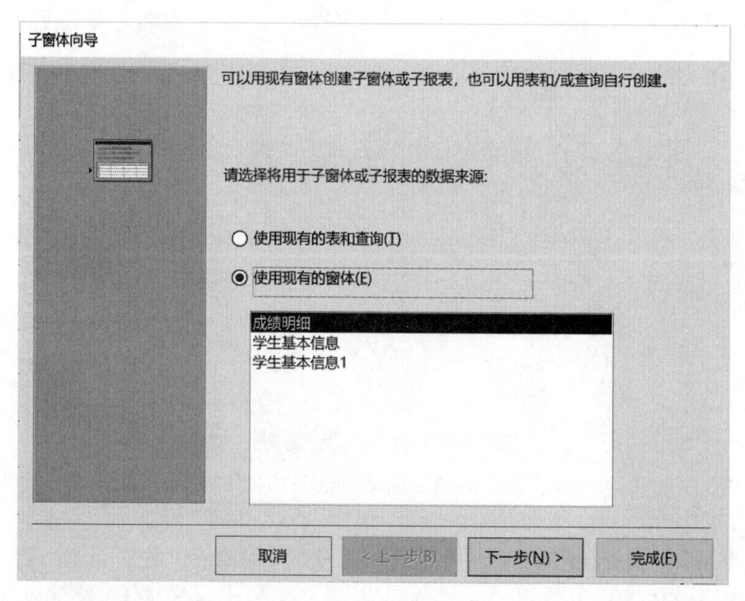

图 6.11 "子窗体向导"对话框之一

(11) 选中"使用现有的窗体"单选按钮,从窗体列表中选择"成绩明细"选项,然后单击"下一步"按钮,弹出"子窗体向导"对话框之二,如图 6.12 所示。

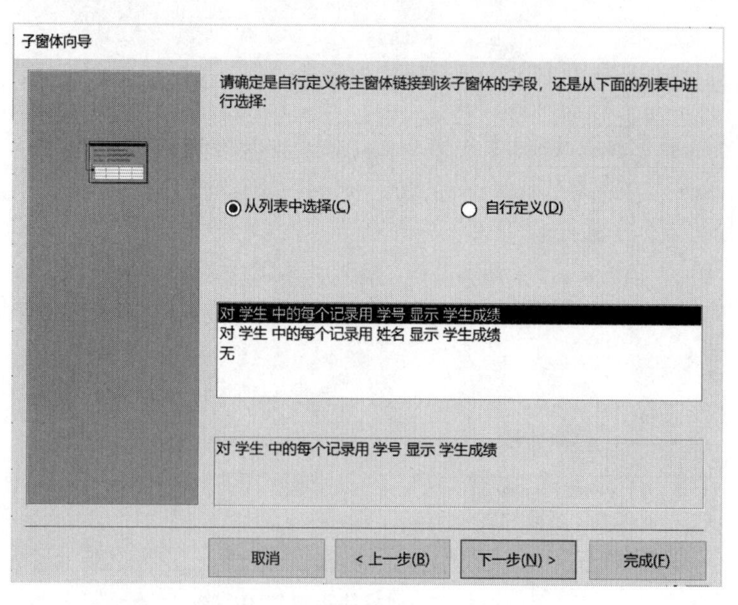

图 6.12 "子窗体向导"对话框之二

(12) 选中"从列表中选择"单选按钮,设置将主窗体链接到子窗体的字段为两表的公共字段——"学号"字段,然后单击"下一步"按钮,进入"子窗体向导"对话框之三。

(13) 使用默认的子窗体名称"成绩明细",然后单击"完成"按钮。

(14) 在窗体设计视图中，对新加入的标签以及子窗体控件的位置、大小等进行调整。

(15) 打开“设计”选项卡“主题”组中的“主题”下拉菜单，选择“平面”主题，该窗体在设计视图中的效果如图 6.13 所示。

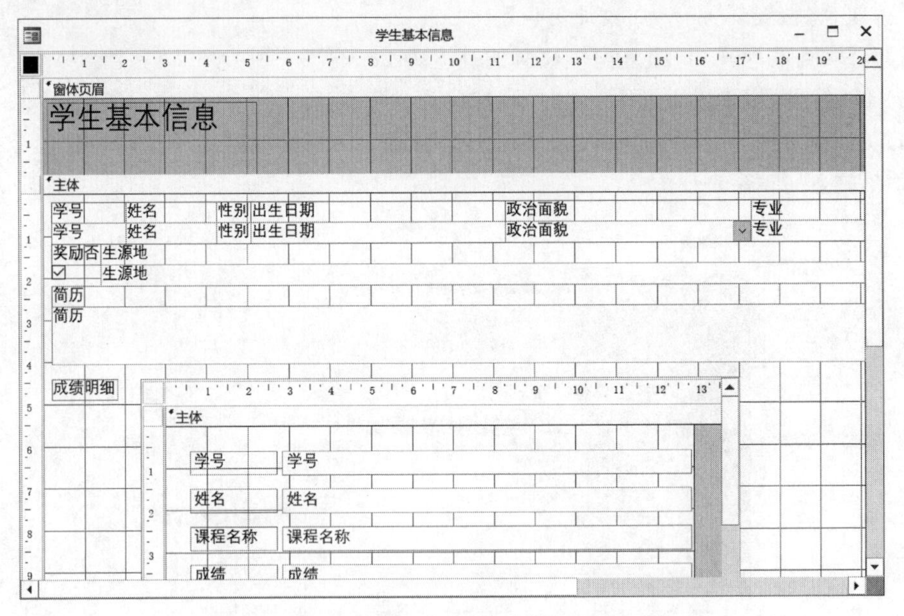

图 6.13 “学生基本信息”窗体的设计视图

(16) 切换到“窗体视图”，右击子窗体中的“学号”列，在弹出的快捷菜单中选择“隐藏字段”命令，对“姓名”列做同样的操作，最后的运行结果如图 6.7 所示。保存对“学生基本信息”窗体的修改。

4. 向窗体添加命令按钮

使用“窗体”工具直接创建一个“教师信息”窗体，并对该窗体进行修改，取消滚动条、记录导航按钮和记录选择器，不允许在窗体上对教师信息进行修改；添加 4 个命令按钮，实现记录的导航功能；添加一个图形按钮，实现单击退出的功能，最终效果如图 6.14 所示。

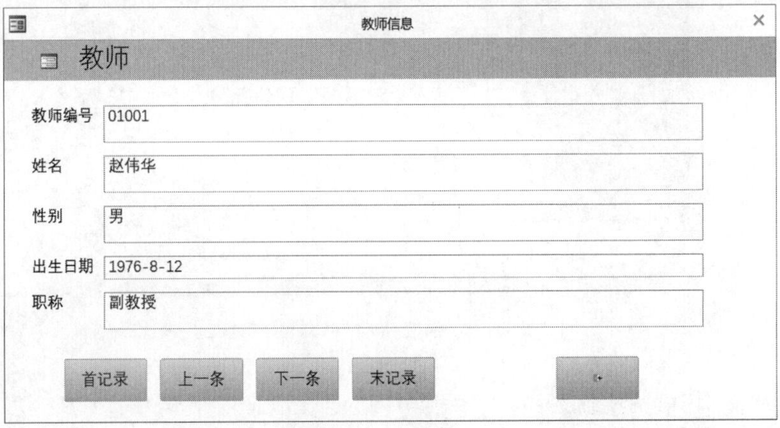

图 6.14 “教师情况”窗体修改后的窗体视图

操作步骤如下。

(1) 打开“教学管理系统”数据库,在“导航窗格”中选中“教师”表,然后选择“创建”选项,单击“窗体”组中的“窗体”按钮,根据“教师”表的信息直接快速生成一个窗体。然后单击“保存”按钮,将该窗体保存为“教师信息”。

(2) 切换到设计视图,调整窗体页脚的高度为 2cm。

(3) 使“控件”组中的“使用控件向导”按钮为选中状态。

(4) 单击“控件”组中的 按钮,移动光标到窗体的页脚区域后单击,弹出“命令按钮向导”对话框之一,如图 6.15 所示。

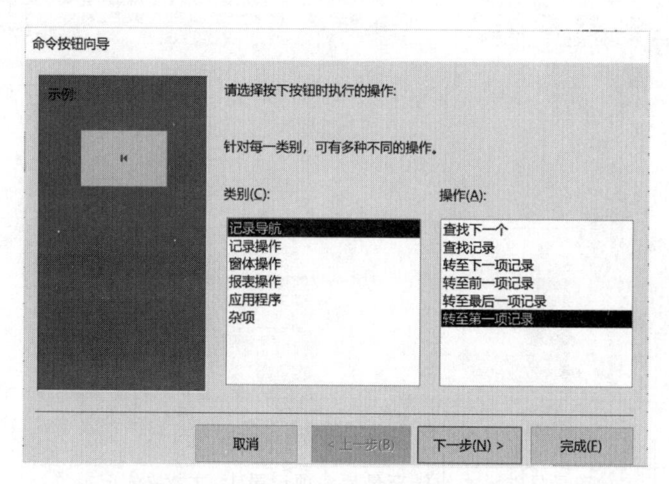

图 6.15 “命令按钮向导”对话框之一

(5) 选择按下按钮时执行的操作“类别”为“记录导航”,“操作”为“转至第一项记录”,然后单击“下一步”按钮,进入“命令按钮向导”对话框之二,如图 6.16 所示。

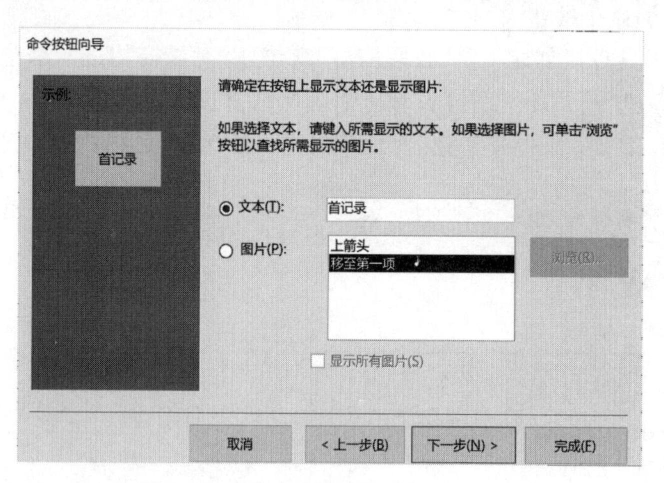

图 6.16 “命令按钮向导”对话框之二

(6) 选中“文本”单选按钮,并在文本框中输入“首记录”,然后单击“下一步”按钮,进入“命令按钮向导”对话框之三,如图 6.17 所示。

(7) 输入按钮名称为 cmdFirst,单击“完成”按钮。

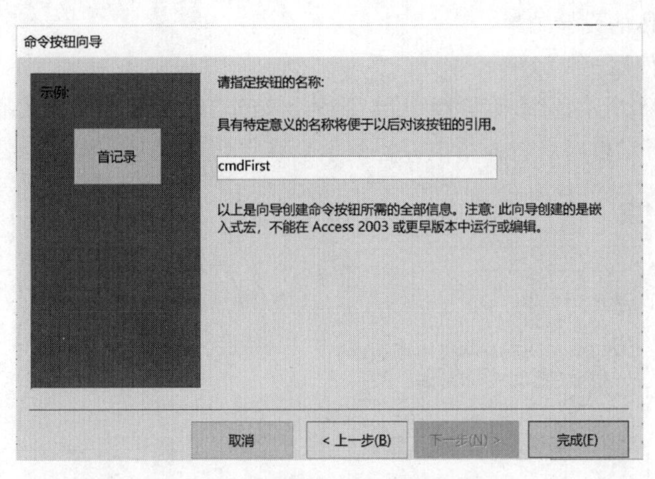

图 6.17 “命令按钮向导”对话框之三

(8) 重复步骤(4)～(7)添加其余命令按钮,具体设置如表 6.1 所示。

表 6.1 “命令按钮向导”对话框中的设置

对　象	动作类别	动作操作	文本/图片	按钮名称
命令按钮 1	记录导航	转至第一项记录	文本：首记录	cmdFirst
命令按钮 2	记录导航	转至前一项记录	文本：上一条	cmdPre
命令按钮 3	记录导航	转至下一项记录	文本：下一条	cmdNext
命令按钮 4	记录导航	转至最后一项记录	文本：末记录	cmdLast
命令按钮 5	窗体操作	关闭窗体	图片：退出入门	cmdExit

(9) 按图 6.14 窗体视图的效果调整窗体中命令按钮的大小和位置。

① 调整 cmdFirst 按钮距离页脚区上边界 0.5cm,左边界 1.5cm。

② 设置 cmdFirst 按钮的大小,宽为 2cm,高为 1cm。

③ 设置其余四个按钮与 cmdFirst 按钮的大小一致,水平高度一致。

④ 设置 cmdLast 按钮距离页脚左边界 8.5cm,设置 cmdPre、cmdNext 按钮水平均匀分布在 cmdFirst 与 cmdLast 之间。

⑤ 设置 cmdExit 按钮距离 cmdLast 按钮 5cm(即 cmdExit 的左边界与 cmdLast 的右边界的距离为 5cm)。

(10) 按表 6.2 设置窗体的属性。

表 6.2 窗体的属性设置

对　象	属　性	属性值	说　明
窗体	滚动条	两者均无	
	记录选择器	否	
	导航按钮	否	
	关闭按钮	否	设置窗体的关闭按钮无效
	最大最小化按钮	无	设置窗体无最大最小化按钮
	允许编辑	否	

(11) 保存窗体的设计结果。

5. 组合框的使用一

创建如图 6.18 所示的“查询学生名单”窗体。当选择“课程号”和“教师编号”后,将在窗体的下部显示出指定教师所教的指定课程的学生名单(包括学号、姓名、专业信息)。

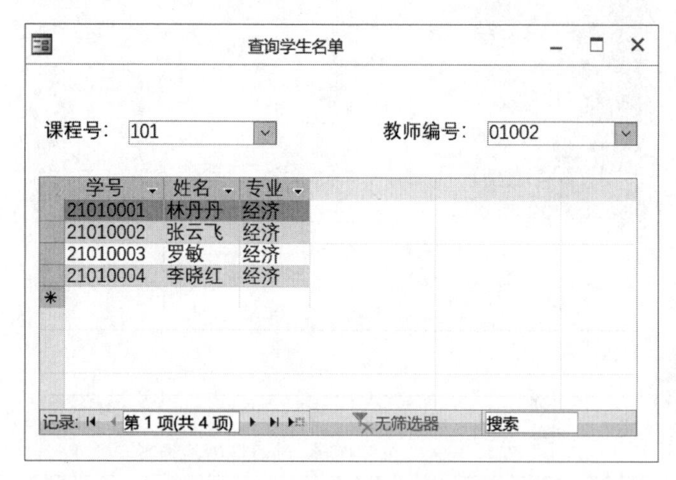

图 6.18 “查询学生名单”窗体的运行结果

操作步骤如下。

(1) 创建一个参数查询“查询 1”。在打开的数据库中选择“创建”选项,单击“查询”组中的“查询设计”按钮,打开查询的设计视图。参考图 6.19 进行查询的设计,将查询保存为“查询 1”。

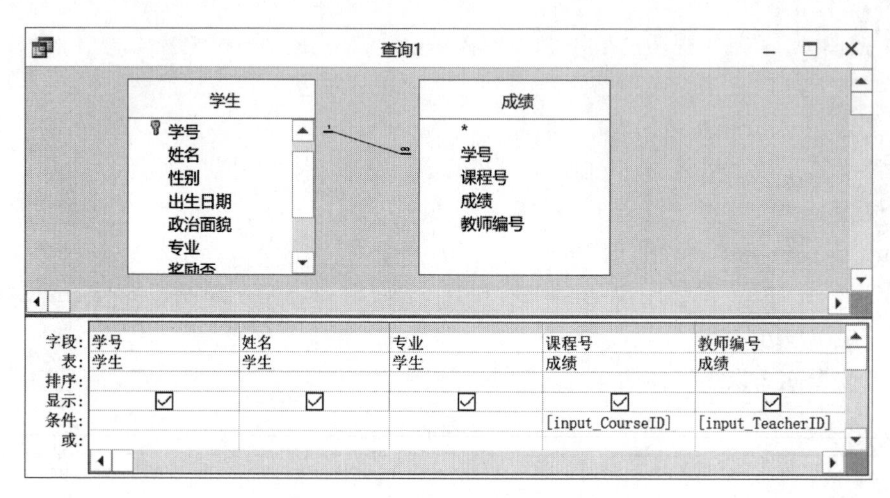

图 6.19 “查询 1”的设计视图

(2) 创建一个窗体,并将窗体保存为“学生名单”,然后该窗体将作为子窗体添加到主窗体——“查询学生名单”窗体(将在步骤(3)创建)中。

① 选择“创建”选项,单击“窗体”组中的“窗体设计”按钮,打开窗体的设计视图。然后双击“窗体选择器”区域,打开窗体的“属性表”对话框,按表 6.3 设置窗体的属性。

表 6.3 “学生名单”窗体的属性设置

对　象	属　性	属性值	说　明
窗体	标题	学生名单	
	默认视图	数据表	
	记录源	查询 1	

② 单击“工具”组中的“添加现有字段”按钮，打开“字段列表”对话框。从“可用于此视图的字段”列表中将“学号”“姓名”“专业”3 个字段拖到窗体的主体节中，然后单击“保存”按钮，将窗体保存为“学生名单”，效果如图 6.20 所示。

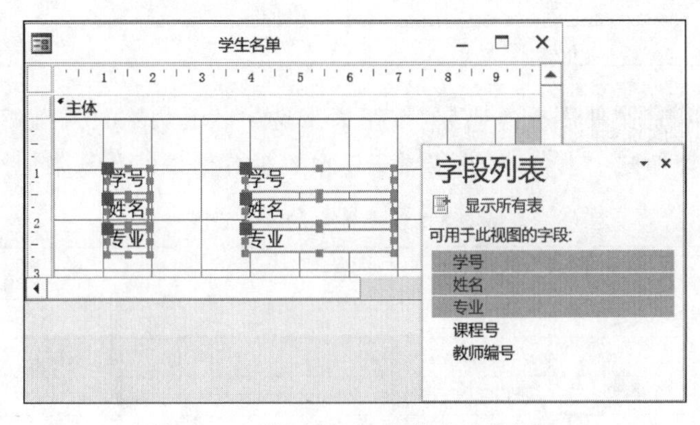

图 6.20 “学生名单”窗体的设计视图

③ 关闭“学生名单”窗体，在数据库“导航窗格”中双击打开“学生名单”窗体。首先弹出如图 6.21 所示的对话框，输入课程号 101，单击“确定”按钮，接着弹出如图 6.22 所示的对话框，输入教师编号 01002，单击“确定”按钮，将在“学生名单”窗体中显示 01002 号教师教授的 101 号课程的所有学生的学号、姓名和专业信息，运行结果如图 6.23 所示。

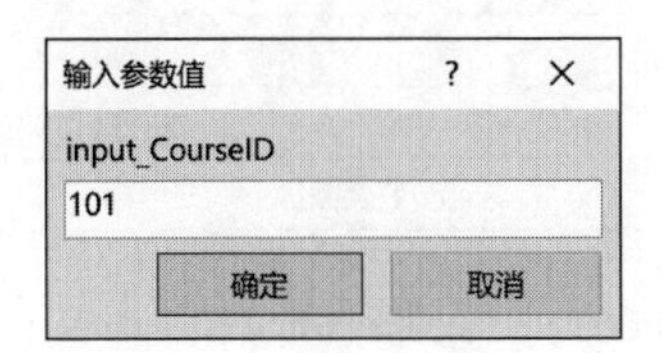

图 6.21 输入课程号

图 6.22 输入教师编号

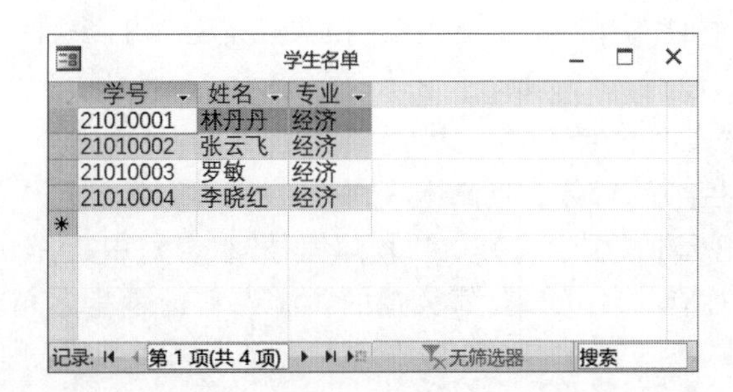

图 6.23 “学生名单”窗体运行结果

(3) 创建主窗体——"查询学生名单"窗体,该窗体包含两个组合框和一个子窗体(即步骤(2)创建的"学生名单"窗体)。

① 选择"创建"选项,单击"窗体"组中的"窗体设计"按钮,打开窗体的设计视图。

② 双击"窗体选择器"区域,打开窗体的"属性表"对话框,按表6.4设置窗体的属性。

表6.4 "查询学生名单"窗体的属性设置

对 象	属 性	属性值	说 明
窗体	标题	查询学生名单	
	记录选择器	否	
	导航按钮	否	
	滚动条	两者均无	

③ 使"控件"组中的"使用控件向导"按钮为未选中状态,单击"控件"组中的"组合框"按钮,向窗体上添加两个组合框,并按表6.5设置组合框控件及其附加标签的属性。

表6.5 窗体上控件的属性设置

对 象	属 性	属性值	说 明
标签1	标题	课程号:	
组合框1	名称	input_CourseID	同查询1的参数[input_CourseID]
	行来源类型	表/查询	
	行来源	课程	
	绑定列	1	
	限于列表	是	
标签2	标题	教师编号:	
组合框2	名称	input_TeacherID	同查询1的参数[input_TeacherID]
	行来源类型	表/查询	
	行来源	教师	
	绑定列	1	
	限于列表	是	
子窗体	源对象	学生名单	

注意:由于主窗体上的两个组合框将为"查询1"(用于向子窗体提供数据)中的[input_CourseID]和[input_TeacherID]参数提供值,因此两个组合框的名称一定要和查询1参数设置中方括号内的内容一致。

④ 单击"控件"组中的"子窗体/子报表"按钮,在窗体上添加一个子窗体(不使用控件向导),并删除其附加标签,然后设置子窗体的"源对象"属性为"学生名单"。

⑤ 将窗体保存为"查询学生名单",设计结果如图6.24所示。

(4) 运行"查询学生名单"窗体。将窗体从"设计视图"切换到"窗体视图",结果如图6.25所示。当在"课程号"组合框中选择101,在"教师编号"组合框中选择01002后,窗体下方的子窗体中会自动出现对应的01002教师教授的101课程的学生名单,运行结果如图6.18所示。

6. 组合框的使用二

创建如图6.26所示的"按专业查询学生名单"窗体。在该窗体的"请选择专业"组合框

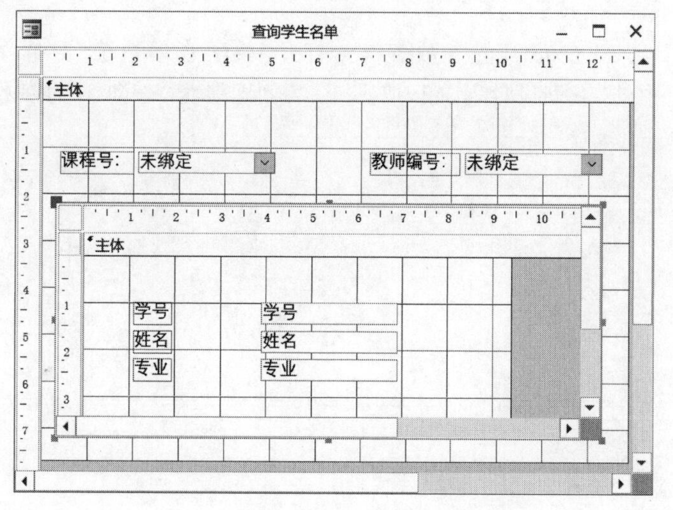

图 6.24 “查询学生名单”窗体的设计视图

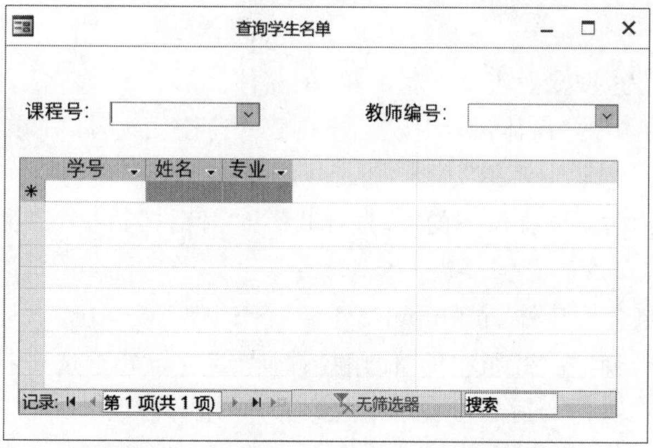

图 6.25 “查询学生名单”窗体的窗体视图

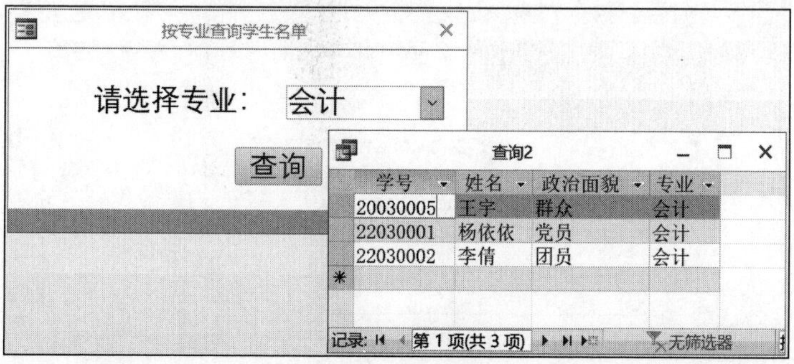

图 6.26 窗体运行效果图

中选择“专业”选项，单击“查询”按钮，可以启动名为“查询 2”的查询，显示指定专业的学生信息。

操作步骤如下。

(1) 创建一个名为“查询 2”的参数查询。打开“教学管理系统”数据库,选择“创建”选项,单击“查询”组中的“查询设计”按钮,按图 6.27 创建名为“查询 2”的参数查询。

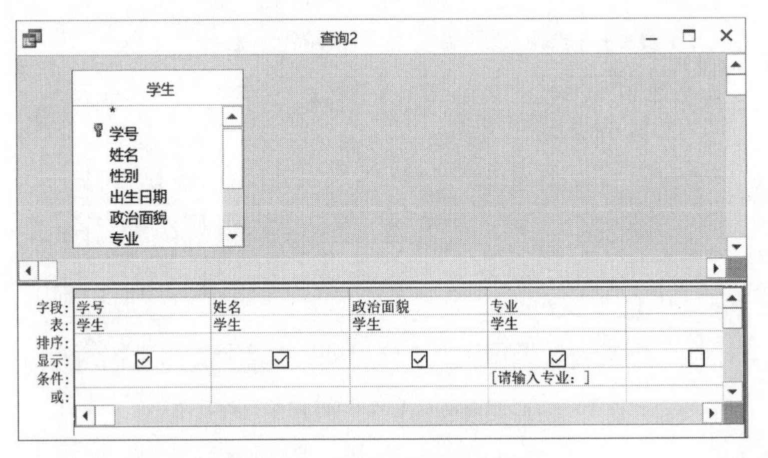

图 6.27 “查询 2”的设计视图

(2) 创建一个名为“按专业查询学生名单”的窗体。

① 单击“窗体”组中的“窗体设计”按钮,将创建一个空白窗体,并在设计视图中打开,将窗体另存为“按专业查询学生名单”。

② 设置窗体的属性。设置窗体的“边框样式”为“对话框边框”,“记录选择器”为“否”,“导航按钮”为“否”。

③ 向窗体添加组合框控件 cmbInputMajor。

选择“设计”选项,使“控件”组中的“使用控件向导”按钮处于选中状态。单击“控件”组中的“组合框”按钮,在窗体的适当位置单击,添加一个组合框。

在如图 6.28 所示的“组合框向导”对话框之一中选中“自行输入所需的值”单选按钮,然后单击“下一步”按钮。

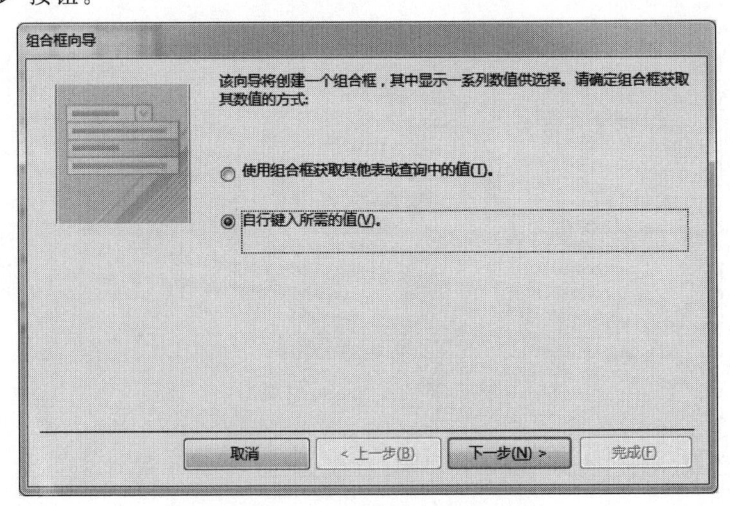

图 6.28 “组合框向导”对话框之一

在如图 6.29 所示的“组合框向导”对话框之二中输入“金融”“会计”“经济”，然后单击“下一步”按钮。

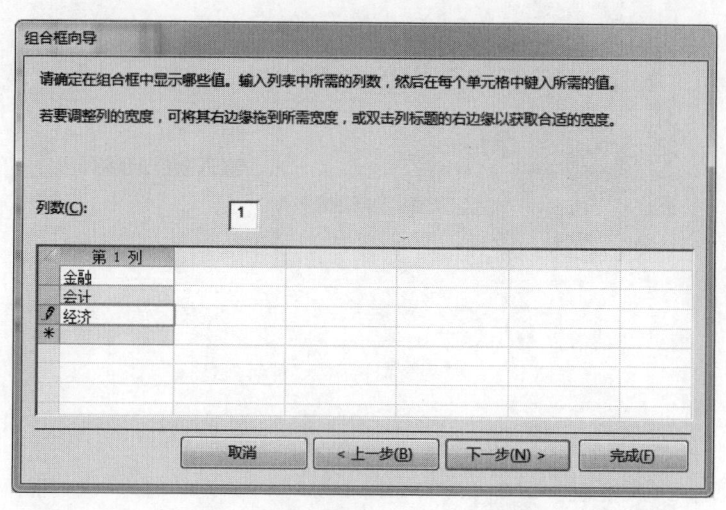

图 6.29 “组合框向导”对话框之二

在如图 6.30 所示的“组合框向导”对话框之三的“请为组合框指定标签”文本框中输入“请选择专业：”，然后单击“完成”按钮。

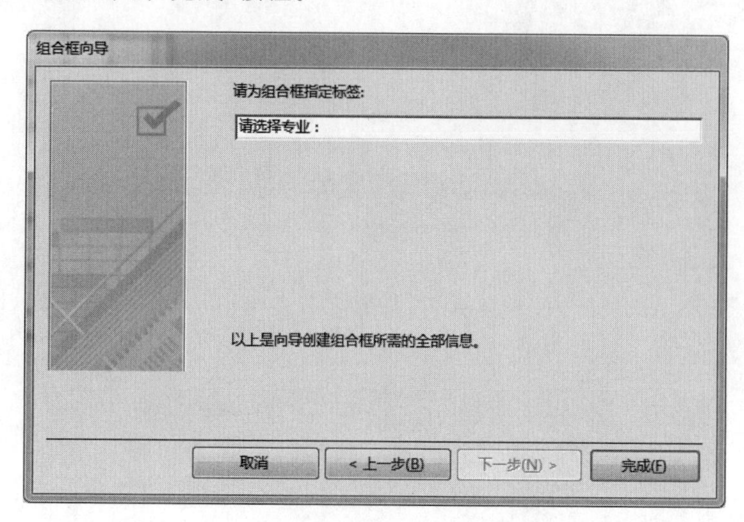

图 6.30 “组合框向导”对话框之三

设置组合框“名称”的属性为 cmbInputMajor。

④ 向窗体添加命令按钮控件。

单击“控件”组中的“按钮”按钮，在窗体的适当位置单击，添加一个命令按钮。

在如图 6.31 所示的“命令按钮向导”对话框之一中选择单击按钮时执行的操作“类别”为“杂项”，“操作”为“运行查询”，然后单击“下一步”按钮。

在如图 6.32 所示的“命令按钮向导”对话框之二中选择要运行的查询为“查询 2”，然后单击“下一步”按钮。

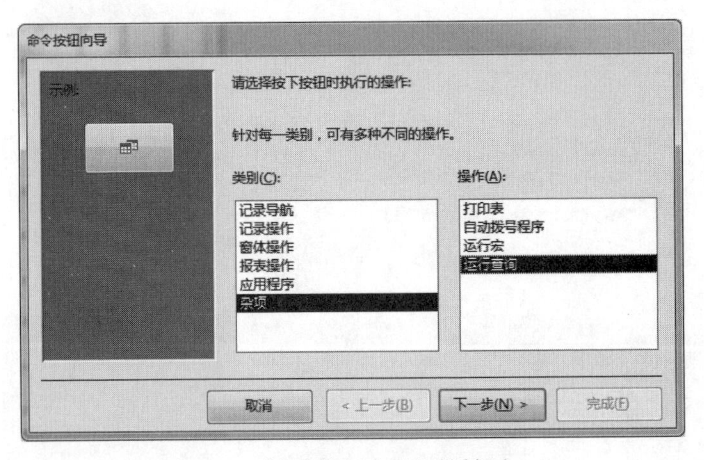

图 6.31 “命令按钮向导”对话框之一

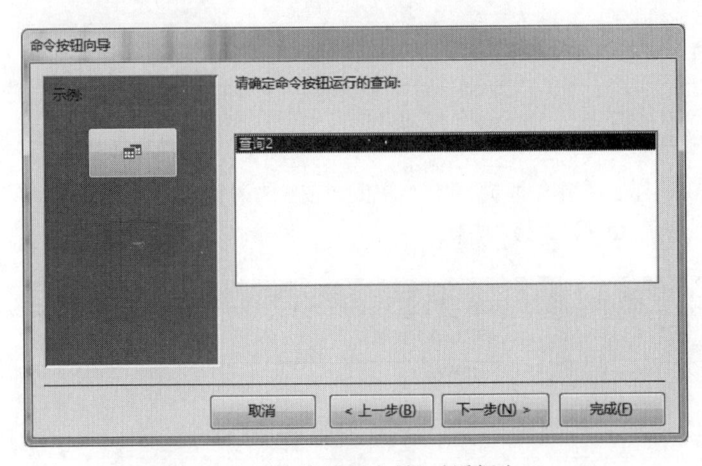

图 6.32 “命令按钮向导”对话框之二

在如图 6.33 所示的“命令按钮向导”对话框之三中选中“文本”单选按钮，设置命令按钮上显示的文本为“查询”，然后单击“完成”按钮。

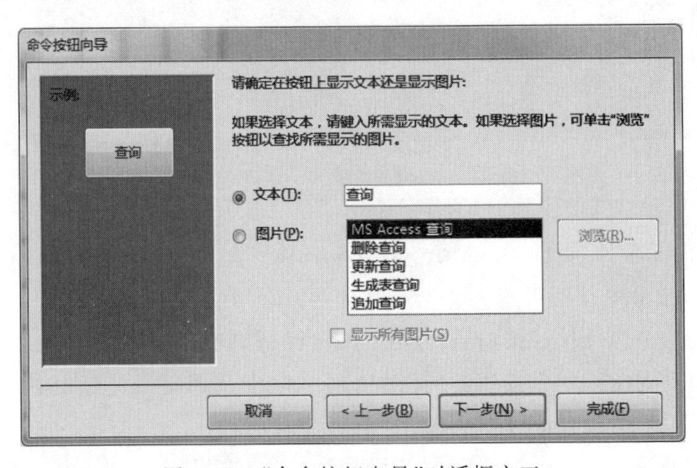

图 6.33 “命令按钮向导”对话框之三

适当调整窗体中控件的大小和字体等属性。至此,窗体创建完毕。

(3) 将窗体组合框输入的数据与查询的参数进行关联。

在设计视图中打开"查询 2",重新设置"专业"列的"条件"行的输入为"[Forms]![按专业查询学生名单]![cmbInputMajor]",如图 6.34 所示。

至此,"查询 2"的参数将由"按专业查询学生名单"窗体上组合框 cmbInputMajor 中的数据提供,完成了窗体上控件对象的选择到查询参数的关联。关闭"查询 2"。

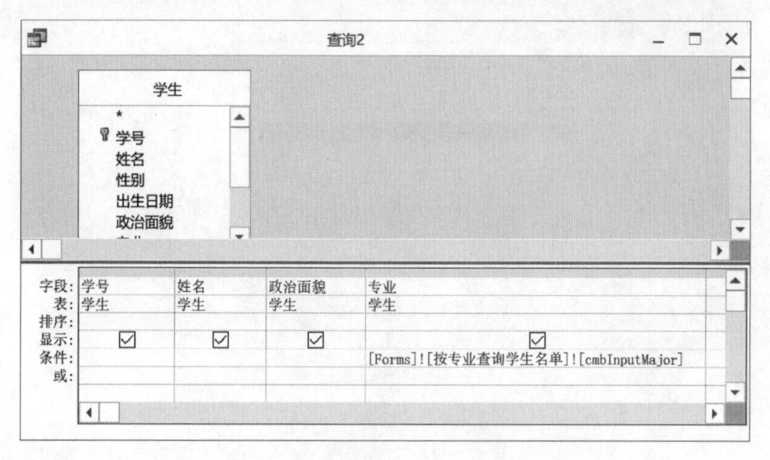

图 6.34 修改后的"查询 2"的设计视图

(4) 运行"按专业查询学生名单"窗体,在组合框中选择"会计",然后单击"查询"按钮,将启动"查询 2",显示所有会计专业的学生数据,如图 6.26 所示。

7. 图表控件的使用

创建一个如图 6.35 所示的"各专业人数分布情况"窗体。该窗体使用"饼图"显示各专业的人数分布情况,饼图的标题为"各专业人数分布情况"。

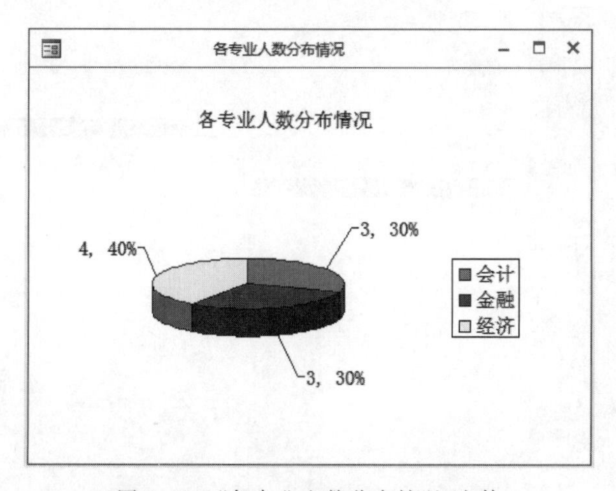

图 6.35 "各专业人数分布情况"窗体

操作步骤如下。

(1) 打开"教学管理系统"数据库,选择"创建"选项,单击"窗体"组中的"窗体设计"按钮,将创建一个空白的窗体,并在“设计视图”中打开。

(2) 选择“设计”选项,使“控件”组中的“使用控件向导”按钮处于选中状态。

(3) 单击“控件”组中的“图表”按钮,然后在窗体的主体节适当位置单击,打开“图表向导”对话框之一,如图 6.36 所示。

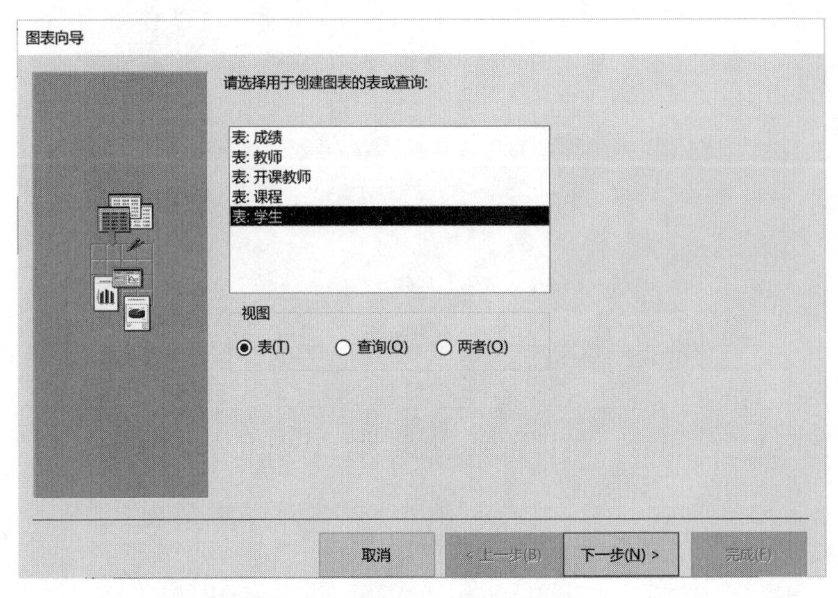

图 6.36 “图表向导”对话框之一

(4) 选择用于图表的数据来源。选择“表:学生”选项,然后单击“下一步”按钮,打开如图 6.37 所示的“图表向导”对话框之一。

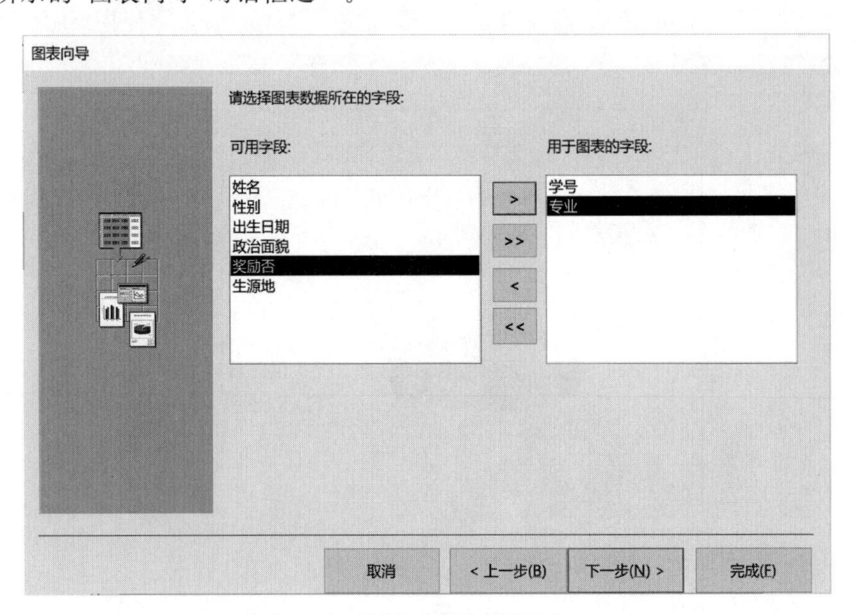

图 6.37 “图表向导”对话框之二

(5) 选择图表中需要用到的数据。选择“学号”“专业”字段到“用于图表的字段”列表框中,然后单击“下一步”按钮,打开如图 6.38 所示的“图表向导”对话框之三。

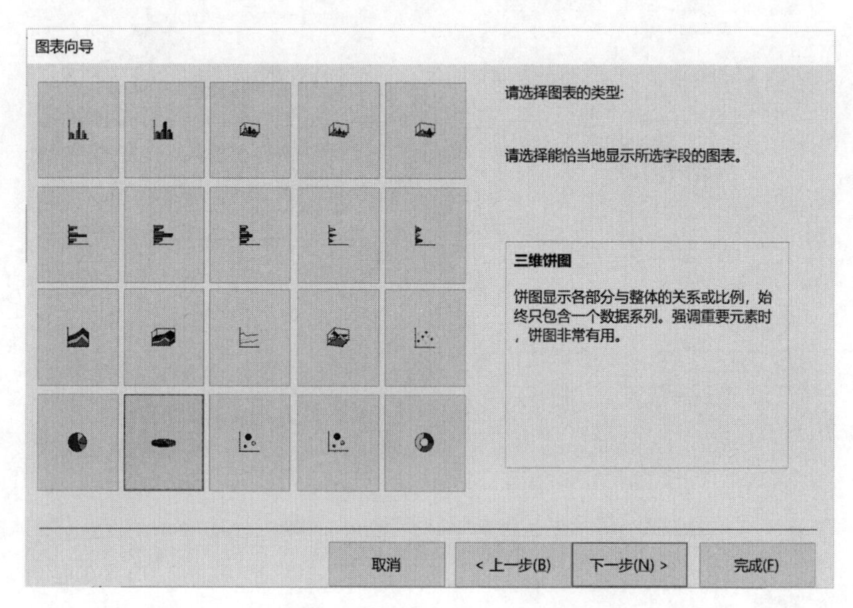

图 6.38 “图表向导”对话框之三

(6) 选择图表类型为“三维饼图”,然后单击“下一步”按钮,打开如图 6.39 所示“图表向导”对话框之四。

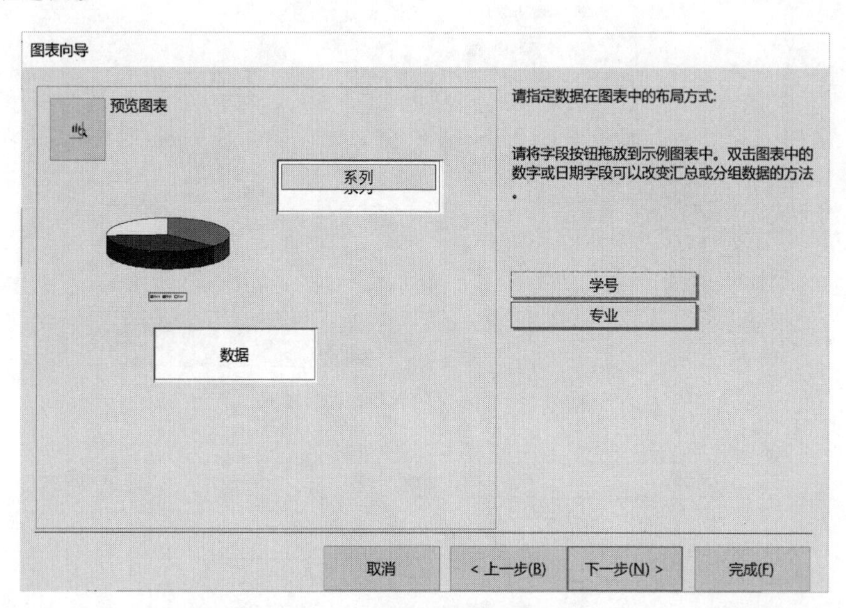

图 6.39 “图表向导”对话框之四

(7) 拖放“专业”到“系列”区,“CountOf 学号”到“数据”区,如图 6.40 所示,然后单击“下一步”按钮,打开如图 6.41 所示的“图表向导”对话框之五。

(8) 指定图表的标题为“各专业人数分布情况”,然后单击“完成”按钮。

(9) 保存窗体为“各专业人数分布情况”,然后切换到“窗体视图”,运行效果如图 6.42 所示。

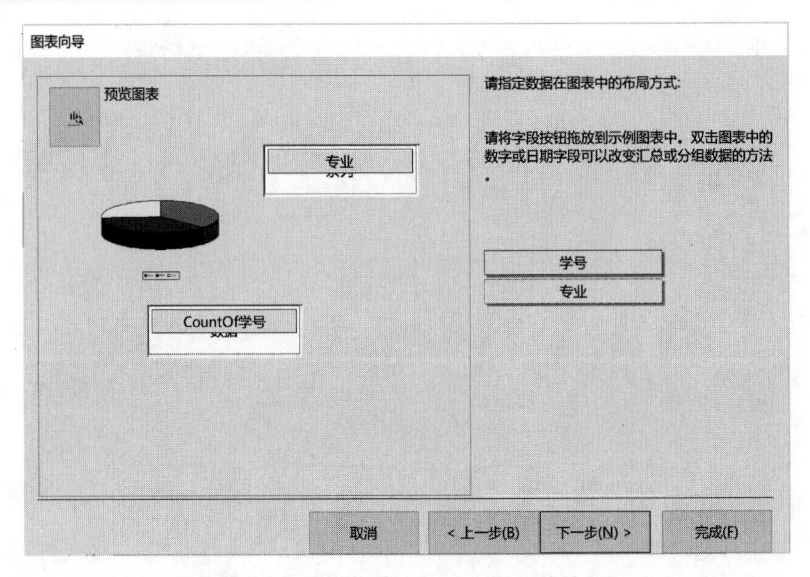

图 6.40 拖放“专业”“CountOf 学号”

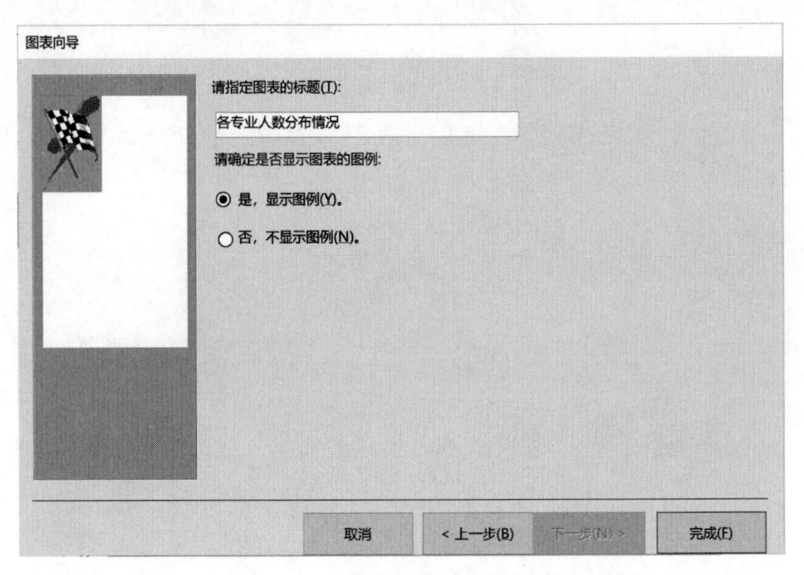

图 6.41 “图表向导”对话框之五

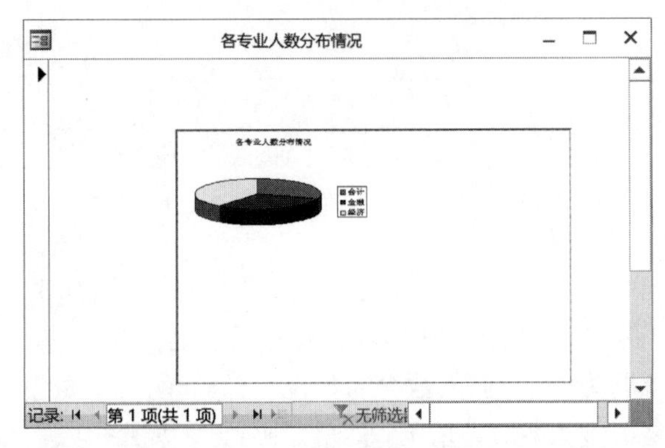

图 6.42 “各专业人数分布情况”窗体初步效果图

(10) 切换回“设计视图”。选中窗体设计区的饼图，按 F4 键，打开图表对象 Graph0 的“属性表”窗口，设置“边框样式”为“透明”。

(11) 双击 Graph0 图表对象，进入“图表”窗体。在窗体菜单中选择“图表”中的“图表选项”，然后在“图表选项”对话框中选择“数据标签”选项卡，如图 6.43 所示。

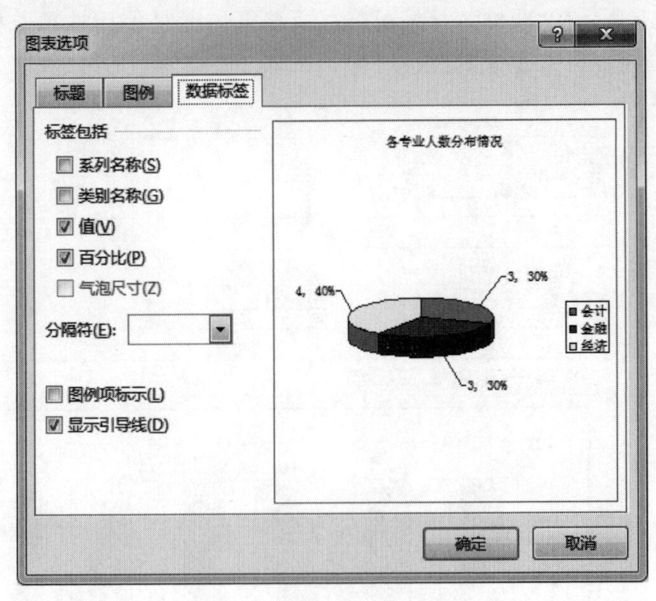

图 6.43 “图表选项”对话框

(12) 设置饼图中使用百分比数据形式显示人数信息。选中“值”和“百分比”两个复选按钮，然后单击“确定”按钮。适当拖放图中显示的百分比数字，使引导线显示出来，如图 6.44 所示。

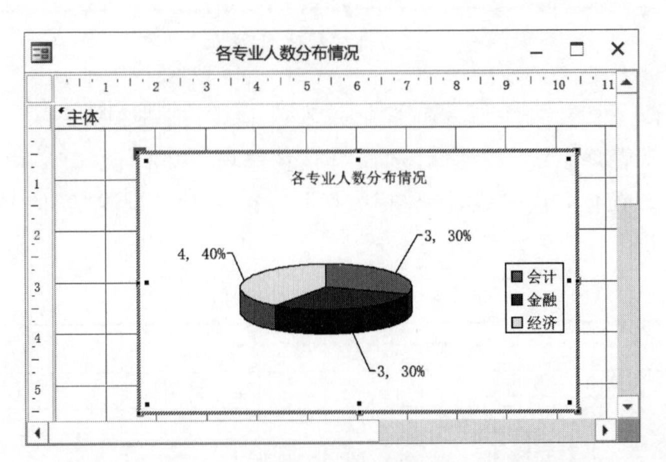

图 6.44 “各专业人数分布情况”窗体的“设计视图”

(13) 单击“图表”窗体的“关闭”按钮，回到 Access 的主界面。在弹出的 Access 提示对话框中单击“是”按钮，保存对窗体“各专业人数分布情况”设计的更改。

(14) 设置“各专业人数分布情况”窗体的“记录选择器”属性值为“否”,“导航按钮”属性值为“否”,“滚动条”属性值为“两者均无”。然后切换到“窗体视图”,运行结果如图 6.35 所示。

8. 选项卡的使用

创建如图 6.45 所示的“成绩统计情况”窗体,该窗体通过使用选项卡控件,在不同的页面中显示按不同的统计方式生成的“成绩”统计结果。

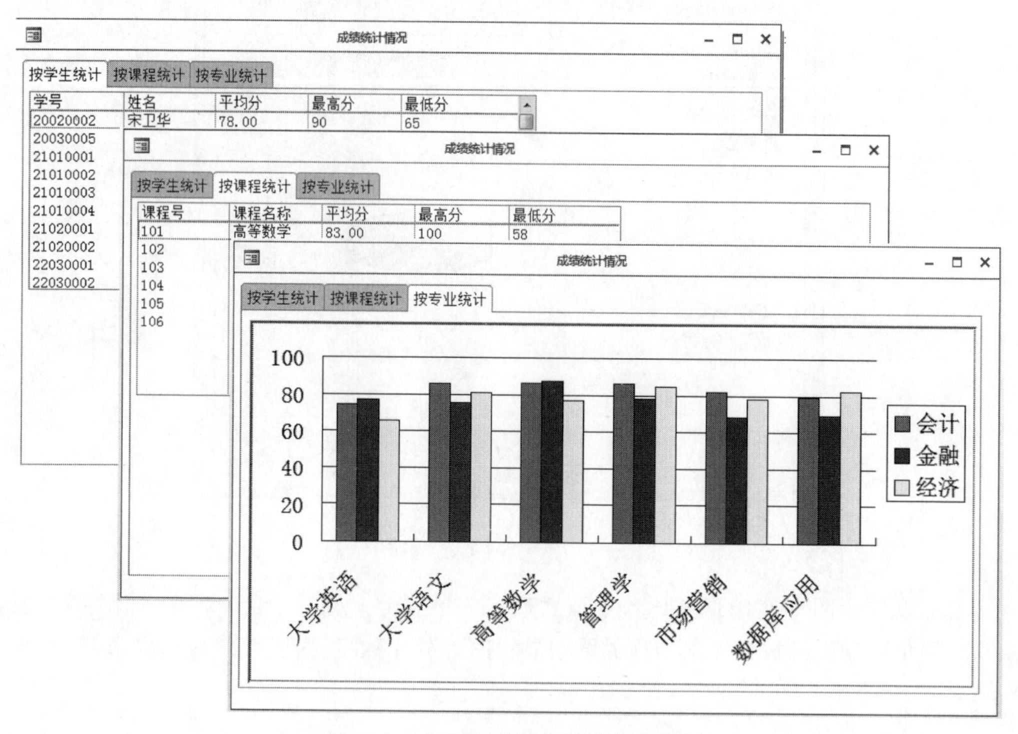

图 6.45 “成绩统计情况”窗体效果

操作步骤如下。

(1) 打开“教学管理系统”数据库,选择“创建”选项,单击“窗体”组中的“窗体设计”按钮,将创建一个空白窗体,并在“设计视图”中打开。按表 6.6 设置“窗体”的属性,将窗体保存为“成绩统计情况”。

表 6.6 窗体上控件的属性设置

对　象	属　性	属性值	说　明
窗体	标题	成绩统计情况	
	导航按钮	否	
	记录选择器	否	
	滚动条	两者均无	
选项卡控件	名称	选项卡控件 0	
第一个页	名称	页 1	
	标题	按学生统计	

续表

对　象	属　性	属性值	说　明
第二个页	名称	页 2	
	标题	按课程统计	
第三个页	名称	页 3	
	标题	按专业统计	

(2) 向窗体中添加一个选项卡控件对象,设置选项卡页面的属性。选择"设计"选项,单击"控件"组中的"选项卡"按钮,在窗体"设计视图"窗口的主体节单击,添加一个选项卡控件对象,其默认有两个页。右击刚添加的"选项卡"控件,在弹出的快捷菜单中选择"插入页"按钮,添加一个新的选项卡,运行结果如图 6.46(a) 所示。按表 6.6 设置 3 个选项卡的"标题"属性,运行结果如图 6.46(b)所示。

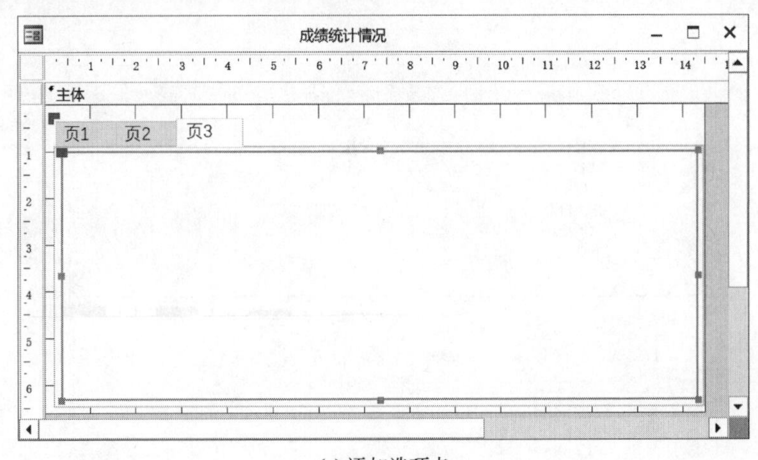

(a) 添加选项卡

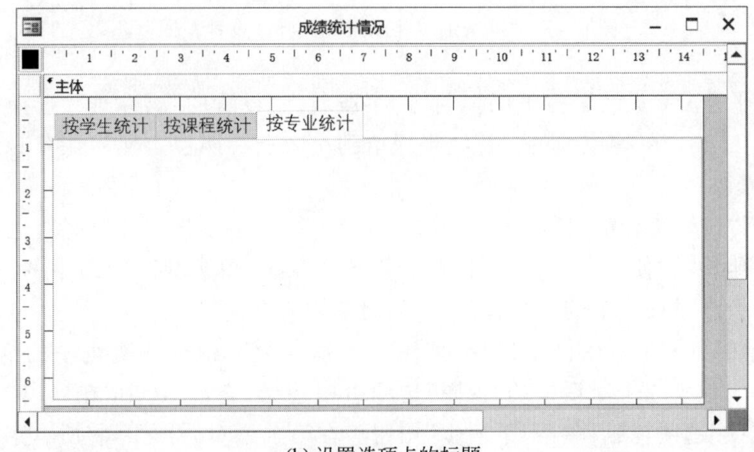

(b) 设置选项卡的标题

图 6.46　添加选项卡及设置选项卡的标题

(3) 向"按学生统计"选项卡中添加一个列表框,用于显示按学生统计成绩的结果,如图 6.47 所示。

成绩统计情况

按学生统计 | 按课程统计 | 按专业统计

学号	姓名	平均分	最高分	最低分
20020002	宋卫华	78.00	90	65
20030005	王宇	80.50	90	63
21010001	林丹丹	77.33	90	52
21010002	张云飞	69.33	85	58
21010003	罗敏	85.50	92	73
21010004	李晓红	80.50	95	63
21020001	肖科	73.00	92	54
21020002	王小杰	77.00	85	60
22030001	杨依依	88.00	100	79
22030002	李倩	78.33	95	63

图 6.47 “按学生统计”选项卡的结果

① 创建“按学生统计成绩”查询,其“设计视图”如图 6.48 所示。

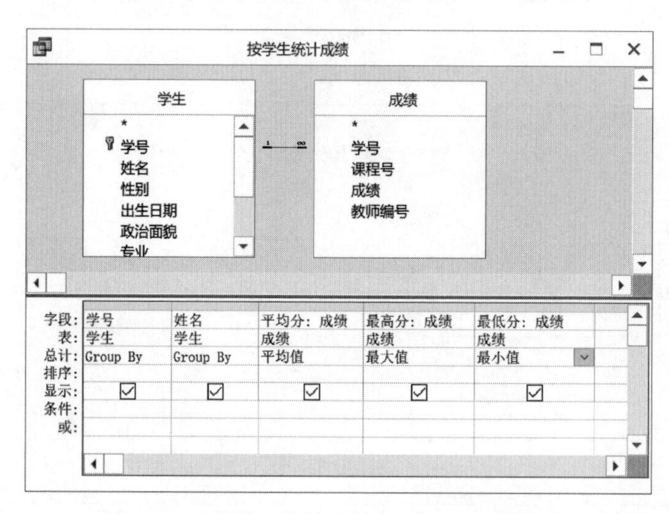

图 6.48 “按学生统计成绩”查询的“设计视图”

② 选中“平均分: 成绩”,按 F4 键,打开“字段属性”设置的“属性表”,选择“格式”为“固定”,“小数”为 2,设置平均成绩的计算结果保留到小数点后两位。然后保存对“按学生统计成绩”查询的修改。

③ 切换到“成绩统计情况”窗体的“设计视图”,单击“按学生统计”标签,选中该选项卡。然后使“控件”组中的“使用控件向导”按钮处于选中状态,单击“控件”组中的“列表框”按钮 ,向该选项卡中添加一个列表框控件,从而启动列表框向导。

④ 在向导的第一个对话框中选择“使用列表框获取其他表或查询中的值”选项,单击“下一步”按钮。在第二个对话框的“视图”选项组中选择“查询”选项,在列表中选择“查询:按学生统计成绩”选项,然后单击“下一步”按钮。在第三个对话框中,将所有字段选入“选定字段”列表框中,然后单击“下一步”按钮。在第四个对话框中,设置按“学号”升序排序,然后单击“下一步”按钮。在第五个对话框中适当调整列宽,然后单击“下一步”按钮。最后,单击“完成”按钮。

⑤ 删除列表框的附加标签,将列表框的“列标题”属性设置为“是”,然后切换到“窗体视图”。

(4) 向“按课程统计”选项卡中添加一个列表框,用于显示按课程统计成绩的结果,如

图 6.49 所示。

成绩统计情况

按学生统计 按课程统计 按专业统计

课程号	课程名称	平均分	最高分	最低分
101	高等数学	83.00	100	58
102	大学语文	80.80	90	65
103	管理学	83.30	95	60
104	数据库应用	77.50	90	63
105	市场营销	76.30	92	54
106	大学英语	71.60	85	52

图 6.49 “按课程统计”选项卡的结果

① 创建 “按课程统计成绩” 查询,设置平均成绩保留到小数点后两位,其“设计视图”如图 6.50 所示。

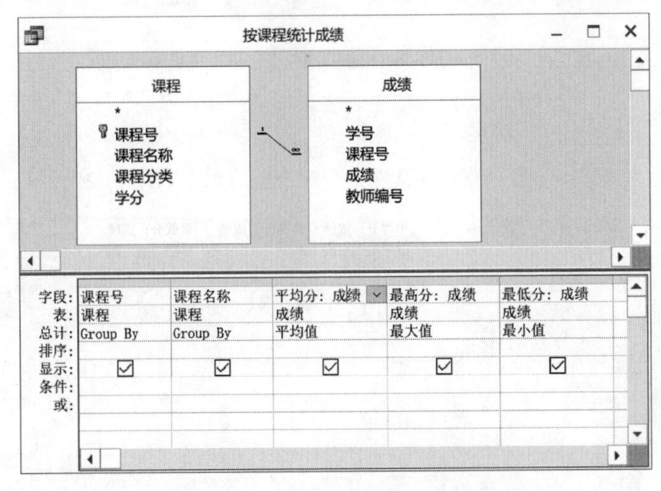

图 6.50 “按课程统计成绩”查询的“设计视图”

② 切换到“成绩统计情况”窗体的“设计视图”,单击“按课程统计”标签,选中该选项卡。然后使“控件”组中的“使用控件向导”按钮处于选中状态,单击“控件”组中的“列表框”按钮,向选项卡中添加一个列表框控件,从而启动列表框向导。

③ 在向导的第一个对话框中,选择“使用列表框获取其他表或查询中的值”选项,单击“下一步”按钮。在第二个对话框的“视图”选项组中选择“查询”选项,在列表中选择“查询:按课程统计成绩”选项,然后单击“下一步”按钮。在第三个对话框中,将所有字段选入“选定字段”列表框中,然后单击“下一步”按钮。在第四个对话框中,设置按“课程号”升序排序,然后单击“下一步”按钮。在第五个对话框中适当调整列宽,然后单击“下一步”按钮。最后,单击“完成”按钮。

④ 删除列表框的附加标签,将列表框的“列标题”属性设置为“是”,然后切换到“窗体视图”。

(5) 向“按专业统计”选项卡中添加一个图表,用于显示按专业统计成绩的结果,如图 6.51 所示。

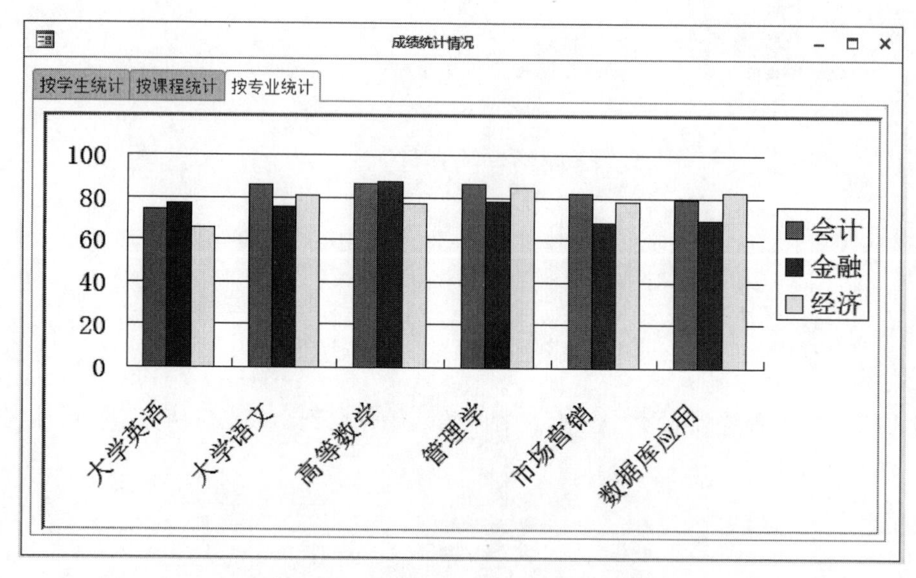

图 6.51 “按专业统计”选项卡的结果

① 创建“按专业统计成绩”查询,其“设计视图”结果如图 6.52 所示。

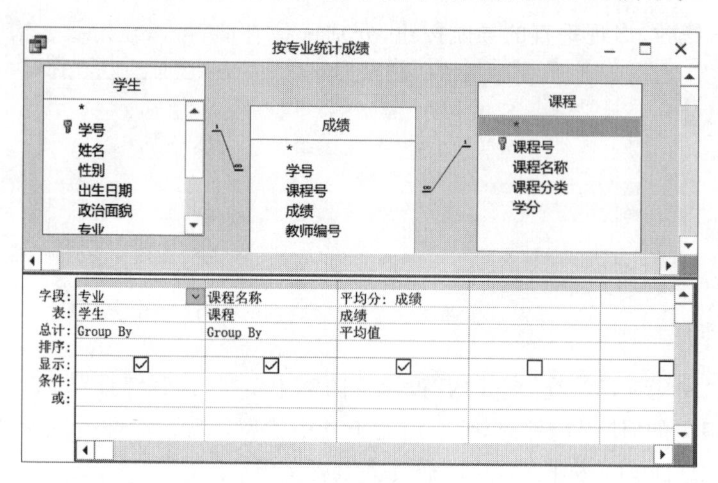

图 6.52 “按专业统计成绩”查询的“设计视图”

② 切换到“成绩统计情况”窗体的“设计视图”,单击“按专业统计”标签,选中该选项卡。然后使“控件”组中的“使用控件向导”按钮处于选中状态,单击“控件”组中的“图表”按钮,向选项卡中添加一个图表控件,从而启动图表向导。

③ 在向导的第一个对话框的“视图”选项组中选择“查询”选项,在列表中选择“查询:按专业统计成绩”选项,然后单击“下一步”按钮。在第二个对话框中,将所有字段选入“用于图表的字段”列表框,然后单击“下一步”按钮。在第三个对话框中,选择图表类型为“柱形图”,然后单击“下一步”按钮。将“课程名称”拖放到“轴”区,将“专业”拖放到“系列”区,将

“平均分”拖放到“数据”区，然后单击“完成”按钮。删除图表标题后，切换到“窗体视图”，运行结果如图 6.51 所示。

（6）保存设计结果。

9. 创建导航窗体

创建如图 6.53 所示的“主窗体”。设置该窗体为系统的启动窗体。

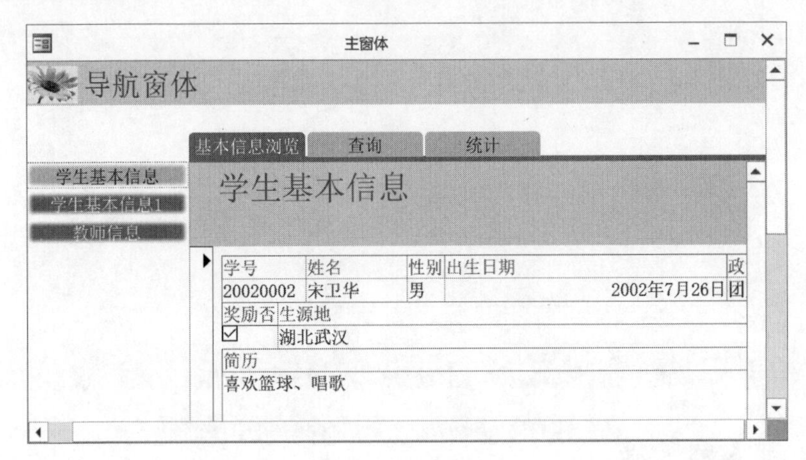

图 6.53　主窗体

当“教学管理系统”数据库打开时，将自动打开“主窗体”。当单击“主窗体”中的“基本信息浏览”导航按钮时，出现垂直的导航按钮，分别选择它们，可以在对象窗格中出现“学生基本信息”“学生基本信息 1”“教师信息”窗体的内容；当单击“主窗体”中的“查询”导航按钮时，出现垂直的导航按钮“查询学生名单”，单击后可在对象窗格中出现“查询学生名单”窗体内容；当单击“主窗体”的“统计”导航按钮时，出现垂直导航按钮，分别选择它们，可以在对象窗格中出现“成绩统计情况”“各专业人数分布情况”窗体的内容。

操作步骤如下。

（1）打开“教学管理系统”数据库。

（2）创建导航窗体。在“创建”选项卡的“窗体”组中，单击“导航”按钮，在“导航”的下拉菜单中选择“水平标签和垂直标签，左侧”选项。

（3）设置窗体的主题为“回顾”。在“窗体布局工具”的“设计”选项卡的“主题”组中，单击“主题”按钮，在下拉菜单中选择“回顾”选项。将窗体保存为“主窗体”，运行结果如图 6.54 所示。

（4）设置水平的选项卡导航按钮。单击水平的“新增”按钮，输入第一个水平导航按钮的标题为“基本信息浏览”，在新生成的“新增”按钮上单击，输入按钮标题“查询”，接着在新生成的“新增”按钮上单击，输入按钮标题“统计”，运行结果如图 6.55 所示。

（5）设置水平导航按钮的二级垂直导航按钮，并向导航窗体中添加窗体。

① 单击导航按钮“基本信息浏览”，将“学生基本信息”窗体对象从数据库导航窗格拖到垂直方向上的“新增”按钮上；将“学生基本信息 1”窗体对象从数据库导航窗格拖到垂直方向上的“新增”按钮上；将“教师信息”窗体对象从数据库导航窗格拖到垂直方向上的“新增”按钮上。运行结果如图 6.56 所示。

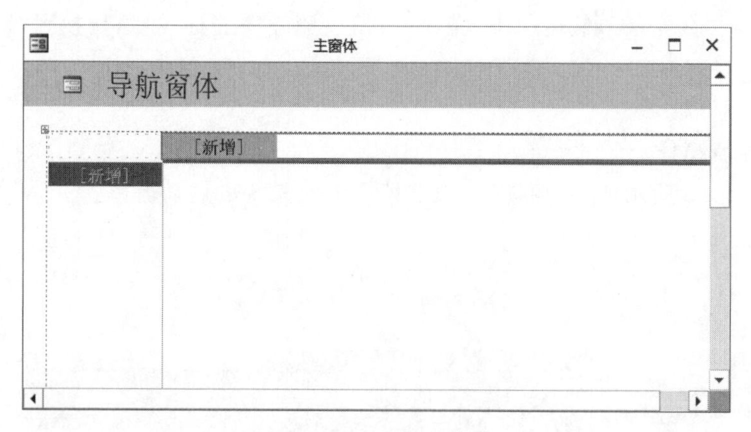

图 6.54　导航窗体

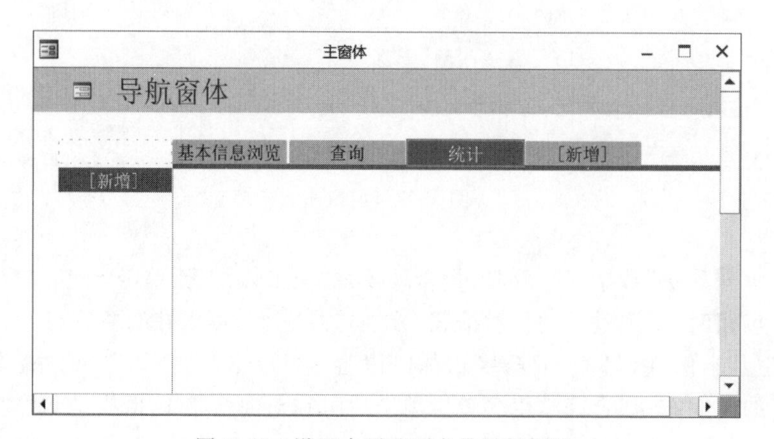

图 6.55　设置水平选项卡的导航按钮

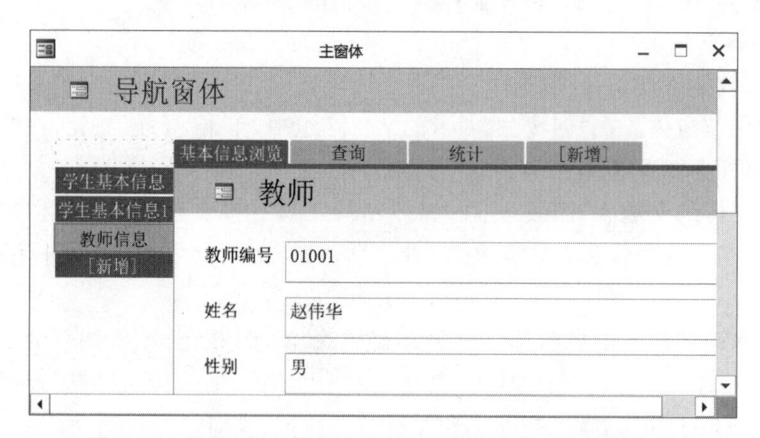

图 6.56　设置"基本信息浏览"选项卡导航的二级导航按钮

② 单击水平导航按钮"查询",将"查询学生名单"窗体对象从数据库导航窗格拖到垂直方向上的"新增"按钮上,运行结果如图 6.57 所示。

③ 单击水平导航按钮"统计",将"各专业人数分布情况""成绩统计情况"窗体对象从数

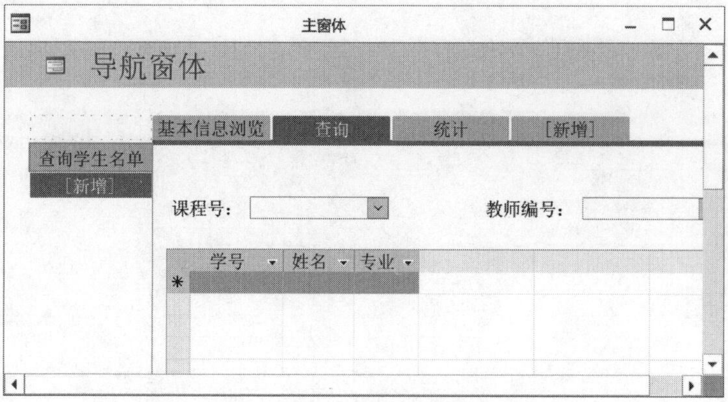

图 6.57　设置“查询”选项卡导航的二级导航按钮

据库导航窗格依次拖放到垂直方向上的“新增”按钮上，运行结果如图 6.58 所示。

图 6.58　设置“统计”选项卡导航的二级导航按钮

(6) 设置窗体的徽标。选中窗体页眉区的徽标控件对象(默认名称为 Auto_Log0)，按 F4 键打开其“属性表”对话框。

① 设置徽标控件的“图片”属性。单击图片“属性”行的“生成器”按钮，在“插入图片”对话框中选择“向日葵.png”图片文件。

② 设置徽标控件的“缩放模式”属性为“缩放”。

(7) 设置导航按钮的风格。

① 在窗体布局视图中，单击“基本信息浏览”导航按钮，然后选择“窗体布局工具”的“排列”选项，单击“行和列”组中的“选择行”按钮，选中所有的水平导航按钮。

② 选择“窗体布局工具”的“格式”选项，单击“控件格式”组中的“更改形状”按钮，选中“同侧圆角矩形”▭。

③ 单击“学生基本信息”导航按钮，然后选择“窗体布局工具”的“排列”选项卡，单击“行和列”组中的“选择列”按钮，选中所有的垂直导航按钮。

④ 选择“窗体布局工具”的“格式”选项，单击“控件格式”组中的“形状效果”按钮，在下拉列表中选择“柔化边缘”选项，在其下级列表中单击“2.5 磅”。设置导航按钮的效果如图 6.59 所示。

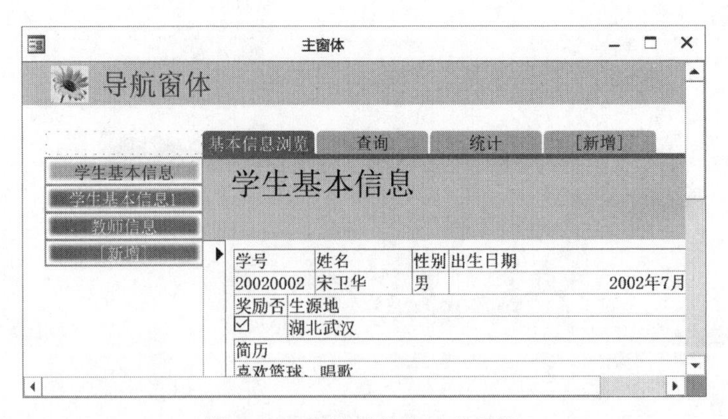

图 6.59　设置导航按钮的风格

其他垂直导航按钮的风格可以进行类似的设置。

(8) 单击“保存”按钮,保存对窗体的设计修改。

(9) 设置“主窗体”为系统启动窗体。单击“文件”选项卡中的“选项”按钮,弹出“Access 选项”对话框。单击“当前数据库”按钮,在“应用程序选项”中的“显示窗体”下拉列表框中选择要在启动数据库时显示的窗体为“主窗体”,单击“确定”按钮,完成设置。

实验 7 报表的基本操作

一、实验目的

(1) 掌握自动创建和使用向导创建报表的方法。

(2) 掌握在“设计视图”中编辑报表的方法。

(3) 掌握包含计算控件的报表的创建方法。

二、实验内容

(1) 创建“教师信息”报表。

(2) 创建“专业学生情况”报表。

(3) 创建“课程标签”报表。

(4) 创建“各专业学生信息”报表。

(5) 创建“课程成绩统计表”报表。

(6) 创建“男女生年龄统计表”报表。

三、实验步骤

1. 创建“教师信息”报表

使用自动创建报表的方式,在“教学管理系统”数据库中创建一个基于“教师”表的表格式报表“教师信息”。

操作步骤如下。

(1) 打开“教学管理系统”数据库,在左边的导航窗格中选中“教师”表。

(2) 选择“创建”选项卡中的“报表”组,单击“报表”按钮,进入自动生成的“教师”报表的“布局视图”,如图 7.1 所示。

(3) 单击视图窗口右上方的“关闭”按钮,在弹出的提示框中单击“是”按钮,保存该报表,屏幕上会弹出“另存为”对话框,输入报表名“教师信息”,然后单击“确定”按钮关闭该报表。

2. 创建“专业学生情况”报表

使用“报表向导”创建一个基于“学生”表的分组汇总报表——“专业学生情况”,该报表以“专业”作为分组字段,显示每个专业的学生情况,同专业学生按“学号”升序显示学生信息。

操作步骤如下。

(1) 打开“教学管理系统”数据库,选择“创建”选项卡,单击“报表”组中的“报表向导”

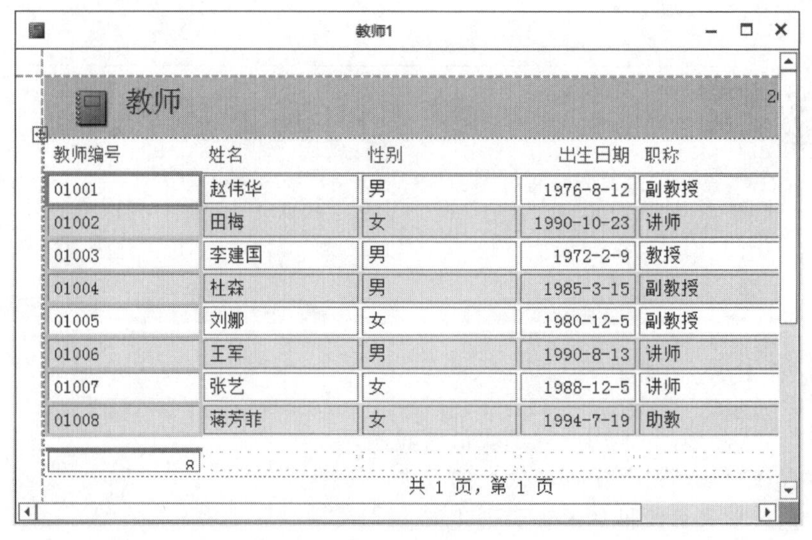

教师编号	姓名	性别	出生日期	职称
01001	赵伟华	男	1976-8-12	副教授
01002	田梅	女	1990-10-23	讲师
01003	李建国	男	1972-2-9	教授
01004	杜森	男	1985-3-15	副教授
01005	刘娜	女	1980-12-5	副教授
01006	王军	男	1990-8-13	讲师
01007	张艺	女	1988-12-5	讲师
01008	蒋芳菲	女	1994-7-19	助教

图 7.1 “教师”报表的布局视图

按钮。

(2) 在弹出的“报表向导”的选取字段对话框中，在“表/查询”下拉列表框中选择“表：学生”，在“可用字段”列表框中依次双击“学号”“姓名”“性别”“出生日期”“政治面貌”“专业”字段，将它们添加到“选定字段”列表框中，如图 7.2 所示，然后单击“下一步”按钮。

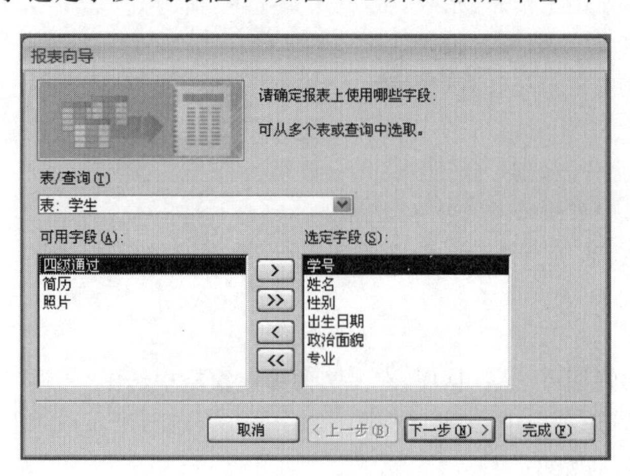

图 7.2 “报表向导”之选取字段对话框

(3) 弹出“报表向导”之添加分组级别对话框，在左边的分组字段列表框中选择“专业”字段，单击 > 按钮，将其添加到右边的分组字段列表中，如图 7.3 所示，然后单击“下一步”按钮。

(4) 弹出“报表向导”之确定排序次序对话框，在该对话框中选择“学号”字段，如图 7.4 所示，然后单击“下一步”按钮。

(5) 弹出“报表向导”的确定布局方式对话框，选择“布局”为“递阶”、“方向”为“纵向”，如图 7.5 所示，然后单击“下一步”按钮。

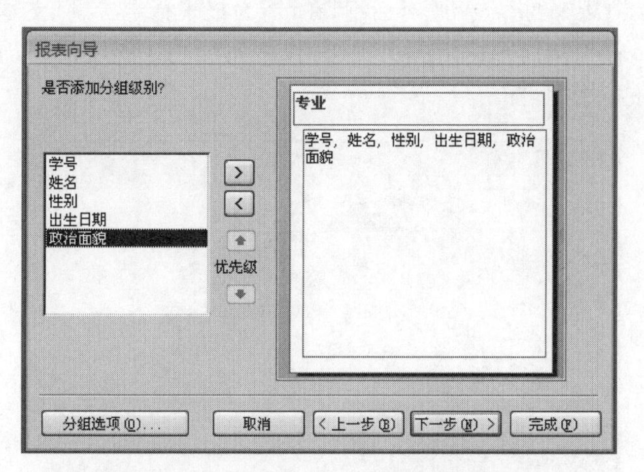

图 7.3 “报表向导”之添加分组级别对话框

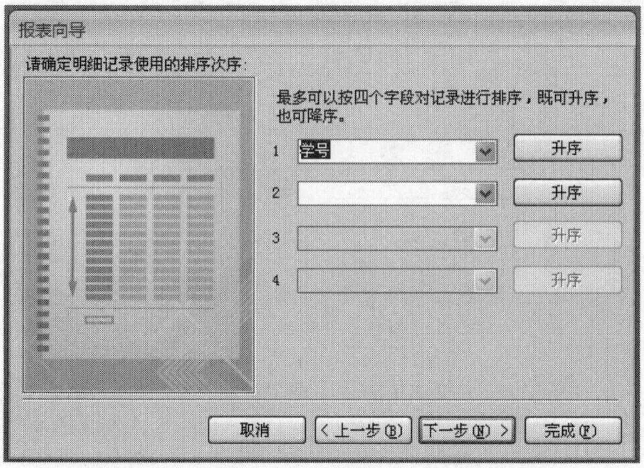

图 7.4 “报表向导”之确定排序次序对话框

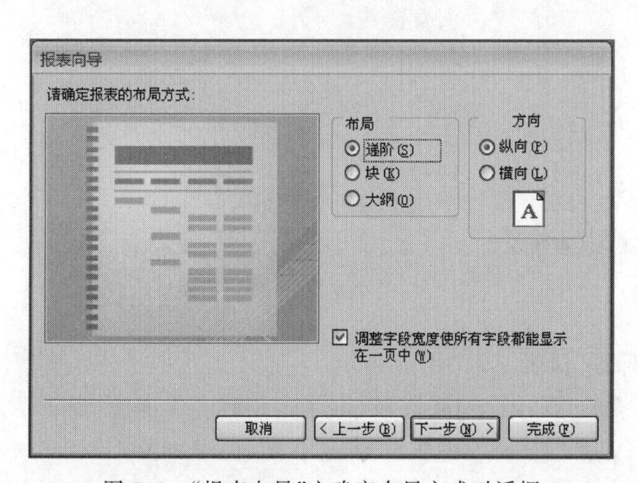

图 7.5 “报表向导”之确定布局方式对话框

(6) 弹出“报表向导”的指定标题对话框,在“请为报表指定标题”文本框中输入“专业学生情况”,如图 7.6 所示,然后单击“完成”按钮,弹出如图 7.7 所示的“专业学生情况”报表,查看完毕后,关闭该报表即可。

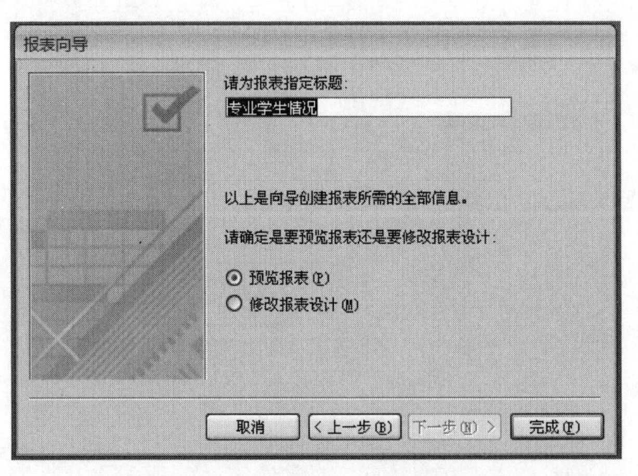

图 7.6 “报表向导”的指定标题对话框

专业学生情况

专业	学号	姓名	性	出生日期	政治面貌
会计					
	2003000	王宇	男	2002年9月10日	群众
	2203000	杨依依	女	2005年6月24日	党员
	2203000	李倩	女	2005年1月18日	团员
金融					
	2002000	宋卫华	男	2002年7月26日	团员
	2102000	肖科	男	2003年4月18日	团员
	2102000	王小杰	男	2004年1月6日	团员
经济					
	2101000	林丹丹	女	2003年5月20日	团员
	2101000	张云飞	男	2003年8月12日	团员
	2101000	罗敏	男	2003年6月5日	团员
	2101000	李晓红	女	2003年11月15日	党员

页: 1 无筛选器

图 7.7 “专业学生情况”报表

3. 创建“课程标签”报表

使用“标签向导”在“教学管理系统”数据库中创建一个基于“课程”表的标签报表——“课程简介”,该标签包含的字段有课程编号、课程名称、课程分类和学分。

操作步骤如下。

(1) 在“教学管理系统”数据库左边的导航窗格中单击表对象“课程”作为数据源,然后选择“创建”选项卡，单击“报表”组中的“标签”按钮，弹出“标签向导”对话框。

(2) 在“标签向导”对话框之一中选择标签的尺寸为默认选项，如图 7.8 所示，然后单击“下一步”按钮。

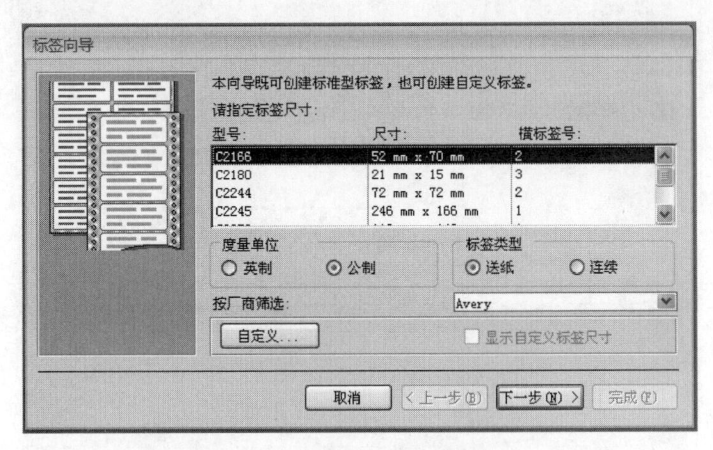

图 7.8 “标签向导”对话框之一

(3) 弹出“标签向导”对话框之二，选择“字体”为“黑体”，“字号”为 10，“文本颜色”为“黑色”，其他设置如图 7.9 所示，然后单击“下一步”按钮。

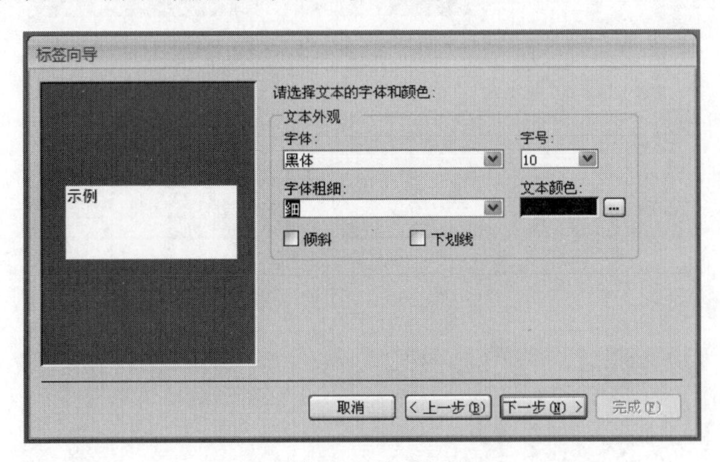

图 7.9 “标签向导”对话框之二

(4) 弹出“标签向导”对话框之三，在“原型标签”文本框中输入“课程号：”，再双击“可用字段”列表中的“课程号”字段，按 Enter 键换行后，在每行行首依次输入“课程名称：”“课程分类：”“学分：”，并双击“课程名称”“课程分类”“学分”将它们插入如图 7.10 所示的位置，然后单击“下一步”按钮。

(5) 弹出“标签向导”对话框之四，将“课程号”字段添加到“排序依据”列表中，如图 7.11 所示，然后单击“下一步”按钮。

(6) 弹出“标签向导”对话框之五，输入标签名“课程简介”，如图 7.12 所示，然后单击“完成”按钮，此时可以看到如图 7.13 所示的“课程简介”报表，最后关闭并保存该报表。

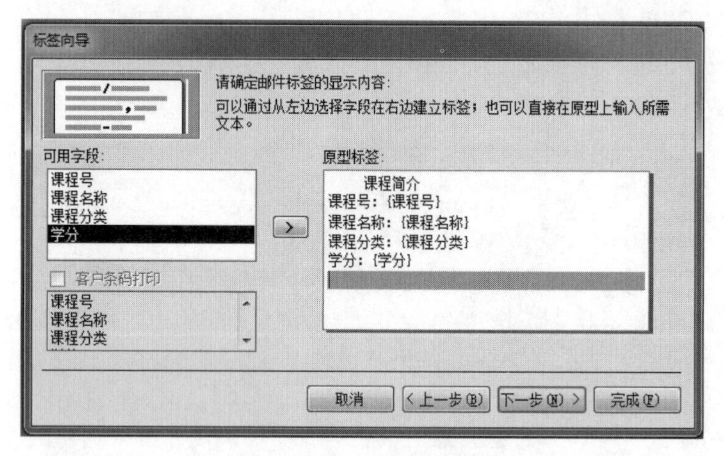

图 7.10 "标签向导"对话框之三

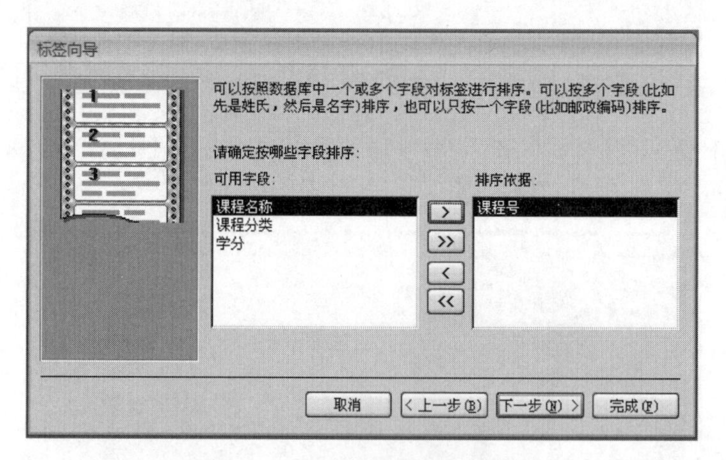

图 7.11 "标签向导"对话框之四

图 7.12 "标签向导"对话框之五

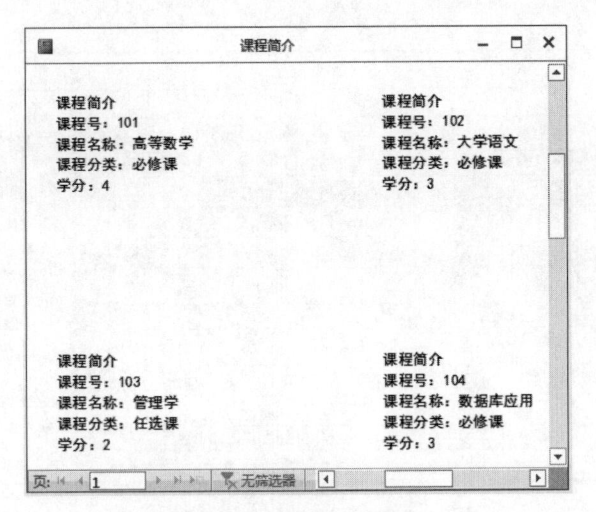

图 7.13 “课程简介”报表

4. 创建“各专业学生信息”报表

通过创建空报表的方法，在“教学管理系统”数据库中创建一个基于“学生”表的分组统计报表——“各专业学生信息”，该报表包含的字段有专业、学号、姓名、性别、出生日期、政治面貌和奖励否。

操作步骤如下。

(1) 在“教学管理系统”数据库中，选择“创建”选项卡，单击“报表”组中的“空报表”按钮，打开一个空白报表的“布局视图”，在“字段列表”对话框中单击“显示所有表”按钮，展开表中的可用字段，如图 7.14 所示。

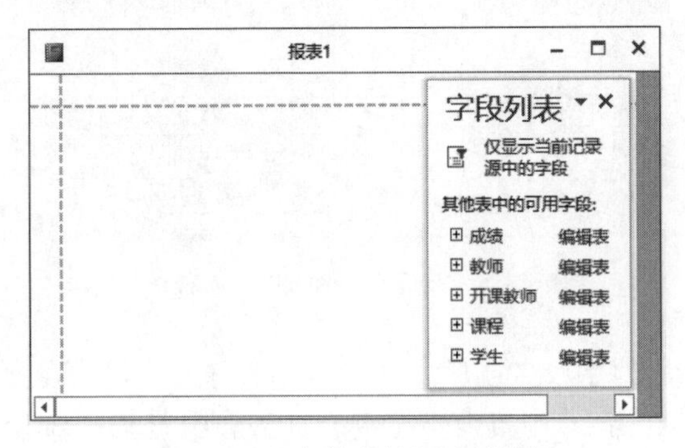

图 7.14 空白报表的“布局视图”

(2) 在“字段列表”中展开“学生”表，依次选择“学号”“姓名”“性别”“出生日期”“政治面貌”“专业”“奖励否”字段，将它们拖曳到“布局视图”中，用户就会看到自动展现的各字段值。单击其中的某个字段，移动光标到字段边缘处出现双向箭头时，可以直接拖动调整每个字段的显示宽度，如图 7.15 所示。

(3) 选中“专业”字段的字段名或任意一个专业值，然后右击，在弹出的快捷菜单中选择“分组形式 专业”命令，则报表会自动添加按专业的分组页眉，数据会按专业分组显示，如图 7.16 所示。

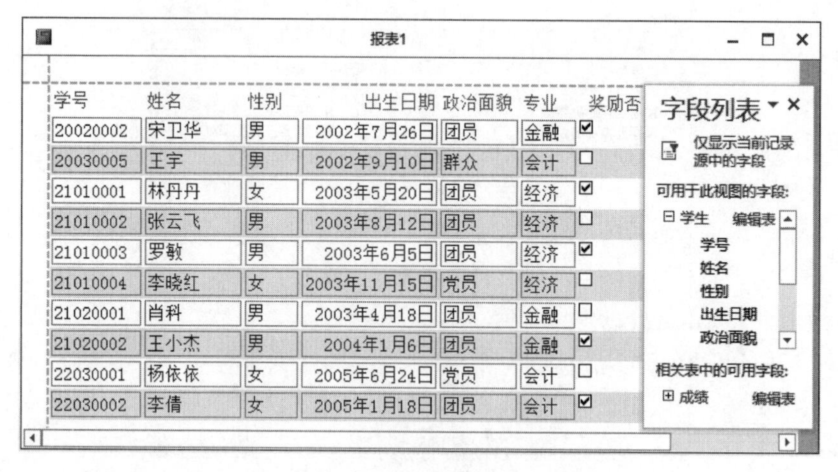

图 7.15　布局好字段的“布局视图”

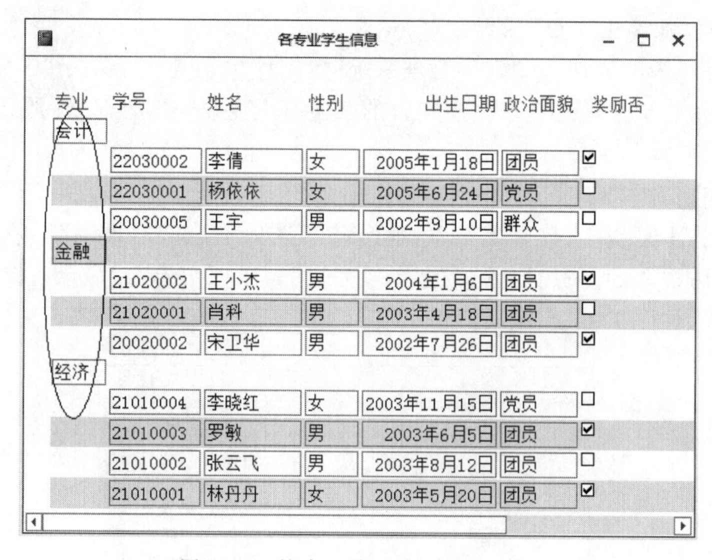

图 7.16　按专业分组的“布局视图”

(4) 选中“学号”字段的字段名或任意一个学号值，然后右击，在弹出的快捷菜单中选择“汇总学号”和“记录计数”命令，则报表会在报表页脚和组页脚中添加按学号计数统计后的结果，如图 7.17 所示。查看完毕后，关闭并保存该报表为“各专业学生信息”。

5. 创建“课程成绩统计表”报表

在“教学管理系统”数据库中使用“设计视图”方式创建一个按照课程分类统计每门课程平均分的报表。

操作步骤如下。

(1) 在“教学管理系统”数据库中，选择“创建”选项卡，单击“报表”组中的“报表设计”按钮，打开一个空白报表的“设计视图”，如图 7.18 所示。

(2) 单击“设计”选项卡“工具”组中的“属性表”按钮，打开“属性表”窗格，在该窗格中选择“报表”对象的“记录源”属性，设置“成绩”表为本报表的记录源。

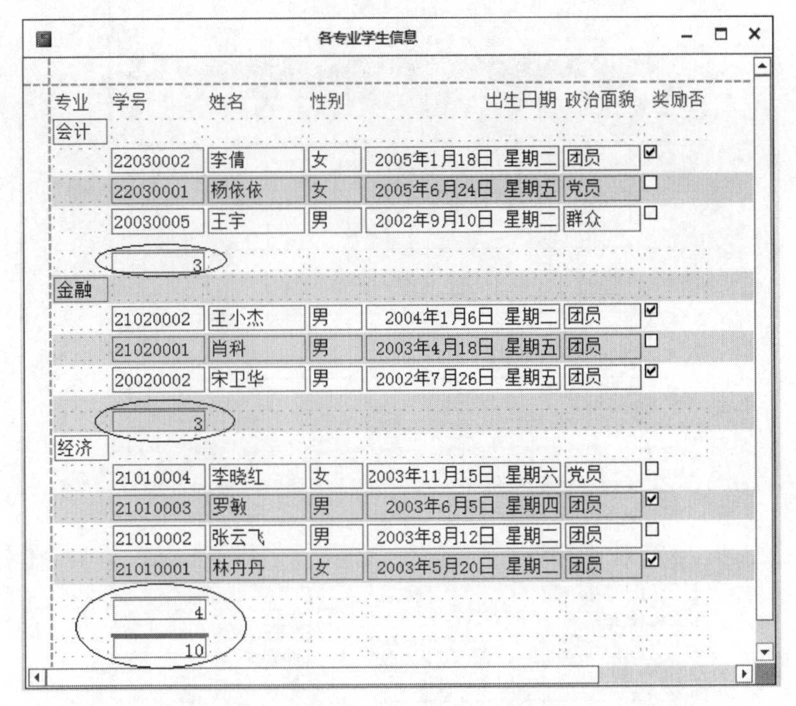

图 7.17　按学号计数统计的“布局视图”

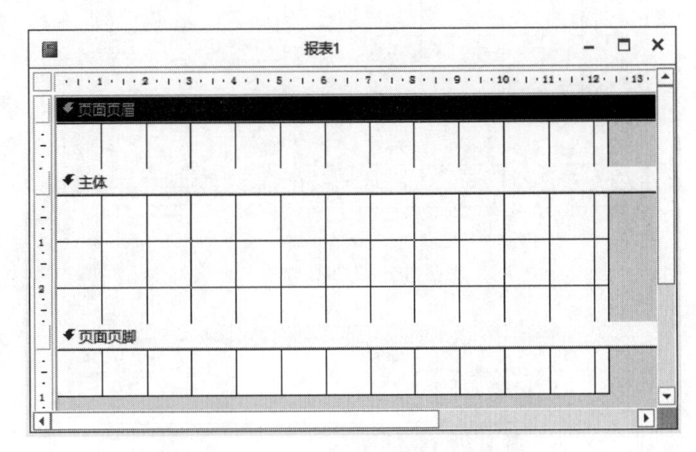

图 7.18　一个空白报表的“设计视图”

(3) 在“设计视图”的节区域中右击，选择快捷菜单中的“报表页眉/页脚”命令，添加“报表页眉”和“报表页脚”节，如图 7.19 所示。

(4) 设计报表标题。单击“控件”组中的“标签”控件，将其拖放到“报表页眉”节中，并输入报表的标题为“课程成绩统计表”，然后右击标签，选择“属性”命令，在“属性表”对话框的“格式”选项卡中设置“字体名称”“字号”“字体粗细”的属性如图 7.20 所示。

(5) 设置报表每页的列标题。单击“控件”组中的“标签”控件，将其拖放到“页面页眉”节中，并输入标题为“学号：”，然后用同样方法依次添加多个标签控件，用来分别输入“成绩”表其余的字段名，如图 7.21 所示。

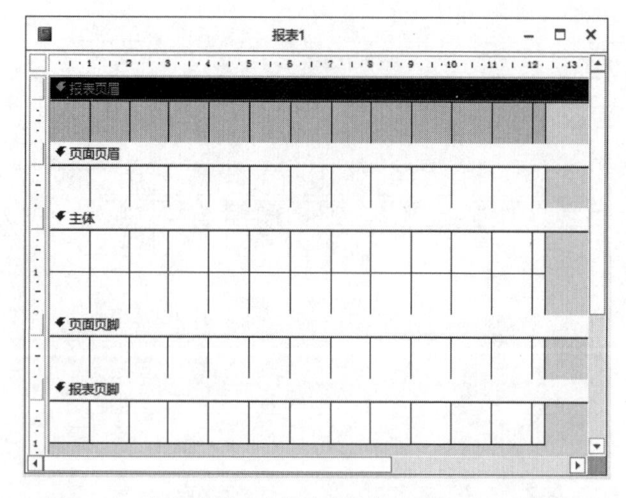

图 7.19 在空白报表中添加“报表页眉”和“报表页脚”

图 7.20 在“格式”选项卡中设置属性

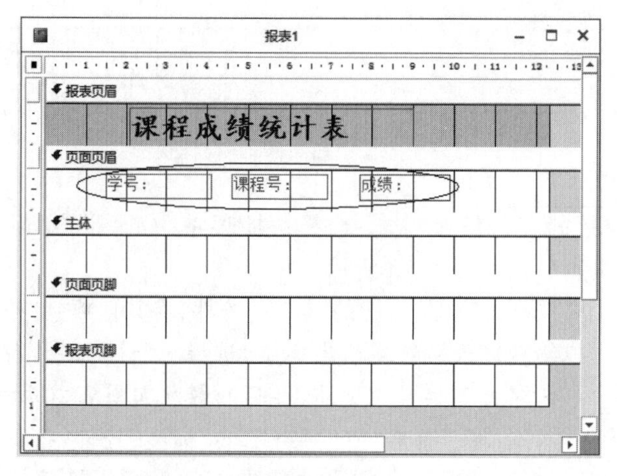

图 7.21 添加报表页眉中的列标题

(6) 设置相应控件显示数据记录。单击“控件”组中的“文本框”控件，将其拖放到“主体”节中，删除文本框前面附加的标签，并移动位置与页面页眉里的“课程号：”标签纵向对齐。选中该文本框，右击，在弹出的快捷菜单中，选择“属性”选项，打开“属性表”窗格，选择“数据”下的“控件来源”属性，选择“课程号”字段为文本框的控件来源。用同样方法依次添加多个文本框控件，用来分别绑定“成绩”表其余的字段，如图 7.22 所示。

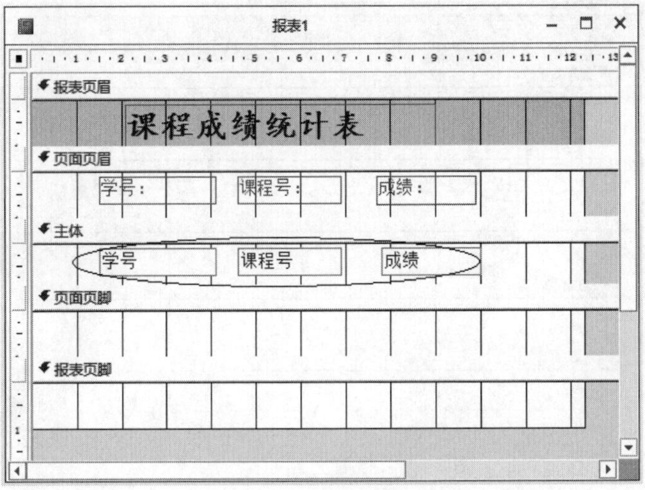

图 7.22　添加主体内容

(7) 在“设计”选项卡的“分组和汇总”组中单击“分组和排序”按钮，在报表下方打开“分组、排序和汇总”窗口。单击“添加组”按钮，在“选择字段”下拉列表框中单击“课程号”字段，选择排序方式为“升序”，然后单击“更多”按钮，设置“有页眉节”，其他保持默认选项，如图 7.23 所示。

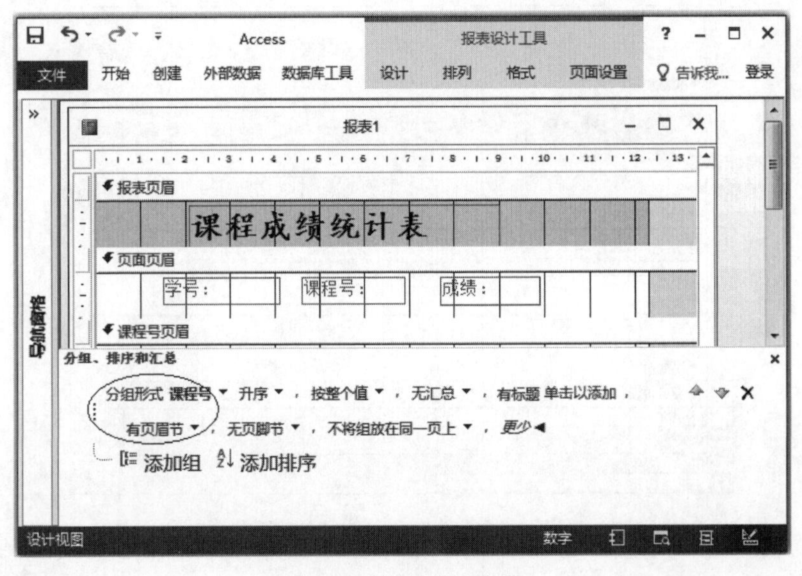

图 7.23　设置分组字段

(8) 此时,可以看到在报表中增加了一个以分组字段"课程号"为名的页眉节"课程号页眉"。将原"页面页眉"节中的标题为"课程号:"的标签和原"主体"节中的控件来源为"课程号"的文本框分别选中并拖曳到"课程号页眉"节中,如图 7.24 所示。

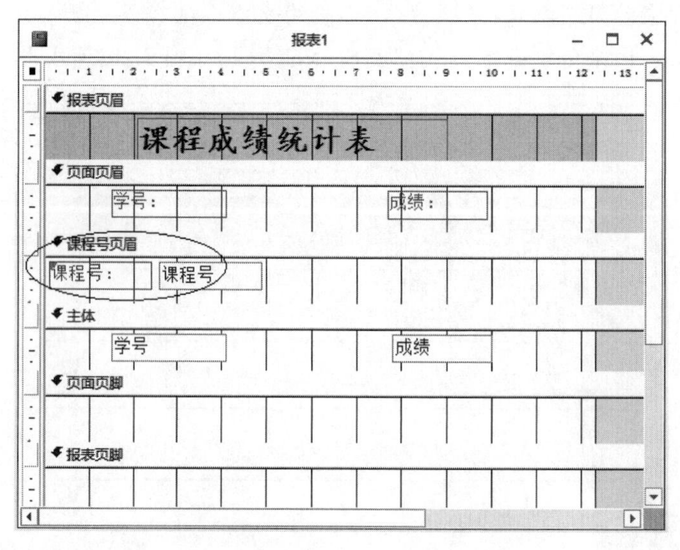

图 7.24　设置分组页眉的内容

(9) 添加显示平均分的汇总控件。单击"控件"组中的"文本框"控件,将其拖放到"课程号页眉"节的右边,并调整位置和大小,如图 7.25 所示。然后选中该控件的标签并输入"选课人数:",在文本框中输入求选课人数的计算公式"=Count([学号])"。接着用同样的方法添加另一个文本框显示平均分,修改该文本框的标签的标题为"平均分:",并在文本框中输入公式"=Round(Avg([成绩]),1)",其中 Round()函数保留一位小数,如图 7.25 所示。

图 7.25　设置分组统计的内容

(10) 设计完成后,单击"视图"按钮,报表结果如图 7.26 所示。最后,关闭并保存该报表为“课程成绩统计表”。

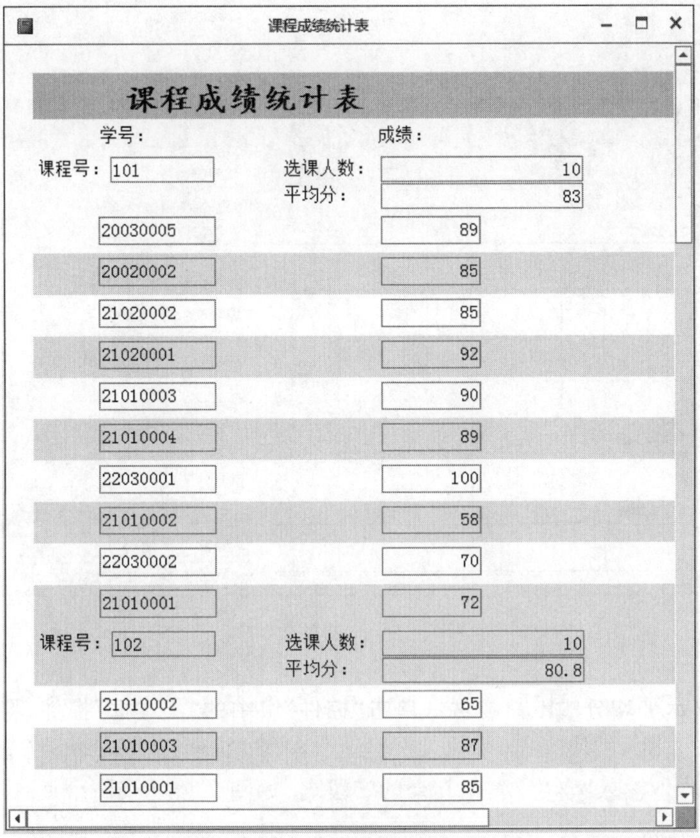

图 7.26 “课程成绩统计表”报表

6. 创建“男女生年龄统计表”报表

在“教学管理系统”数据库中使用“设计视图”方式创建一个按照性别分类统计学生平均年龄的报表。要求统计并显示每名学生的年龄及男女生各自的平均年龄和所有人的平均年龄,并且还要在页面页脚节内设置“-页码/总页数-”形式的页码显示(如-1/15-、-2/15-、…)。

操作步骤如下。

(1) 在“教学管理系统”数据库中,选择“创建”选项卡,单击“报表”组中的“报表设计”按钮,打开一个空白报表的“设计视图”。然后移动光标至“主体”和“页面页脚”交界的位置,待光标变成双向箭头后调整主体节的高度为合适高度,如图 7.27 所示。在“设计视图”的“主体”节中右击,选择快捷菜单中的“报表页眉/页脚”命令,添加“报表页眉”和“报表页脚”两个节。

(2) 设置报表数据源。选择“设计”选项卡下“工具”组中的“属性表”按钮打开“属性表”窗格,在该窗格中选择“报表”对象的“记录源”属性,设置“学生”表为本报表的记录源。

(3) 设计报表标题。单击“控件”组中的“标签”控件,将其拖放到“报表页眉”节中间,并输入报表的标题为“男女生年龄统计表”,然后右击标签,在弹出的快捷菜单中选择“属性”命令,在“属性表”窗格的“格式”选项卡中设置“字体名称”“字号”“字体粗细”的属性如图 7.27

所示。

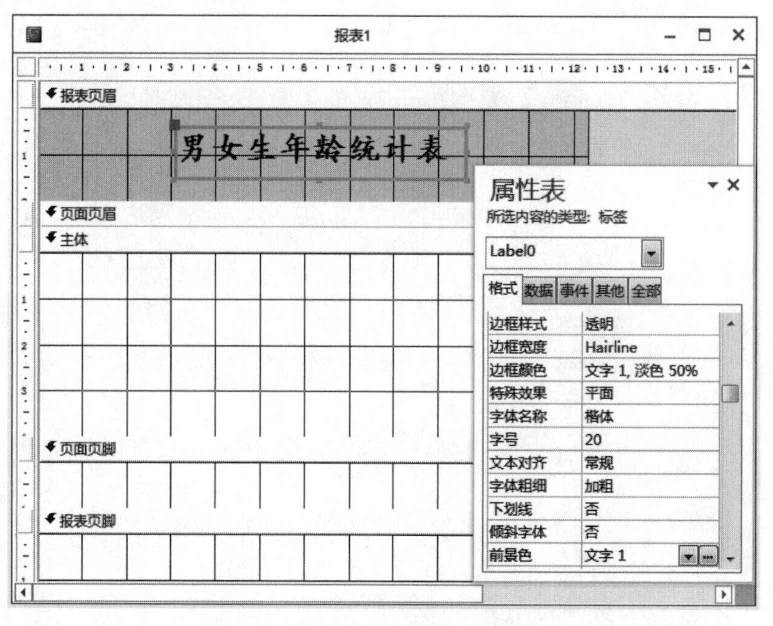

图 7.27　设置报表标题

(4) 设置报表每页的列标题。调整页面页眉至合适高度,单击“控件”组中的“标签”控件,将其拖放到“页面页眉”节中,并输入标题为“学号:”,然后用同样的方法依次添加多个标签控件,用来分别输入“学生”表中其余的字段名,如图 7.28 所示。

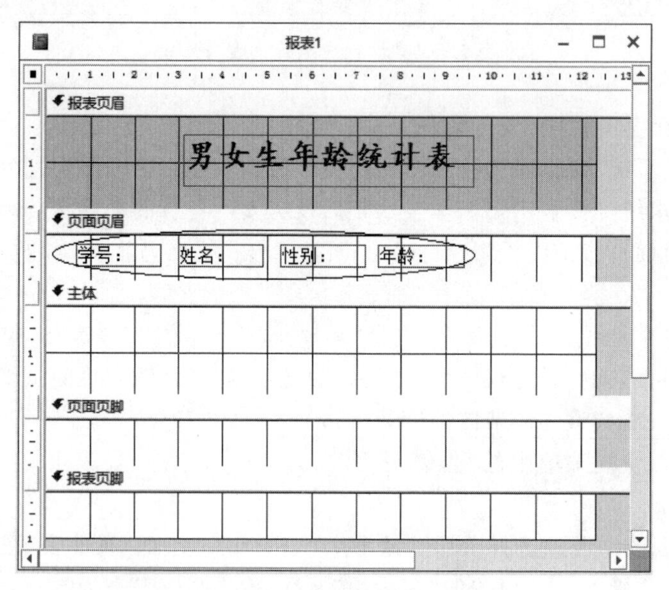

图 7.28　添加页面页眉中的列标题

(5) 设置相应控件显示数据记录。点击“控件”组中的“文本框”控件,将其拖放到“主体”节中,删掉文本框前面附加的标签,并移动位置与页面页眉里的“学号:”标签纵向对齐。

选中该文本框，右击，在弹出的快捷菜单中选择“属性”命令，打开属性表窗格，选择“数据”下的“控件来源”属性，选择“学号”字段为文本框的控件来源。用同样的方法依次添加多个文本框控件，用来分别绑定“姓名”“性别”字段。设置显示“年龄”文本框的控件来源为“=Year(Now())-Year([出生日期])”，如图7.29所示。

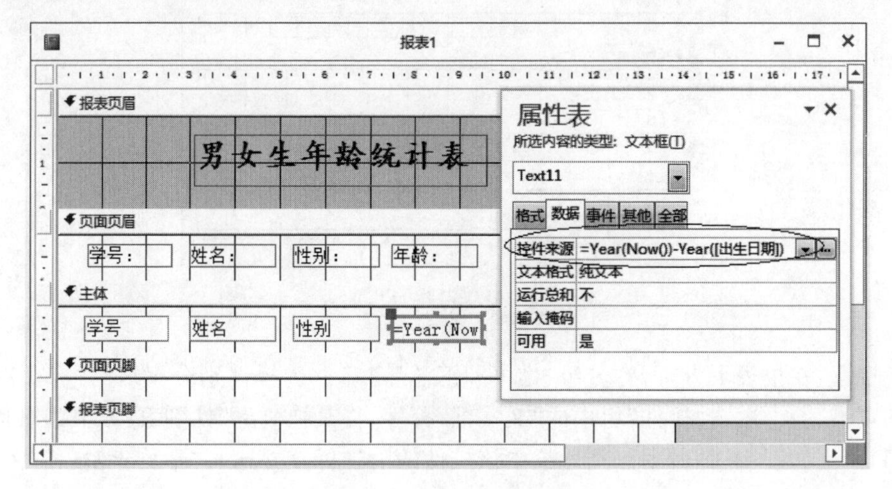

图7.29　添加主体内容

(6) 在“设计”选项卡的“分组和汇总”组中单击“分组和排序”按钮，在报表下方打开“分组、排序和汇总”窗口。单击“添加组”按钮，在“选择字段”下拉列表框中单击“性别”字段，选择排序方式为“升序”，然后单击“更多”按钮，设置“有页眉节”，其他保持默认选项，如图7.30所示。

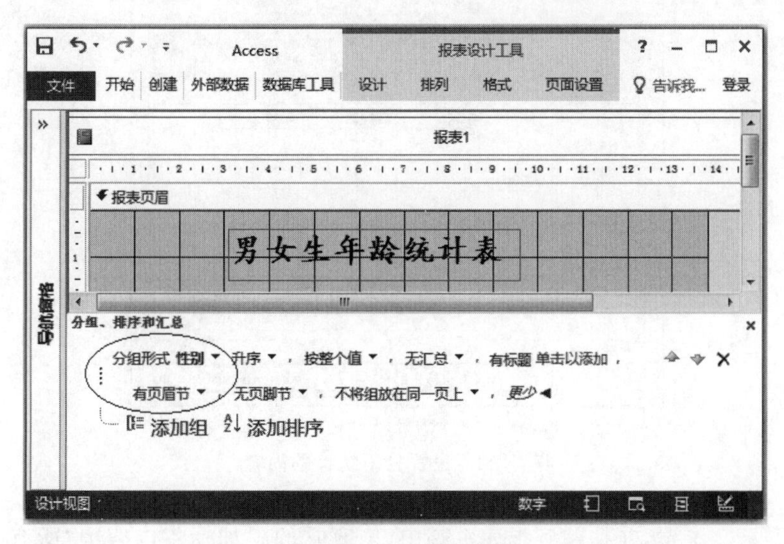

图7.30　设置分组字段

(7) 此时，可以看到在报表中增加了一个以分组字段“性别”为名的页眉节“性别页眉”。将原“页面页眉”节中的标题为“性别：”的标签和原“主体”节中的空间来源为“性别”的文本框分别选中并拖曳到“性别页眉”节的左边，如图7.31所示。

(8) 添加显示平均年龄的汇总控件。在“设计”选项卡的“分组和汇总”组中单击“分组

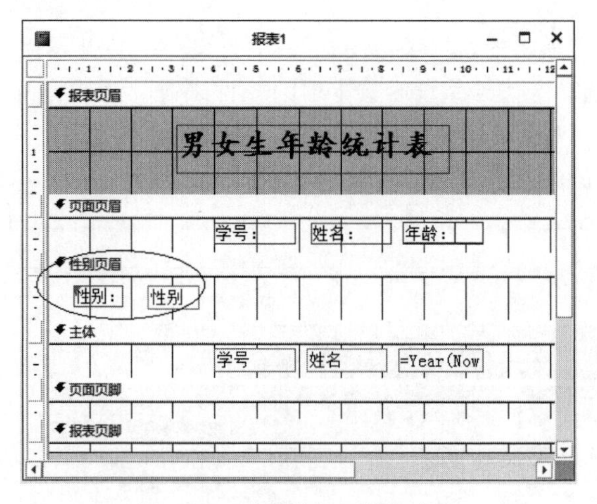

图7.31　设置分组页眉的内容

和排序”按钮,在报表下方打开“分组、排序和汇总”窗口。选择性别分组后的“有页脚节”打开“性别页脚”节。单击“控件”组中的“文本框”控件,将其拖放到“性别页脚”节的右边,并调整位置和大小如图7.32所示。然后选中该控件的附加标签并输入“平均年龄:”,在文本框的控件来源属性中输入求平均年龄的计算公式为“=Round(Avg(Year(Now())-Year([出生日期])),1)”。

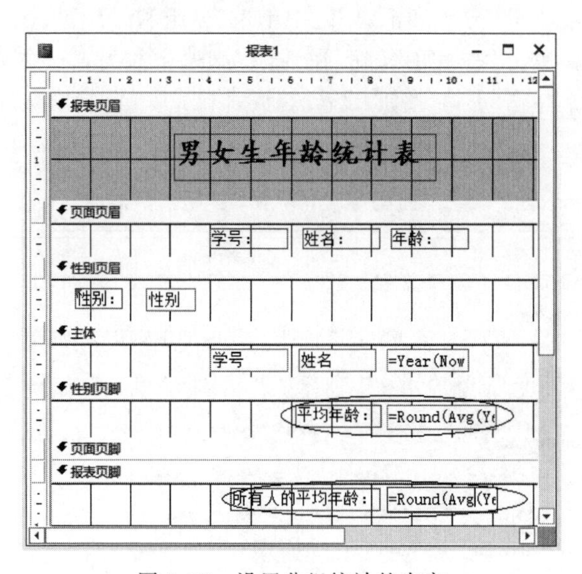

图7.32　设置分组统计的内容

最后复制该文本框,并粘贴到报表页脚中,修改它的附加标签内容为“所有人的平均年龄:”用来显示所有人的平均年龄,如图7.32所示。

(9) 添加页码。拖开“页面页脚”节,单击“控件”组中的“文本框”控件,将其拖放到“页面页脚”的中间,删除其附加的标签,调整位置和大小如图7.33所示。在文本框的控件来源属性中输入显示页码的计算公式为“="-" & [Page] & "/" & [Pages] & "-"”。

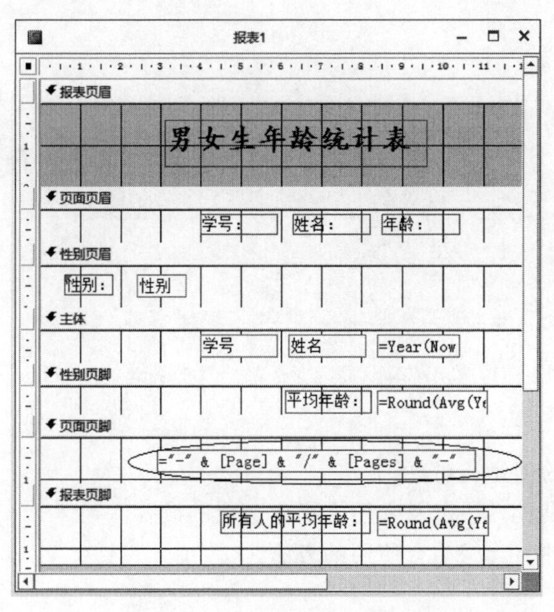

图 7.33　在页面页脚添加页码

(10) 设置该文本框的“边框样式”属性为“透明”。单击“视图”按钮,报表结果如图 7.34 所示。最后,关闭并保存该报表为“男女生年龄统计表”。

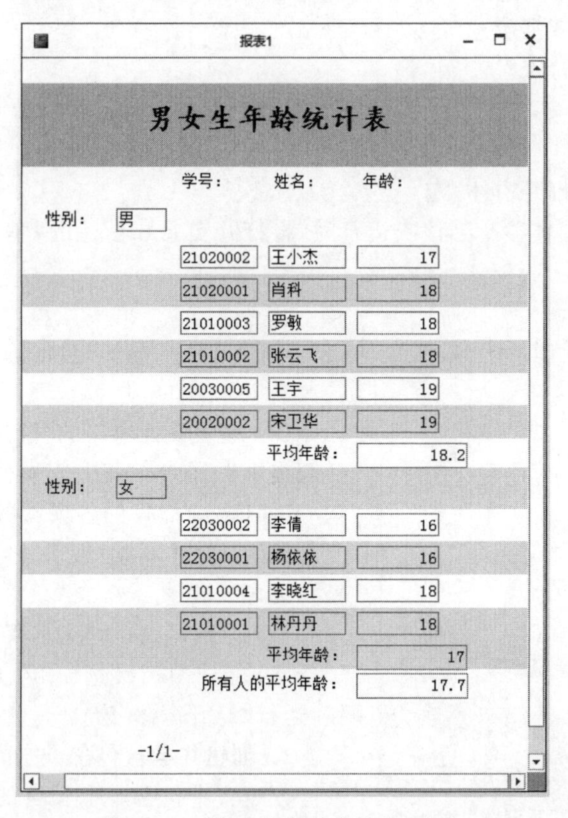

图 7.34　“男女生年龄统计表”报表

实验8 宏的创建与应用

一、实验目的

(1) 熟练掌握宏的创建、运行的方法。

(2) 掌握子宏的设置方法以及常用宏操作参数的设置。

(3) 掌握窗体控件与宏相结合使用的方法。

二、实验内容

(1) 创建并运行“打开窗体”宏。

(2) 创建并运行包含子宏的“窗体操作”宏。

(3) 创建并运行嵌入宏。

(4) 创建并运行数据宏。

(5) 创建自动执行宏。

三、实验步骤

1. 创建并运行“打开窗体”宏

创建一个“打开窗体”宏，当该宏运行时，将打开实验6创建的“学生基本信息”窗体，且只能浏览女生的信息。

操作步骤如下。

(1) 打开“教学管理系统”数据库，单击“创建”选项卡的“宏与代码”组中的“宏”按钮，打开宏的设计窗口。

图8.1 创建“打开窗体”宏

(2) 在宏设计窗口的“添加新操作”组合框的下拉列表中选择OpenForm操作，并按图8.1所示设置OpenForm操作的各项参数。

说明：操作参数“当条件=”可以在表达式生成器中进行设置。

(3) 以“打开窗体”为名保存宏。

(4) 单击“设计”选项卡“工具”组中的“运行”按钮，运行“打开窗体”宏。

2. 创建并运行包含子宏的“窗体操作”宏

创建一个包含3个子宏的“窗体操作”宏，当在如图8.2所示的窗体上单击不同的按钮时，将调用

“窗体操作”宏中不同的子宏,完成相应的操作。

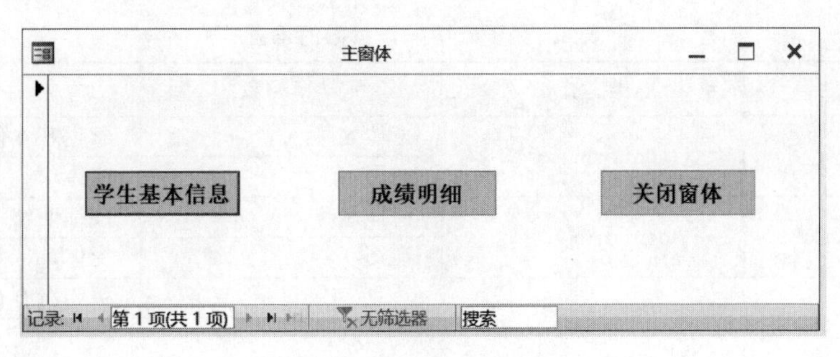

图 8.2 “主窗体”运行效果

操作步骤如下。

(1) 打开“教学管理系统”数据库,单击“创建”选项卡“宏与代码”组中的“宏”按钮,打开宏的设计窗口。单击“保存”按钮,以“窗体操作”为名保存宏。

(2) 在“操作目录”窗格中,把“程序流程”中的子宏 Submacro 拖曳到宏设计窗口,在显示的“子宏”行后面的文本框中输入子宏的名称 OpenStudInfo。

(3) 在 OpenStudInfo 子宏的“添加新操作”组合框的下拉列表框中选择 OpenForm 操作,设置“窗体名称”参数值为“学生基本信息”,“视图”参数值为“窗体”。

(4) 重复步骤(2)和(3),继续在宏设计窗口中创建 OpenScoreInfo 子宏和 CloseForm 子宏,如图 8.3 所示。

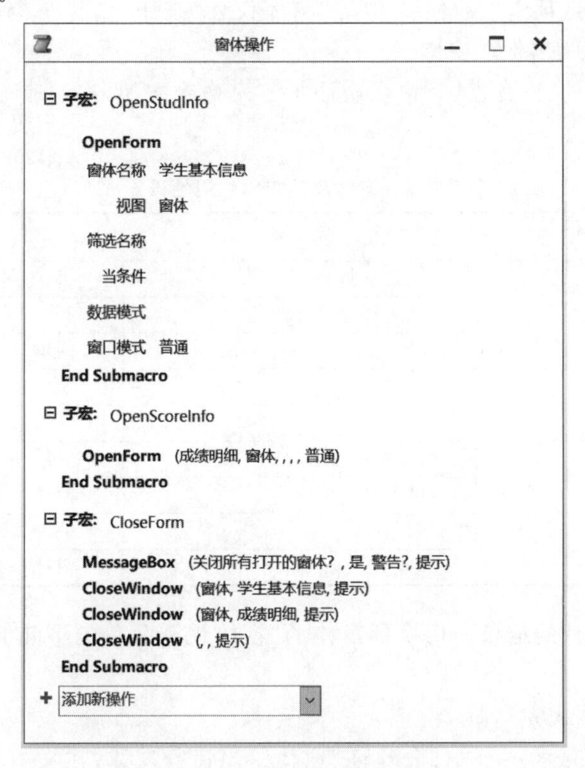

图 8.3 创建“窗体操作”宏

(5) 按照表 8.1 设置各子宏操作的参数。

表 8.1　子宏中操作参数的设置

子宏名	操　作	操作参数	参数值
OpenStudInfo	OpenForm	窗体名称	学生基本信息
		视图	窗体
OpenScoreInfo	OpenForm	窗体名称	成绩明细
		视图	窗体
CloseForm	MessageBox	消息	关闭所有打开的窗体?
		发嘟嘟声	是
		类型	警告?
		标题	提示
	CloseWindow	对象类型	窗体
		对象名称	学生基本信息
		保存	提示
	CloseWindow	对象类型	窗体
		对象名称	成绩明细
		保存	提示
	CloseWindow	—	—

说明:"学生基本信息"窗体和"成绩明细"窗体在实验 6 中均已创建。

(6) 保存宏的设计结果。

(7) 单击"创建"选项卡"窗体"组中的"窗体设计"按钮,创建一个空白窗体。单击"保存"按钮,以"主窗体"为名保存窗体。

(8) 在"主窗体"的"设计视图"中依次添加三个命令按钮,按照表 8.2 设置窗体及其各个控件的相关属性。

表 8.2　窗体及其控件的属性设置

控件对象	属　性	属性值
窗体	记录选择器	否
	导航按钮	否
	滚动条	两者均无
命令按钮 1	标题	学生基本信息
	单击	窗体操作. OpenStudInfo
命令按钮 2	标题	成绩明细
	单击	窗体操作. OpenScoreInfo
命令按钮 3	标题	关闭窗体
	单击	窗体操作. CloseForm

(9) 保存窗体设计的结果。切换到窗体的"窗体视图",单击不同的按钮将完成子宏中预定的任务。

3. 创建并运行嵌入宏

创建如图 8.4 所示的一个"口令验证"窗体。当运行窗体,在文本框中输入密码,单击"验证"命令按钮后,若密码正确(假设密码为 admin),则打开"学生基本信息"窗体;若密码不正确，则输出错误提示信息。

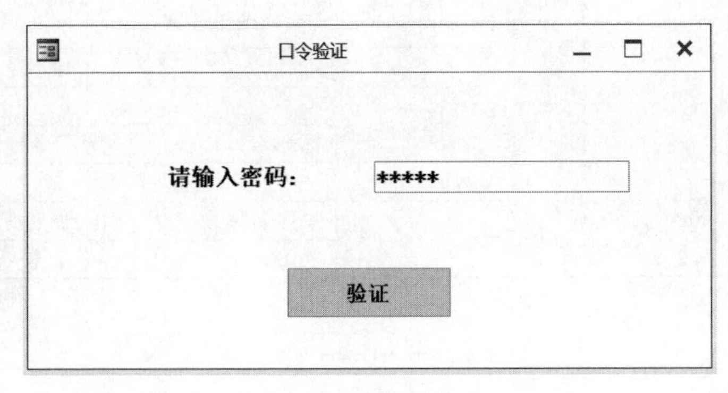

图 8.4 “口令验证”窗体

操作步骤如下。

(1) 打开“教学管理系统”数据库，单击“创建”选项卡“窗体”组中的“窗体设计”按钮，新建一个空白窗体。单击“保存”按钮，以“口令验证”为名保存窗体。

(2) 在窗体“设计视图”中添加一个文本框和一个命令按钮。

设置文本框的“名称”属性值为 textpswd，“输入掩码”属性值为 Password(或“密码”)，“默认值”属性值为""""(即空字符串)；设置文本框附加标签的“标题”属性值为“请输入密码：”；设置命令按钮“标题”属性值为“验证”。

(3) 选中命令按钮，按 F4 键打开“属性表”窗格，如图 8.5(a)所示。选择“事件”选项卡，单击“单击”事件组合框旁边的“生成器”按钮 ，打开“选择生成器”对话框。在对话框中选择“宏生成器”选项，如图 8.5(b)所示。单击“确定”按钮，打开宏的设计窗口。

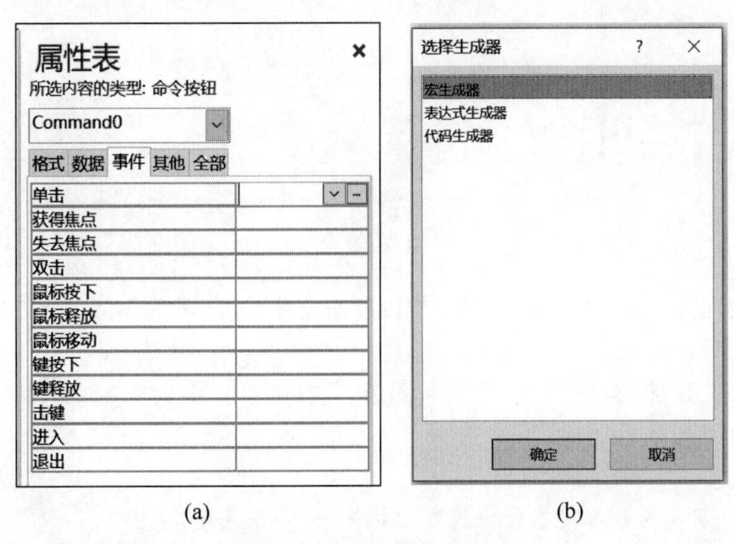

(a) (b)

图 8.5 设置命令按钮属性

(4) 在“操作目录”窗格中，把“程序流程”中的条件 If 拖动到宏设计窗口。

(5) 按照表 8.3 输入宏操作，并设置操作参数，如图 8.6 所示。

表 8.3　条件宏的设置

条　件	操　作	操作参数	参数值
[textpswd]. [Value] < > "admin"	MessageBox	消息	你不是系统管理员!
		类型	警告!
		标题	警告
	CloseWindow	—	—
[textpswd]. [Value] = "admin"	OpenForm	窗体名称	学生基本信息
		视图	窗体

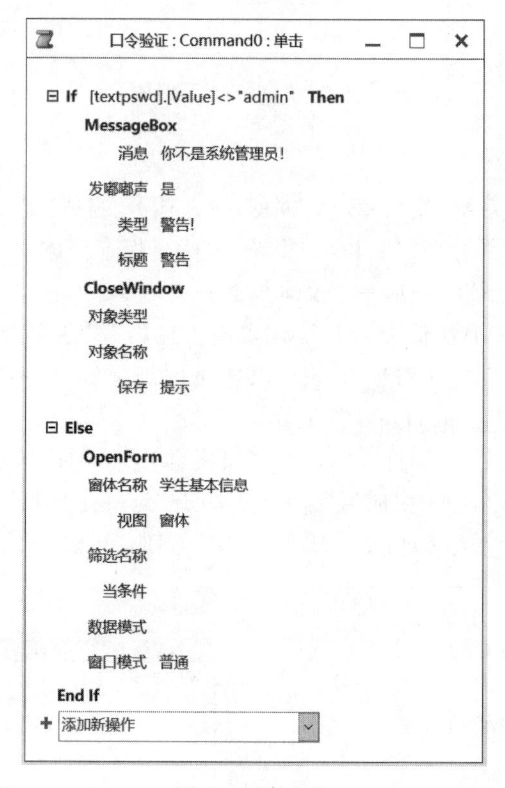

图 8.6　嵌入宏

(6) 保存宏设计的结果,关闭宏设计窗口返回窗体“设计视图”窗口,然后单击“保存”按钮,保存窗体的设计结果。

(7) 将“口令验证”窗体切换到“窗体视图”,在文本框中输入密码,然后单击“验证”按钮。

注意:

(1) 本例中创建的嵌入宏不会出现在数据库的“导航窗格”中。

(2) 宏中引用的文本框名称应该与窗体中文本框的名称一致。

4. 创建并运行数据宏

为“成绩”表创建一个数据宏。当修改“成绩”表中“成绩”字段数据时,若用户输入的成绩数据超出 0～100 的范围,则该成绩数据值将被修改为 0,并且会显示出错消息框,该消息框中会显示“成绩必须为 0～100”的信息。

操作步骤如下。

(1) 打开成绩表的“数据表视图”。

(2) 在“表格工具”中“表”选项卡的“前期事件”组中单击“更改前”事件，打开“成绩：更改前：”宏设计窗口。

(3) 在“操作目录”窗格中，把“程序流程”中的条件 If 拖动到宏设计窗口。

(4) 在显示的 If 行中的文本框中输入条件表达式“[成绩]>100 or [成绩]<0”，然后在“添加新操作”组合框的下拉列表框中选择 SetField 操作，设置“名称”为“成绩”，“值”为 0。继续在“添加新操作”组合框中选择 RaiseError 操作，设置“错误号”为 1，“错误描述”为“成绩必须为 0～100”，如图 8.7 所示。

(5) 保存宏的设计后关闭宏设计窗口。

(6) 在“成绩”表的“数据表视图”中，修改某条记录的成绩数据后，“成绩：更改前：”数据宏自动运行。

5. 创建自动执行宏

创建一个自动执行宏，当打开“教学管理系统”数据库时，“口令验证”窗体自动运行。

操作步骤如下。

(1) 单击“创建”选项卡“宏与代码”组中的“宏”按钮，打开宏的设计窗口。

(2) 在宏设计窗口的“添加新操作”组合框的下拉列表框中选择 OpenForm 操作，并按图 8.8 所示设置 OpenForm 操作的各项参数。

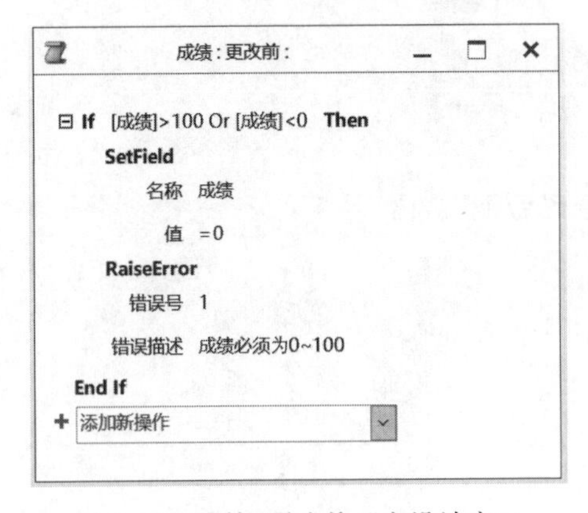

图 8.7 “成绩:更改前:”宏设计窗口

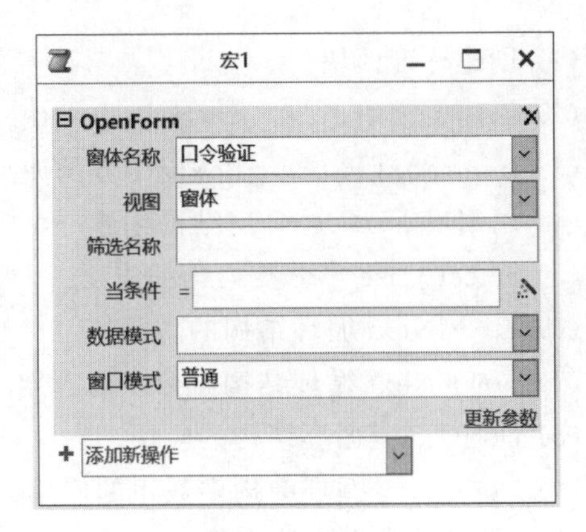

图 8.8 创建宏

(3) 以 AutoExec 为名保存宏。

实验 9　VBA 代码的编写与应用

一、实验目的

(1) 掌握标准模块的创建和使用。
(2) 掌握类模块的创建和使用。
(3) 掌握顺序、分支和循环三种程序控制结构。
(4) 掌握过程调用的方法。
(5) 理解过程调用过程中数据传递的方式。
(6) 了解 VBA 中的数据访问接口类型。
(7) 掌握 ADO 的主要对象及其属性和方法。带 * 实验可选做。

二、实验内容

(1) 创建标准模块。
(2) 创建类模块。
(3) InputBox()和 MsgBox()函数的使用。
(4) 用 IF…ELSE…分支结构创建一个"密码验证"窗体。
(5) Select Case 多分支结构的应用。
(6) For…Next 循环结构的应用。
(7) For…Next 循环结构中数组的应用。
(8) Do…Loop 循环结构的应用。
(9) Do…Loop 循环结构中数组的应用。
(10) 循环结束标志的应用。
(11) 子过程的调用。
(12) 函数过程的调用。
(13) 宏和函数过程的调用。
*(14) 使用 ADO 对象添加 Access 数据库中的数据。
*(15) 使用 ADO 对象修改 Access 数据库中的数据。
*(16) 使用 ADO 对象删除 Access 数据库中的数据。
*(17) 使用 ADO 对象查询 Access 数据库中的数据。
*(18) 数据文件的读写。
*(19) 计时事件。

三、实验步骤

1. 创建标准模块

创建一个标准模块“模块 1”,创建子过程 mj( ),其功能为输入圆的半径计算圆的面积。

操作步骤如下。

(1) 在“数据库视图”中选择“模块”对象,单击“创建”选项卡下的“模块”按钮,进入 VBE。

(2) 在代码编辑窗口输入以下代码,如图 9.1 所示。

```
Sub mj( )
    Dim r As Single                    'r为圆的半径
    Dim s As Single                    's为圆的面积
    Const PI As Single = 3.1415926
    r = InputBox("请输入圆的半径:", "输入半径")
    s = PI * r^2                       '计算圆的面积
    Debug.Print "半径为": r; "的圆的面积为": s
End Sub
```

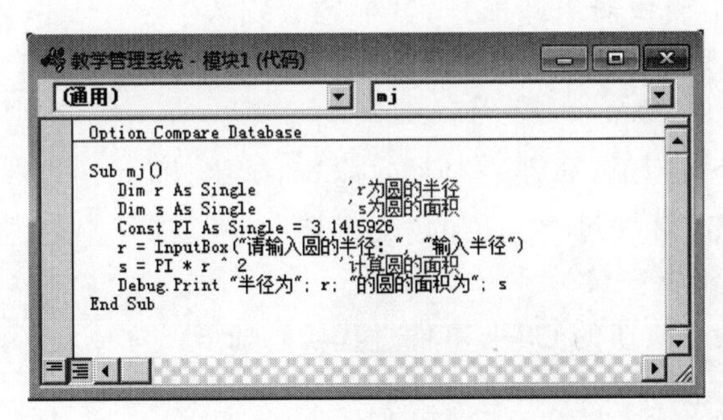

图 9.1　代码编辑窗口

(3) 运行过程。选择“运行”→“运行子过程/用户窗体”命令。

(4) 在弹出的“输入半径”对话框中输入圆的半径,如 10,如图 9.2 所示,然后单击“确定”按钮。

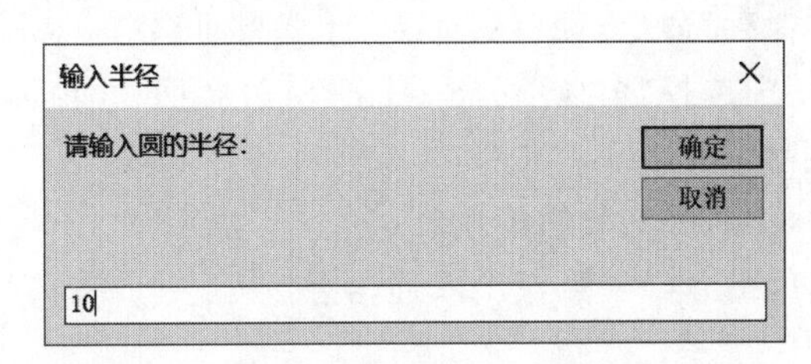

图 9.2　“输入半径”对话框

(5) 选择“视图”→“立即窗口”命令,“立即窗口”中的输出情况如图 9.3 所示。

(6) 选择“文件”→“保存”命令,保存模块为“模块 1”。

2. 创建类模块

创建一个计算圆面积的窗体,如图 9.4 所示。

图 9.3 “立即窗口”中的输出结果

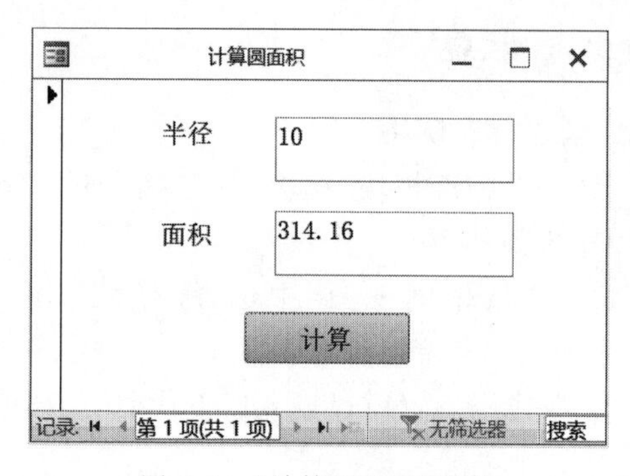

图 9.4 “计算圆面积”窗体

操作步骤如下。

(1) 在“数据库视图”中选择“窗体”对象,单击“创建”选项卡下的“窗体设计”按钮。

(2) 在窗体“设计视图”中添加两个文本框 Text1 和 Text2,分别用来输入半径和输出圆面积,其标题分别为“半径”和“面积”;添加一个命令按钮,其标题为“计算”,名称属性为“cmd计算”。

(3) 在“计算”命令按钮的“属性表”窗格中,选择“事件”选项卡,然后选择“单击”事件过程旁边的“生成器”按钮,如图 9.5 所示,进入代码编辑窗口。

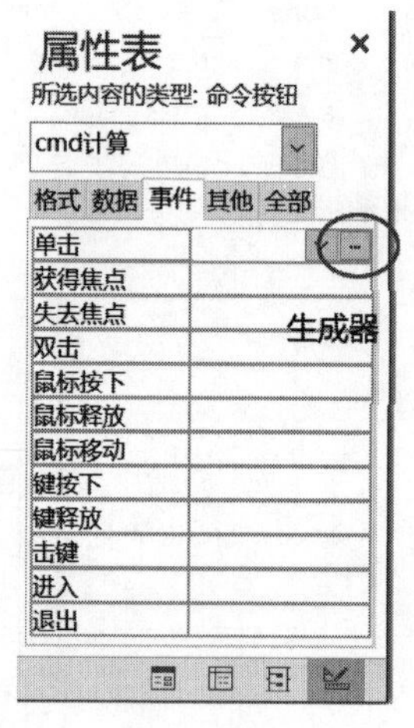

图 9.5 命令按钮的“属性表”窗格对话框

(4) 设置“计算”命令按钮的 Click 事件过程代码如下。

```
Private Sub cmd计算_Click()
    Dim r As Single                              'r为圆的半径
    Const PI As Single = 3.1415926
    r = Me!Text1.Value
    Me!Text2.Value = Round(PI * r ^ 2, 2)   '计算圆的面积
End Sub
```

(5) 选择“文件”→“保存”命令,保存窗体为“计算圆面积”。

(6) 在“数据库视图”中选择“窗体”对象,右击“计算圆面积”窗体,在弹出的快捷菜单中选择“打开”命令,运行窗体。

3. InputBox()和 MsgBox()函数的使用

输入你的名字,用 MsgBox()函数输出欢迎信息。

操作步骤如下。

(1) 在“数据库视图”中选择“模块”对象,右击“模块 1”,在弹出的快捷菜单中选择“设计视图”命令,进入 VBE。

(2) 在代码编辑窗口中输入以下代码。

```
Sub hello( )
    Dim strinput As String
    strinput = InputBox("请输入你的名字:")
```

```
    MsgBox( "欢迎你"&strinput)
End Sub
```

(3) 在代码编辑窗口的过程名列表中选择过程 hello，或将光标插入该过程中，然后选择“运行”→“运行子过程/用户窗体”命令。

(4) 系统提示输入名字，如图 9.6 所示，输入名字后，单击“确定”按钮，弹出欢迎信息框，如图 9.7 所示。

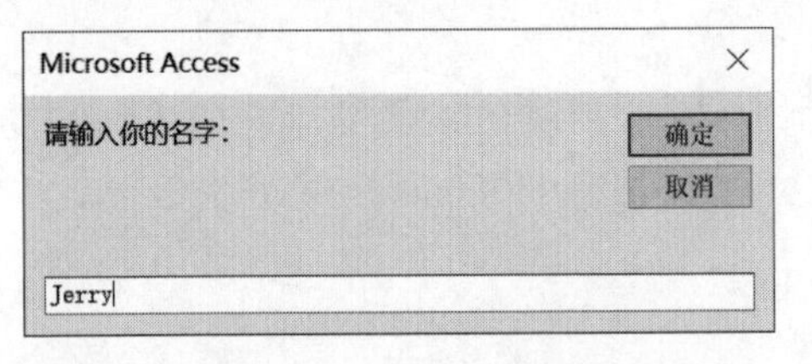

图 9.6 调用 InputBox()函数输入姓名

图 9.7 欢迎信息框

(5) 选择“文件”→“保存 教学管理系统”命令，或按下组合键 Ctrl+S，保存“模块 1”。

4. 用 IF…ELSE…分支结构创建一个“密码验证”窗体

创建一个“密码验证”窗体，如图 9.8 所示。假设密码为 admin，如果输入正确，则打开“学生基本信息”窗体。如果输入不正确，则退出 Access。

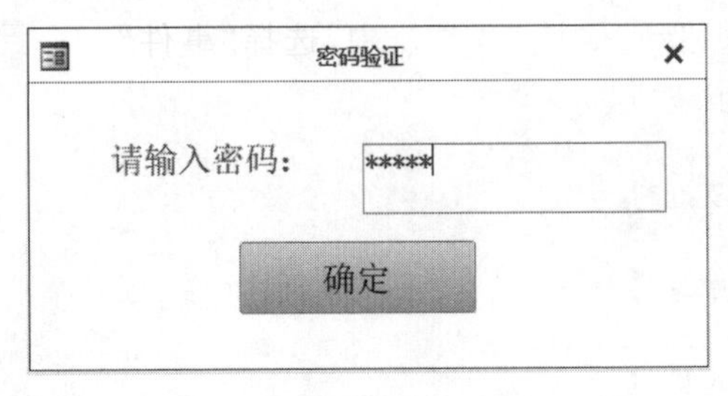

图 9.8 “密码验证”窗体

操作步骤如下。

(1) 在“数据库视图”中选择“窗体”对象，然后单击“创建”选项卡下的“空白窗体”按钮。

(2) 在窗体“设计视图”中添加一个文本框 Text1，输入掩码属性设置为“密码”，用来输入密码，标签的标题设置为“请输入密码：”；添加一个命令按钮 command1，设置其标题为“确定”。

(3) 在“确定”命令按钮的“属性表”窗格中，选择“事件”选项卡，然后单击“单击”事件过程旁边的“生成器”按钮，进入代码编辑窗口。

(4) 设置“确定”命令按钮的 Click 事件过程代码如下。

```
Private Sub Command1_Click()
    Dim i As Integer
    If Me!text1 = "admin" Then
        DoCmd.Close
        DoCmd.OpenForm "学生基本信息"                  '密码正确，打开“学生基本信息”窗体
    Else
```

```
        MsgBox "密码错误", vbCritical, "警告"          '密码错误,弹出警告消息
        Quit                                          '退出 Access
    End If
End Sub
```


(5) 选择“文件”→“保存”命令,保存窗体为“密码验证”。

(6) 在“数据库视图”中选择“窗体”对象,然后右击“密码验证”窗体,在弹出的快捷菜单中选择“打开”命令,运行窗体。

5. Select Case 多分支结构的应用

设计一个窗体,实现输入一个百分制成绩,然后输出该成绩对应的等级的功能。其中,90～100 分为优秀,80～89 分为良好,70～79 分为中等,60～69 分为及格,0～59 分为不及格。

操作步骤如下。

(1) 在“数据库视图”中选择“模块”对象,右击“模块 1”,在弹出的快捷菜单中选择“设计视图”命令,进入 VBE。

(2) 在代码编辑窗口输入以下程序代码。

```
Sub grade( )
    Dim cj As Integer
    cj = InputBox("请输入成绩:")
    Select Case cj
        Case 90 to 100
            MsgBox("优秀")
        Case 80 to 89
            MsgBox("良好")
        Case 70 to 79
            MsgBox("中等")
        Case 60 to 69
            MsgBox("及格")
        Case Else
            MsgBox("不及格")
    End Select
End Sub
```

(3) 在代码编辑窗口的“过程名列表”中选择过程 grade,或将光标插入该过程。然后选择“运行”→“运行子过程/用户窗体”命令。

(4) 系统提示输入成绩,如图 9.9 所示,输入成绩后,单击“确定”按钮,弹出等级信息框,如图 9.10 所示。

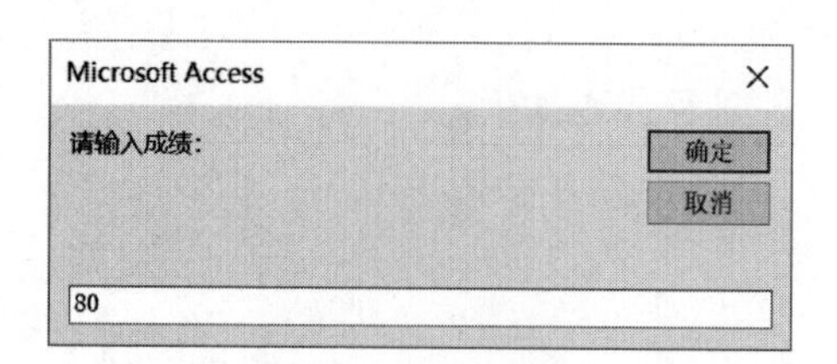

图 9.9　调用 Input()函数输入成绩

图 9.10　等级信息框

6. For…Next 循环结构的应用

设计一个窗体,实现输入数字 n 和字符"#"后,单击"输出"按钮后,在下面的文本框中生成 n 个"#"的功能,如图 9.11 所示。

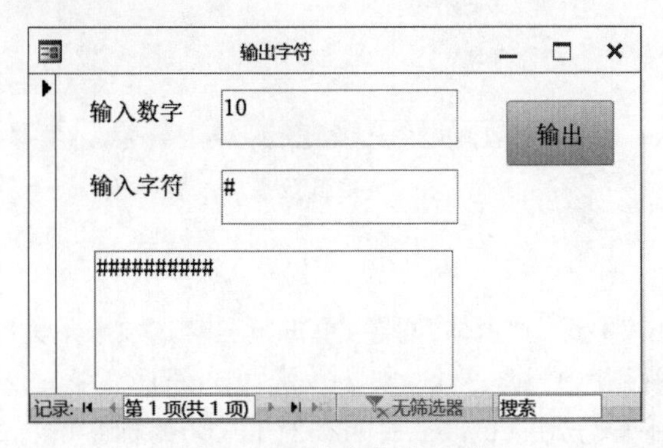

图 9.11 "输出字符"窗体

操作步骤如下。

(1) 在"数据库视图"中选择"窗体"对象,单击"创建"选项卡下的"空白窗体"按钮。

(2) 在窗体"设计视图"中添加 3 个文本框,其中 Text1 和 Text2 用来输入数字和字符,Text3 用来输出结果,将 Text1 和 Text2 的标题分别设置为"输入数字"和"输入字符"; 添加一个命令按钮 Command1,将其标题设置为"输出"。

(3) 在窗体"设计视图"中右击"输出"命令按钮,在弹出的快捷菜单中选择"事件生成器"→"代码生成器"命令,进入代码编辑窗口。

(4) 设置"输出"命令按钮的 Click 事件过程代码如下。

```
Private Sub Command1_click()
    '定义两个整型变量,i 作为循环变量,n 记录 Text1 中输入的数字
    Dim i, n As Integer
    '定义字符串变量 str,记录 Text2 中输入的字符
    Dim str As String
    Text3.SetFocus
    Text3.Text = ""
    Text2.SetFocus
    str = Text2.Text
    text1.SetFocus
    n = CInt(text1.Text)
    For i = 1 To n
        Text3.SetFocus
        Text3.Text = Text3.Text & str
        Next i
End Sub
```

(5) 保存窗体,命名为"输出字符"。

(6) 在"数据库视图"中选择"窗体"对象,右击"输出字符"窗体,在弹出的快捷菜单中选择"打开"命令,运行窗体。

7. For…Next 循环结构中数组的应用

设计一个窗体,输入 10 名同学的成绩,求最高分、最低分和平均分,如图 9.12 所示。

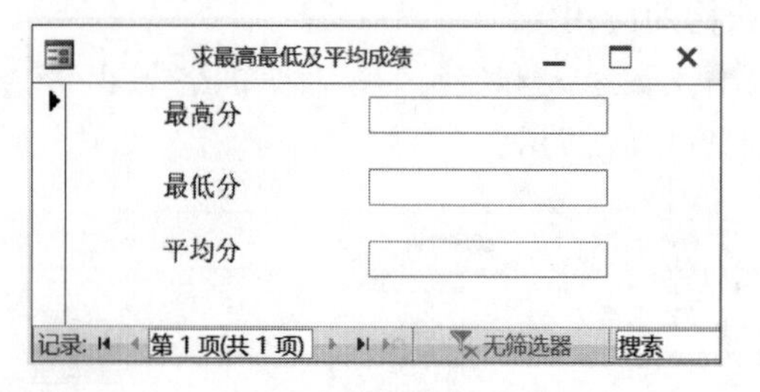

图 9.12 “求最高最低及平均成绩”窗体

操作步骤如下。

(1) 在“数据库视图”中选择“窗体”对象,单击“创建”选项卡下的“空白窗体”按钮。

(2) 在窗体“设计视图”中添加3个文本框,其中 Text1 和 Text2 用来输出最高分和最低分,Text3 用来输出平均分,并将 Text1、Text2、Text3 的标签的标题分别设为“最高分”“最低分”“平均分”。

(3) 在窗体“视图设计”中右击,在弹出的快捷菜单中选择“事件生成器”→“代码生成器”命令,进入代码编辑窗口。

(4) 设置程序代码如下。

```
Dim Score(10) As Integer, i As Integer
Dim Max As Integer, Min As Integer, Average As Integer, Total As Integer
Private Sub Form_Load()
    For i = 1 To 10
        Score(i) = Val(InputBox("请输入第" + str(i) + "个学生成绩"))
    Next i
    Total = 0
    Max = Score(1)                    '设置 Max 的初值为数组中的第 1 个元素
    Min = Score(1)                    '设置 Min 的初值为数组中的第 1 个元素
    For i = 1 To 10
        If Score(i) > Max Then Max = Score(i)
        If Score(i) < Min Then Min = Score(i)
            Total = Total + Score(i)  '求成绩总和
    Next i
    Average = Total / 10              '求平均成绩
    Me.Text1 = Str(Max)
    Me.Text2 = Str(Min)
    Me.Text3 = Str(Average)
End Sub
```

(5) 保存窗体,命名为“求最高最低及平均成绩”。

(6) 打开执行该窗体,在弹出的输入框中依次输入10个成绩,观察结果。

8. Do…Loop 循环结构的应用

求 1+2+3+…+100 的和。

操作步骤如下。

(1) 在“数据库视图”中选择“模块”对象,然后右击“模块1”,在弹出的快捷菜单中选择“设计设图”命令,进入 VBE。

(2) 在代码编辑窗口中输入以下程序代码。

```
Sub sum( )
    Dim i As Integer, s As Integer
    i = 1
    s = 0
    Do While i <= 100
        s = s + i
        i = i + 1
    Loop
    Debug.Print s
End Sub
```

(3) 在代码编辑窗口的“过程名列表”中选择过程 sum,或将光标插入该过程,然后选择“运行”→“运行子过程/用户窗体”命令。

(4) 选择“视图”→“立即窗口”命令,打开“立即窗口”观察其结果,如图 9.13 所示。

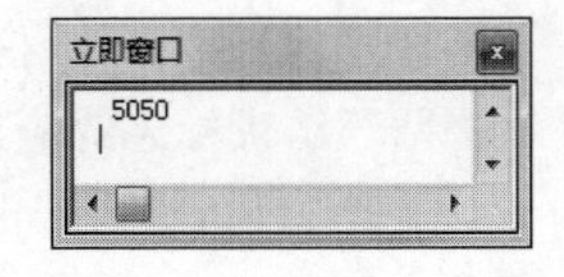

图 9.13 “立即窗口”中的结果

9. Do…Loop 循环结构中数组的应用

设计一个窗体,输入 10 个整数后,逆序输出,如图 9.14 所示。

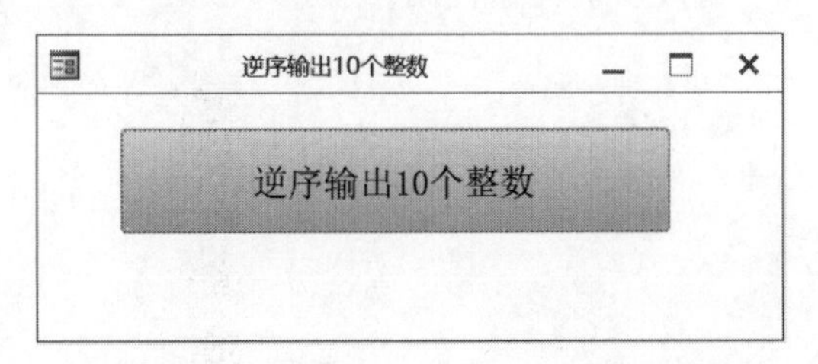

图 9.14 “逆序输出 10 个整数”窗体

操作步骤如下。

(1) 在“数据库视图”中选择“窗体”对象,单击“创建”菜单下的“窗体设计”按钮。

(2) 在窗体“设计视图”中添加一个命令按钮,标题属性为“逆序输出”,名称属性为 Command1。

(3) 在命令按钮上右击,在弹出的快捷菜单中选择“事件生成器”→“代码生成器”命令,进入代码编辑窗口。

(4) 设置程序代码如下。

```
Private Sub Command1_Click()
    Dim i, j, k, temp, arr(10) As Integer
    Dim result As String
    For k = 1 To 10
        arr(k) = Val(InputBox("请输入第" + Str(k) + "个数", "数据输入"))
    Next k
    i = 1
    j = 10
    Do
        temp = arr(i)
```

```
            arr(i) = arr(j)
            arr(j) = temp
            i = i + 1
            j = j - 1
        Loop While i < j
        result = ""
        For k = 1 To 10
            result = result + Str(arr(k)) + Chr(13)
        Next k
        MsgBox result
    End Sub
```

(5) 保存窗体,命名为"逆序输出 10 个整数"。

(6) 打开执行该窗体,依次输入 10 个整数,观察结果。

10. 循环结束标志的应用

设计一个窗体,输入若干学生成绩,以－1 为结束标志,求这些成绩的平均值。

操作步骤如下。

(1) 在"数据库视图"中选择"模块"对象,然后右击"模块 1",在弹出的快捷菜单中选择"设计视图"命令,进入 VBE。

(2) 在代码编辑窗口中输入以下程序代码。

```
Sub average()
    Dim cj As Integer, I As Integer, avg As Single
    cj = InputBox("请输入第" & i + 1 & "位学生的成绩:")
    Do Until cj = -1
        avg = avg + cj
        i = i + 1
        cj = InputBox("请输入第" & i + 1 & "位学生的成绩:")
    Loop
    MsgBox ("平均成绩 = " & Round(avg / I, 1))
End Sub
```

(3) 在代码编辑窗口的"过程名列表"中选择过程 average,或将光标插入该过程。然后选择"运行"→"运行子过程/用户窗体"命令。

(4) 依次输入若干成绩,最后一次输入－1 来结束输入,计算出以上成绩的平均分。

11. 子过程的调用

创建一个子过程 s1( ),其功能为计算圆的周长,调用该过程完成圆周长的计算。

操作步骤如下。

(1) 在"数据库视图"中选择"模块"对象,然后右击"模块 1",在弹出的快捷菜单中选择"设计视图"命令,进入 VBE。

(2) 在代码编辑窗口中输入以下程序代码。

```
Sub s1(r As Single)                          '创建 s1 子过程
    Dim zc As Single
    If r < 0 Then
        MsgBox "圆的半径必须为正数!", vbcitical, "警告"
        Exit Sub
```

```
    Else
        zc = 2 * 3.14 * r
    End If
    MsgBox "圆的周长为:" & zc
End Sub
Sub zc()
    Dim x As Single
    x = InputBox("输入圆的半径:")
    Call s1(x)                              '调用 s1 子过程
End Sub
```

(3) 运行过程。首先在代码编辑窗口的"过程名列表"中选择过程 zc,或将光标插入该过程。然后选择"运行"→"运行子过程/用户窗体"命令。

(4) 输入圆的半径值,如图 9.15 所示,然后单击"确定"按钮,弹出圆周长窗口,如图 9.16 所示。

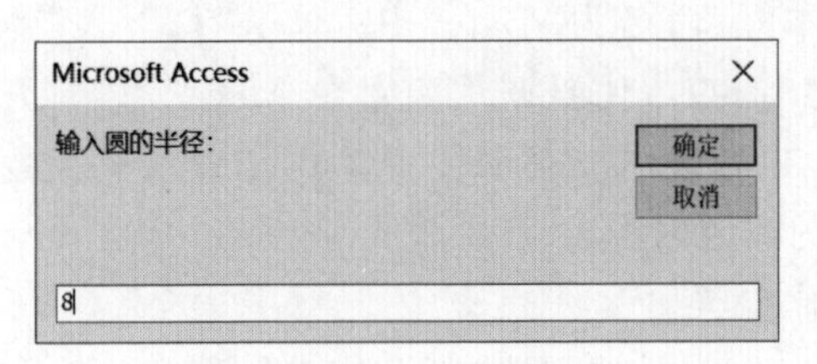

图 9.15 输入圆的半径

图 9.16 圆周长的计算结果

12. 函数过程的调用

创建函数过程 f1,其功能为计算某数的阶乘,然后调用该函数过程计算某数的阶乘。

操作步骤如下。

(1) 在"数据库视图"中选择"模块"对象,然后右击"模块 1",在快捷菜单中选择"设计视图"命令,进入 VBE。

(2) 在代码编辑窗口中输入以下程序代码。

```
Function f1(n As Integer) As Long                '创建 f1()函数过程
    Dim i As Integer, s As Long
    s = 1
    For i = 1 To n
        s = s * i
    Next i
    f1 = s
End Function
Sub jc2()
    Dim n As Integer
    n = InputBox("n = ")
    MsgBox n & "!= " & f1(n)                     '调用 f1()函数过程
End Sub
```

(3) 在代码编辑窗口的"过程名列表"中选择过程 jc,或将光标插入该过程。然后选择"运行"→"运行子过程/用户窗体"命令。

(4) 输入 n 的值,如图 9.17 所示,然后单击“确定”按钮,弹出 n 的阶乘结果,如图 9.18 所示。

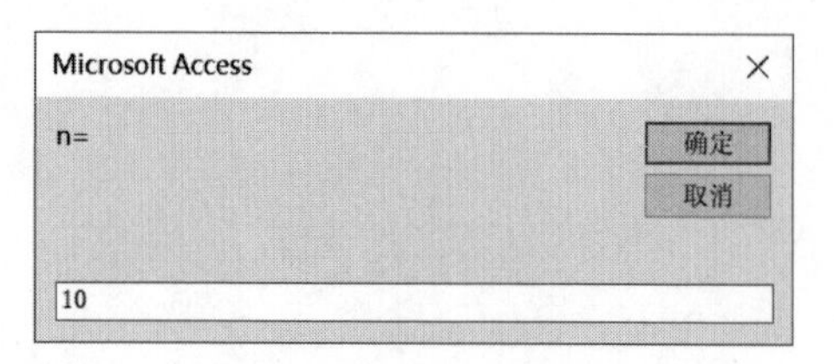

图 9.17 输入 n 的值

图 9.18 n 的阶乘结果

13. 宏和函数过程的调用

设计如图 9.19 所示的窗体,在窗体上单击“输出”命令按钮(命名为 btnP),实现计算 1000 以内的素数个数及最大素数两个值的功能,结果输出在文本框(命名为 tDate)中;单击“打开表”命令按钮(命名为 btnQ),代码调用宏对象 Macstu 以打开数据表“学生”,并在窗体加载事件中实现重置窗体标题为标签 bTitle 的标题内容。

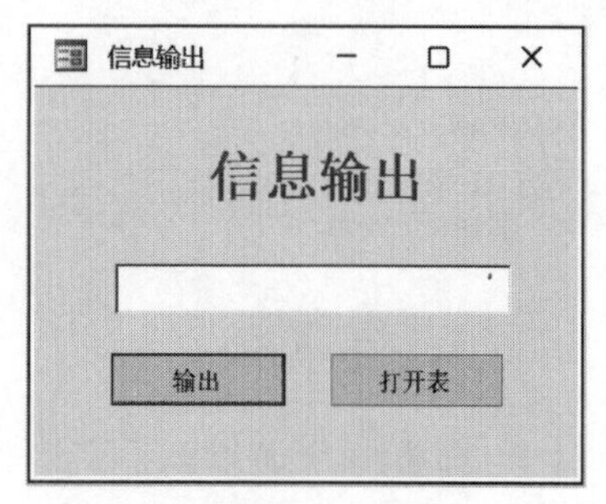

图 9.19 代码调用宏对象

操作步骤如下。

(1) 在“设计视图”中新建窗体,添加一个标签控件,命名为 bTitle;添加一个文本框控件,命名为 tDate;添加两个命令按钮控件,分别命名为 btnP 和 btnQ,标题分别设置为“输出”和“打开表”;将各控件的大小和位置调整好。

(2) 设计宏对象 Macstu,该宏的功能是打开“学生”表。

(3) 在窗体“设计视图”中右击“输出”命令按钮,从弹出的快捷菜单中选择“事件生成器”命令,在“选择生成器”对话框中选择“代码生成器”,单击“确定”按钮,进入代码编辑窗口。事件过程代码如下所示。

```
Private Sub btnP_Click()
        Dim n As Integer                          '变量 n 统计素数数量
        Dim mn As Integer                         '统计 1000 以内的最大素数
        For i = 1 To 1000
        If sushu(i) Then                          '调用 sushu()函数判断是否为素数
            n = n + 1
            If i > mn Then
                mn = i
            End If
        End If
    Next i
    Rem 将素数数量及最大素数的值显示在文本框 tData 内
    Me!tData = "数量:" & n & " 最大值:" & mn
End Sub
Private Function sushu(ByVal n As Long) As Boolean
    Rem 判断 n 是否为素数的函数
    Dim i As Long
```

```
        sushu = False
        For i = 2 To n - 1
            If (n Mod i) = 0 Then Exit For
        Next i
        If i = n Then sushu = True
    End Function
```

(4) 在窗体“设计视图”中右击“打开表”命令按钮,从弹出的快捷菜单中选择“事件生成器”命令,在“选择生成器”对话框中选择“代码生成器”,单击“确定”按钮,进入代码编辑窗口。事件过程代码如下所示。

```
Private Sub btnQ_Click()
    Rem 代码调用宏对象 Macstu
    DoCmd.RunMacro "Macstu"
End Sub
```

(5) 在代码窗口的对象组合框中选择 Form 窗体对象,在过程组合框中选择 Load 载入事件,事件过程代码如下所示。

```
Private Sub Form_Load()
    '设置窗体标题为标签 bTitle 的标题内容
    Caption = bTitle.Caption
End Sub
```

(6) 保存窗体,命名为“素数计算”。打开窗体,单击相应命令按钮,观察结果。

***14. 使用 ADO 对象添加 Access 数据库中的数据**

设计如图 9.20 所示的窗体,在窗体的四个文本框内输入合法的成绩信息后,单击“追加”按钮(名为 bt1),程序首先判断学号和课程号是否重复,如果不重复则向表对象“成绩”中添加新的成绩记录,否则出现提示;当单击窗体上的“退出”按钮(名为 bt2)时,关闭当前窗体。

图 9.20 “追加成绩信息”窗体

操作步骤如下。

(1) 在“设计视图”中新建窗体,添加一个标签控件,命名为 label1,标题为“学生成绩录入”,“边框样式”属性为“实线”,“特殊效果”属性为“阴影”,宋体,14 磅字。

(2) 依次添加四个文本框,名称分别为 tstuID、tcID、tscore 和 ttID。

(3) 添加两个命名按钮控件,命名为 bt1 和 bt2,标题文字为“追加”和“退出”;将各控件的大小和位置调整好。

(4) 在窗体“设计视图”中右击“追加”命名按钮,从弹出的快捷菜单中选择“事件生成器”命令,在“选择生成器”对话框中选择“代码生成器”,单击“确定”按钮,进入代码编辑窗口。

事件过程代码如下。

```
Private Sub bt1_Click()
    Dim ADOcn As New ADODB.Connection
    Dim ADOrs As New ADODB.Recordset
```

```
    Dim strDB As String
    Rem 建立连接
    Set ADOcn = CurrentProject.Connection
    ADOrs.ActiveConnection = ADOcn
    ADOrs.Open "Select 学号,课程号 From 成绩 Where 学号 = '" + tstuID + "'And 课程号 = '" +
tcID + "'", , adOpenForwardOnly, adLockReadOnly
    If ADOrs.EOF = False Then
        MsgBox "该学生课程成绩已存在,不能追加!"
    Else
        strSQL = "Insert Into 成绩 (学号,课程号,成绩,教师编号)"
        strSQL = strSQL + "Values('" + tstuID + "','" + tcID + "'," + tscore + ",'" +
ttID + "')"
        ADOcn.Execute strSQL
        MsgBox "添加成功,请继续!"
        Me.tstuID = ""
        Me.tcID = ""
        Me.tscore = ""
        Me.ttID = ""
    End If
    Rem 关闭对象,释放资源
    ADOrs.Close
    ADOcn.Close
    Set ADOrs = Nothing
    Set ADOcn = Nothing
End Sub
```

(5) 在窗体"设计视图"中右击"退出"命名按钮,从弹出的快捷菜单中选择"事件生成器"命令,在"选择生成器"对话框中选择"代码生成器",单击"确定"按钮,进入代码编辑窗口。事件过程代码如下所示。

```
Private Sub bt2_Click()
    DoCmd.Close                           '关闭窗体
End Sub
```

(6) 保存窗体,命名为"追加成绩信息",打开窗体,录入一条新的成绩信息,观察结果。

*15. 使用 ADO 对象修改 Access 数据库中的数据

设计数据修改窗体,如图 9.21 所示。输入要修改的学生学号和新的政治面貌后,单击"修改"按钮(名为 bt1),程序首先判断"学生"表中该学号是否存在,如果不存在系统将提示错误,如果存在则修改该学生的政治面貌信息;当单击窗体上的"退出"按钮(名为 bt2)时,关闭当前窗体。

图 9.21 "学生政治面貌情况修改"窗体

操作步骤如下。

(1) 在"设计视图"中新建窗体,添加一个标签控件,命名为 label1,标题为"教师职称修改","边框样式"属性为"实线","特殊效果"属性为"阴影",宋体,14 磅字。

(2) 依次添加两个文本框,名称分别设置为 tNo

和 tNewtitle。

(3) 添加两个命名按钮控件,命名为 bt1 和 bt2,标题文字为“修改”和“退出”;将各控件的大小和位置调整好。

(4) 在窗体“设计视图”中右击“修改”命名按钮,从弹出的快捷菜单中选择“事件生成器”命令,在“选择生成器”对话框中选择“代码生成器”,单击“确定”按钮,进入代码编辑窗口。

事件过程代码如下。

```
Private Sub bt1_Click()
    Dim ADOcn As New ADODB.Connection             '定义 Connection 对象
    Dim ADOrs As New ADODB.Recordset              '定义 Recordset 对象
    Dim strDB As String
    Rem 建立连接
    Set ADOcn = CurrentProject.Connection
    '用于设置数据库的连接信息,连接信息可以是连接对象名或包含数据库的连接信息的字符串
    ADOrs.ActiveConnection = ADOcn
     ADOrs. Open " Select 学号 From 学生 Where 学号 = '" + tNo + "'", ,
adOpenForwardOnly, adLockReadOnly
    If ADOrs.EOF = True Then
        MsgBox "该学生不存在,请重新输入!"
        Me.tNo = ""
    Else
        strSQL = "Update 学生 Set 政治面貌 = '" + tNewtitle + "' where 学号 = '" + tNo + "'"
'更新记录
        ADOcn.Execute strSQL
        MsgBox "政治面貌修改成功!"
        Me.tNo = ""
        Me.tNewtitle = ""
    End If
    '关闭对象,释放资源
    ADOrs.Close
    ADOcn.Close
    Set ADOrs = Nothing
    Set ADOcn = Nothing
End Sub
```

(5) 在窗体“设计视图”中右击“退出”命令按钮,从弹出的快捷菜单中选择“事件生成器”命令,在“选择生成器”对话框中选择“代码生成器”,单击“确定”按钮,进入代码编辑窗口。事件过程代码如下所示。

```
Private Sub bt2_Click()
    DoCmd.Close                          '关闭窗体
End Sub
```

(6) 保存窗体,命名为“学生政治面貌情况修改”,打开窗体,输入某学生学号和新的政治面貌信息,观察结果。

*16. 使用 ADO 对象删除 Access 数据库中的数据

设计数据删除窗体,如图 9.22 所示。打开窗体时显示出不及格学生的成绩信息,单击

"上一条"(名为 btPrevious)和"下一条"(名为 btNext)按钮可以逐条浏览,单击"删除"按钮(名为 btDel)删除当前记录,单击"退出"按钮(名为 btExit)时,关闭当前窗体。

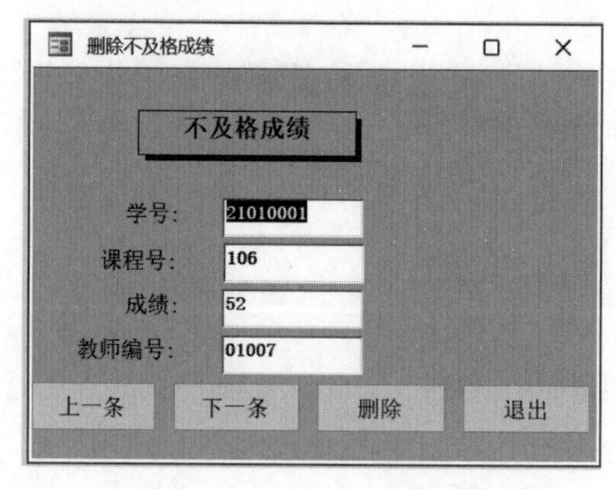

图 9.22 "删除不及格成绩"窗体

操作步骤如下。

(1) 采用复制表、粘贴表的方法创建"成绩"表的副本,命名为"成绩 2"(不删除原始"成绩"表中的数据)。

(2) 在"设计视图"中新建窗体,添加一个标签控件,命名为 label1,标题为"不及格成绩","边框样式"属性为"实线","特殊效果"属性为"阴影",宋体,14 磅字。

(3) 依次添加四个文本框,名称分别为 tstuID、tcID、tscore 和 ttID。

(4) 添加四个命令按钮控件,分别命名为 btPrevious、btNext、btDel 和 btExit,标题文字分别设置为"上一条""下一条""删除""退出";将各控件的大小和位置调整好。

(5) 双击"窗体选择器"按钮,打开窗体"属性表",单击"加载"事件右边的生成器按钮,选择"代码生成器",进入代码编辑窗口。在代码窗口的对象组合框中选择"通用",在过程组合框中选择"声明",声明对象的代码如下所示。

```
Dim ADOcn As New ADODB.Connection
Dim ADOrs As New ADODB.Recordset
```

(6) 接着在代码窗口的对象组合框中选择 Form 窗体对象,在过程组合框中选择 Load 载入事件,事件过程代码如下。

```
Private Sub Form_Load()
    '建立连接
    Set ADOcn = CurrentProject.Connection
    ADOrs.ActiveConnection = ADOcn
    ADOrs.Open "Select 学号, 课程号, 成绩, 教师编号 From 成绩 2 Where 成绩< 60", ,
adOpenForwardOnly, adLockPessimistic
    If ADOrs.BOF = True Then                    '如果没有记录,BOF 属性为 True
        MsgBox "无不及格学生!"
    Else
        Me.tstuID = ADOrs.Fields(0)
        Me.tcID = ADOrs.Fields(1)
        Me.tscore = ADOrs.Fields(2)
        Me.ttID = ADOrs.Fields(3)
```

```
    End If
End Sub
```

(7) 四个按钮的单击事件过程代码依次如下。

① “上一条”命令按钮:

```
Private Sub btPrevious_Click()
    ADOrs.MovePrevious
    If ADOrs.BOF = True Then
        ADOrs.MoveFirst
    End If
    Me.tstuID = ADOrs.Fields(0)
    Me.tcID = ADOrs.Fields(1)
    Me.tscore = ADOrs.Fields(2)
    Me.ttID = ADOrs.Fields(3)
End Sub
```

② “下一条”命令按钮:

```
Private Sub btNext_Click()
    ADOrs.MoveNext
    If ADOrs.EOF = True Then
        ADOrs.MoveLast
    End If
    Me.tstuID = ADOrs.Fields(0)
    Me.tcID = ADOrs.Fields(1)
    Me.tscore = ADOrs.Fields(2)
    Me.ttID = ADOrs.Fields(3)
End Sub
```

③ “删除”命令按钮:

```
Private Sub btDel_Click()
    ADOrs.Delete
    MsgBox "删除成功!"
    ADOrs.MoveFirst
End Sub
```

④ “退出”命令按钮:

```
Private Sub btExit_Click()
    DoCmd.Close
    '关闭对象,释放资源
    ADOrs.Close
    ADOcn.Close
    Set ADOrs = Nothing
    Set ADOcn = Nothing
End Sub
```

(8) 保存窗体,命名为“删除不及格成绩”,打开窗体,浏览记录并删除,观察表中的结果。

* 17. 使用 ADO 对象查询 Access 数据库中的数据

创建如图 9.23 所示的窗体,在其中输入“教学管理系统”数据库的“学生”表中的某名学生的学号,可以查看该学生的“姓名”“性别”“出生日期”。编写程序完成“查询”命令按钮的功能。

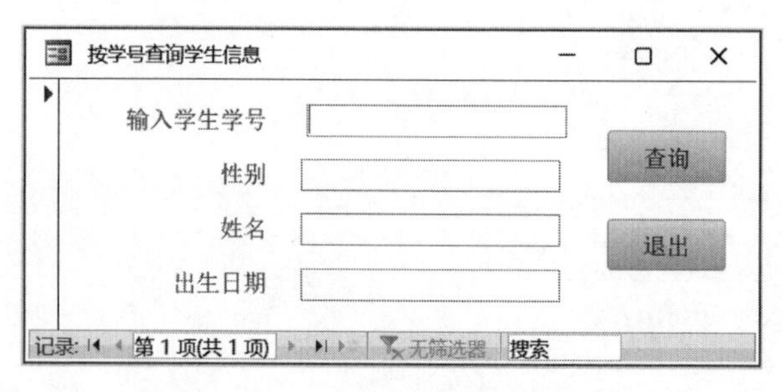

图 9.23 “按学号查询学生信息”窗体

操作步骤如下。

(1) 在“数据库视图”中选择“窗体”对象,单击“创建”选项卡下的“空白窗体”按钮。

(2) 在窗体的“设计视图”中添加各种控件,其 4 个文本框的名称分别为 xh、xm、xb 和 csrq。

(3) 利用“命令按钮向导”创建“退出”命令按钮 bt2,代码由系统自动生成。

(4) 添加“查询”命令按钮 bt1,并设置 bt1 按钮的 Click 事件过程代码如下。

```
Private Sub bt1_Click()
    Dim cn As New ADODB.Connection
    Dim rs As New ADODB.Recordset
    Dim str As String
    Dim sql As String
    "教学管理系统.accdb"存放在 D 盘根目录下,并设置连接对象的数据提供者
    str = "provider = Microsoft.ACE.OLEDB.12.0;Persist Security Info = False;Data Source =
D:\教学管理系统.accdb"
    cn.Open str                        '连接数据源
    If IsNull(Me.xh) Then              '如果学号为空,则弹出消息框报错
        MsgBox "请输入学号!", vbOKOnly + vbCritical, "提示"
        Me.xh.SetFocus
        Exit Sub
    Else
            '如果输入的学号等于"学生"表中某个学号的值,则打开记录集
            sql = "select * from 学生 where 学号 = '" & Me.xh & "'"
            rs.Open sql, cn, adOpenDynamic, adLockOptimistic, adCmdText
            If Not rs.EOF Then
            Me.xm = rs(1)
            Me.xb = rs(2)
            Me.csrq = rs(3)
        Else
            MsgBox "没有这个学生,请重新输入学号!", vbOKOnly + vbInformation, "提示"
            Me.xh = ""
        End If
    End If
```

```
    rs.Close                          '关闭记录集
    cn.Close                          '关闭连接
    Set rs = Nothing                  '回收资源
    Set cn = Nothing
End Sub
```

(5) 保存窗体,命名为“按学号查询学生信息”,打开窗体,浏览记录并删除,观察表中的结果。

***18. 数据文件的读写**

创建一个子过程,将三条职工数据写入D盘user文件夹中的“职工表.txt”文件中。

操作步骤如下。

(1) 在“数据库视图”中选择“模块”对象,然后右击“模块1”,在弹出的快捷菜单中选择“设计视图”命令,进入VBE。

(2) 在代码编辑窗口输入以下程序代码。

```
Sub myprint()
    Dim newname As String
    Dim sex As String
    Dim birthdate As Date
    Open "D:\user\职工表.txt" For Output As #1
    newname = "张三"
    sex = "男"
    birthdate = #1/2/1998#
    Print #1, newname, sex, birthdate
    newname = "李丽"
    sex = "女"
    birthdate = #11/15/1997#
    Print #1, newname, sex, birthdate
    newname = "王红"
    sex = "女"
    birthdate = #4/5/1998#
    Print #1, newname, sex, birthdate
    Close #1
End Sub
```

(3) 在代码编辑窗口的过程名列表中选择过程myprint,或将光标插入该过程。然后选择“运行”→“运行子过程/用户窗体”命令。

(4) 打开D盘user文件夹中的“职工表.txt”文件,运行结果如图9.24所示。

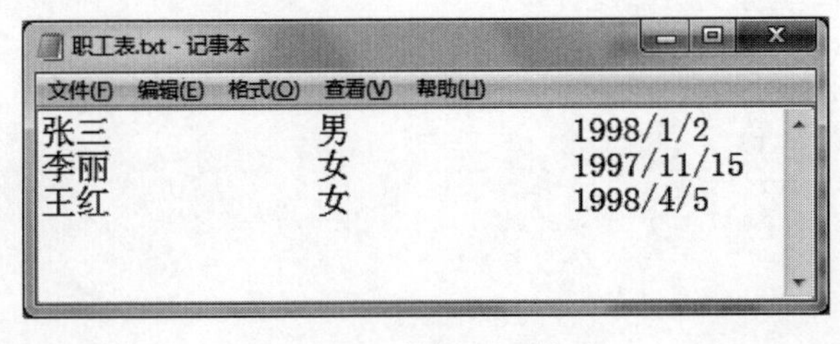

图9.24 数据写入结果

*19. 计时事件

设计一个名为 fTimer 的计时器窗体，如图 9.25 所示。运行窗体后，窗体标题自动显示为"计时器"；单击"设置"按钮(名称为 cmdSet)，在弹出的输入框中输入计时秒速(10 以内的整数)；单击"开始"按钮(名称为 cmdStar)开始计时，同时在文本框(名称为 txtList)中显示计时的秒速。计时时间到时，停止计时并响铃，同时文本框清零。

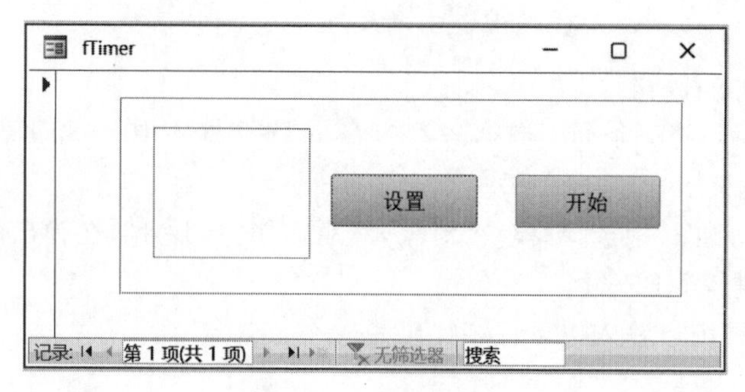

图 9.25 计时器窗体

(1) 在"设计视图"中新建窗体，依次添加两个命令按钮控件，一个命名为 cmdSet，标题为"设置"；另一个命名为 cmdStar，标题为"开始"。

(2) 添加一个文本框，名称为 txtList。

(3) 添加一个矩形框控件，框住以上控件，然后将各控件的大小和位置调整好。

(4) 在窗体"设计视图"中右击，从弹出的快捷菜单中选择"事件生成器"命令，在"选择生成器"对话框中选择"代码生成器"，单击"确定"按钮，进入代码编辑窗口。事件过程代码如下所示。

```
Option Compare Database
'定义变量 f 为整型
Dim f As Integer
Private Sub cmdSet_Click()
    f = InputBox("请输入计时范围:")
End Sub
Private Sub cmdStar_Click()
    Me.TimerInterval = 1000
End Sub
Private Sub Form_Load()
    Me.TimerInterval = 0
    '将窗体标题自动显示为"计时器"
Form.Caption = "计时器"
End Sub
Private Sub Form_Timer()
    Static s As Integer
    s = s + 1
    If s > f Then
    '设置铃声
Beep
            s = 0
            Me.TimerInterval = 0
```

```
        End If
        '在文本框中显示计时的秒数
    txtList = s
End Sub
```

(5) 保存窗体,命名为“计时器”,打开运行窗体,单击“设置”按钮,在弹出的输入框中输入计时秒数,单击“开始”按钮开始计时,同时在文本框中显示计时的秒数。计时时间到时,停止计时并响铃,同时文本框清零。

实验 10　综合实训：客户订单管理系统

一、实验目的

通过一个完整的客户订单管理系统的制作，帮助学生了解一个数据库系统的制作过程。该系统可以输入、查看、修改客户的订单数据，并可以根据订单进行汇总和计算各种金额，以及能够查看客户订单管理系统。

二、实验内容

(1) 创建与设置数据表。
(2) 使用"窗体向导"创建窗体。
(3) 创建订单明细子窗体。
(4) 创建订单明细窗体。
(5) 创建客户订单子窗体。
(6) 创建客户订单窗体。
(7) 创建系统首页。
(8) 创建登录窗体。
(9) 设置系统的启动界面。

三、实验步骤

1. 创建与设置数据表

操作步骤如下。

(1) 创建表结构。

客户订单管理系统由"职员""客户""产品""客户订单""订单明细""送货方式"6 个数据表组成。

数据表的结构如表 10.1～表 10.6 所示。

表 10.1 "职员"表

字段名称	数据类型	字段大小/格式	格　式	索　引
职员编号	自动编号	长整型	默认	有(无重复)
姓名	短文本	10	默认	无
职位	短文本	10	默认	无
工作电话	短文本	30	默认	无
私人电话	短文本	20	默认	无

表 10.2 “客户”表

字段名称	数据类型	字段大小/格式	格　式	索　引
客户编号	自动编号	长整型	默认	有(无重复)
公司名称	短文本	50	默认	有(有重复)
联系人姓名	短文本	10	默认	无
国家/地区	短文本	30	默认	无
公司地址	短文本	50	默认	无
邮政编码	短文本	10	默认	有(有重复)
电话号码	短文本	30	默认	无
传真号码	短文本	30	默认	无

表 10.3 “产品”表

字段名称	数据类型	字段大小/格式	格　式	索　引
产品编号	自动编号	长整型	默认	有(无重复)
产品名称	短文本	50	默认	无
规格	短文本	2	默认	无

表 10.4 “客户订单”表

字段名称	数据类型	字段大小/格式	格　式	索　引
订单编号	自动编号	长整型	默认	有(无重复)
客户编号	数字	长整型	默认	有(有重复)
志愿编号	数字	长整型	默认	有(有重复)
订购日期	日期/时间	/	短日期	有(有重复)
采购订单编号	短文本	30	默认	无
收货方	短文本	50	默认	无
收货人	短文本	20	默认	无
送货地址	短文本	50	默认	无
送货日期	日期/时间	/	短日期	有(有重复)
送货方式编号	数字	长整型	默认	有(有重复)
运费	货币	/	货币	无

表 10.5 “订单明细”表

字段名称	数据类型	字段大小/格式	格　式	索　引
订单明细编号	自动编号	长整型	默认	有(无重复)
订单编号	数字	长整型	默认	有(有重复)
产品编号	数字	长整型	默认	有(有重复)
数量	数字	双精度型	默认	无
单价	货币	/	货币	无
折扣	数字	双精度型	百分比	无

表 10.6 “送货方式”表

字段名称	数据类型	字段大小/格式	格　式	索　引
送货方式编号	自动编号	长整型	默认	有(无重复)
送货方式	短文本	20	默认	无

(2) 输入数据。在创建好结构的数据表中输入数据,如图 10.1～图 10.6 所示。

职员

职员编号	姓名	职位	工作电话	私人电话
1	何西西	销售经理	81973211	
2	张亮	销售代表	81973211-001	
3	陈心涵	销售代表	81973211-002	
4	王源源	区域销售代表	81973588	
5	刘莉	销售代表	81973211-003	
9	梁玉	经理	81975500	
10	李辉	销售代表	81973211-004	

图 10.1 “职员”表数据

客户

客户编号	公司名称	国家/地区	联系人姓名	公司地址	邮政编码	电话号码	传真号码
1	武汉青青户外俱乐部	中国	张修文	湖北省武汉市	430205	4208345	83749578
2	美域学院	中国	王晓丽	湖北省武汉市	430205	4896086	88997897
3	肯德公司	中国	龚绮丽	湖北省武汉市	430205	4689123	90875346
4	爱华公司	中国	张除	湖北省武汉市	430205	3455444	45770989
5	科隆公司	中国	李小南	湖北省武汉市	430205	5434545	47657566
6	界能公司	中国	张凯宁	湖北省武汉市	430205	3453453	57545445
7	均其公司	中国	胡飒	湖北省武汉市	430205	5357990	46554544
8	麦来亚公司	中国	凯里	湖北省武汉市	430205	7857667	74567432
9	根想公司	中国	胡晓成	湖北省武汉市	430205	6757646	45476575
10	胡莱其公司	中国	张德楠	湖北省武汉市	430205	6457658	56434656
12	七星户外论坛	中国	刘海	光谷大道	430000	9898989	

图 10.2 “客户”表数据

产品

产品编号	产品名称	产品规格
1	双人帐篷	个
2	单人帐篷	个
3	睡袋	对
4	睡垫	张
5	头灯	个
6	背包	个
7	腰包	个
8	电池	盘
9	水壶	个

图 10.3 “产品”表数据

送货方式

送货方式编	送货方式
1	空运
2	海运
3	铁路托运
4	公路托运

图 10.4 “送货方式”表数据

订单明细

订单明细编号	订单编号	产品编号	数量	单价	折扣
1	1	4	20	￥80.00	15.00%
2	2	8	10	￥20.00	20.00%
3	3	6	10	￥100.00	15.00%
4	4	5	15	￥20.00	10.00%
5	5	7	10	￥35.00	8.00%
6	5	6	10	￥100.00	14.00%
7	7	1	5	￥150.00	17.00%
8	8	4	20	￥80.00	16.00%
9	9	5	20	￥20.00	17.00%
10	10	3	10	￥120.00	15.00%
11	1	3	10	￥120.00	15.00%
12	14	3	10	￥120.00	15.00%
13	14	4	20	￥80.00	15.00%
14	1	2	10	￥100.00	20.00%
15	2	2	5	￥100.00	20.00%
16	4	2	20	￥100.00	20.00%
23	37	3	10	￥120.00	10.00%
30	43	1	5	￥150.00	10.00%
31	43	2	10	￥100.00	5.00%

图 10.5 “订单明细”表数据

订单编号	客户编号	职员编号	订购日期	采购订单编	收货方	收货人	送货地址	送货日期	送货方式编	运费
1	1	2	2022/03/25	1	青青户外俱乐部	张修文	湖北武汉	2022/03/27	4	¥100.0
2	2	3	2022/02/23	2	美域学院	王晓丽	广东深圳	2022/03/31	1	¥230.0
3	3	2	2022/02/24	3	肯德公司	龚绮丽	湖北武汉	2022/03/24	4	¥300.0
4	4	1	2022/02/28	4	爱华公司	张除	湖北武汉	2022/03/21	3	¥210.0
5	5	3	2022/02/27	5	科隆公司	李小南	海南海口	2022/03/22	2	¥160.0
6	6	5	2022/03/01	6	界能公司	张凯宁	湖北武汉	2022/03/24	3	¥180.0
7	7	3	2022/03/02	7	均其公司	胡飒	山东青岛	2022/03/16	2	¥230.0
8	8	4	2022/03/09	8	麦来亚公司	凯里	河南郑州	2022/03/18	3	¥149.0
9	9	2	2022/03/10	9	根想公司	胡晓成	湖南长沙	2022/03/18	3	¥140.0
10	10	1	2022/03/08	10	胡莱其公司	张德楠	湖北武汉	2022/03/24	4	¥200.0
14	1	2	2022/04/09	11	加仑体育学院	李晓明	湖北武汉	2022/04/11	4	¥100.0
37	12	2	2022/04/16	11	七星户外论坛	刘海	湖北武汉	2022/04/17	4	¥200.0
43	12	3	2022/04/26	15	七星户外论坛	刘海	湖北武汉	2022/04/26	4	¥200.0

图 10.6 “客户订单”表数据

(3) 设置表间关系。单击“数据库工具”选项卡“关系”组中的“关系”按钮，创建各个表之间的关联关系，如图 10.7 所示。

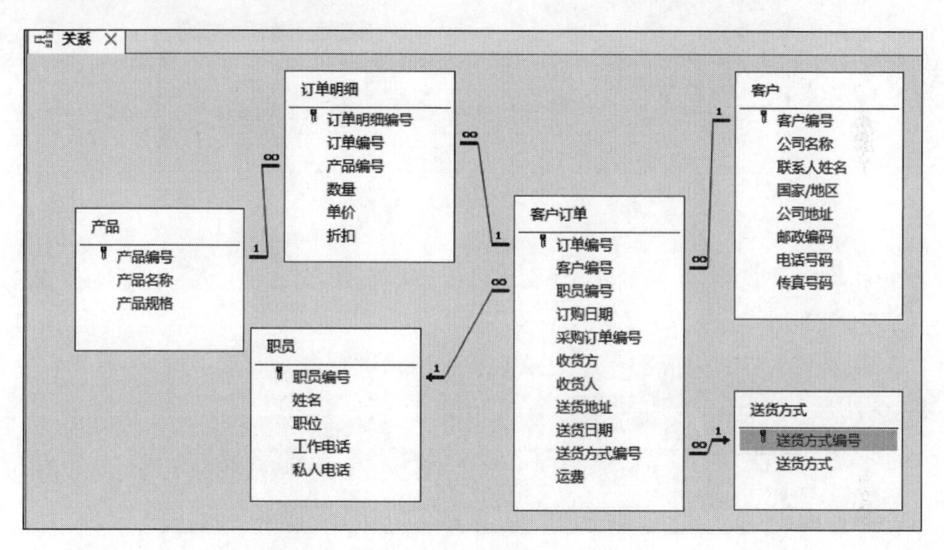

图 10.7 表间关联关系

2. 使用“窗体向导”创建窗体

使用“窗体向导”的方式创建客户订单管理系统中的基本信息窗体，包括“职员”“客户信息”“产品”“送货方式”窗体。

下面以“职员”窗体为例来介绍，其他三个窗体以同样的方式创建。“职员”窗体的效果图如图 10.8 所示。

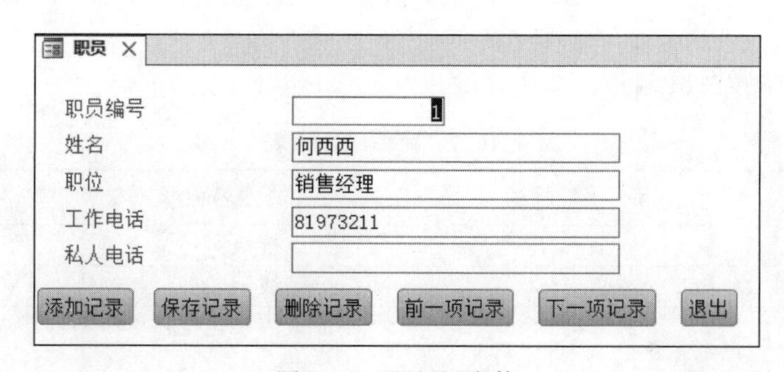

图 10.8 “职员”窗体

操作步骤如下。

(1) 使用“窗体向导”创建“职员”窗体,并为窗体设置“纵栏表”布局。

(2) 进入“职员”窗体的“设计视图”,单击设计栏中的“按钮”控件,弹出“命令按钮向导”对话框,如图10.9所示进行选择。

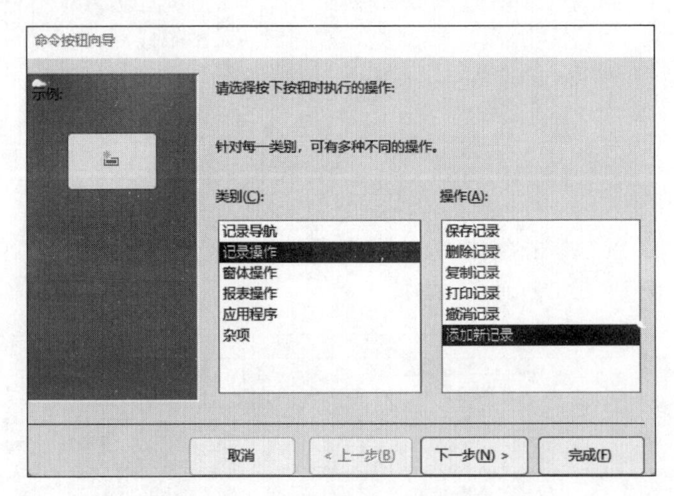

图10.9 “命令按钮向导”对话框

(3) 单击“下一步”按钮,然后选中“文本”单选按钮,在文本框中输入“添加记录”,完成“添加记录”按钮的建立。

(4) 采用类似的方式,创建“保存记录”“删除记录”“前一项记录”“下一项记录”“退出”按钮,其“设计视图”如图10.10所示。

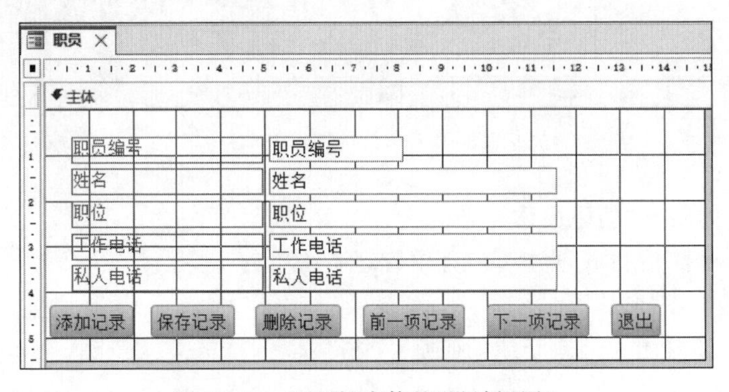

图10.10 “职员”窗体的“设计视图”

(5) 设置窗体属性值,如表10.7所示。

表10.7 窗体属性值表

属性名称	属性值	属性名称	属性值
标题	职员	导航按钮	否
默认视图	单个窗体	分隔线	否
滚动条	两者均无	最大最小化按钮	最小化按钮
记录选择器	否		

(6) 重复步骤(1)～(4)，完成“客户信息”“产品”“送货方式”三个窗体的创建，如图 10.11～图 10.13 所示。

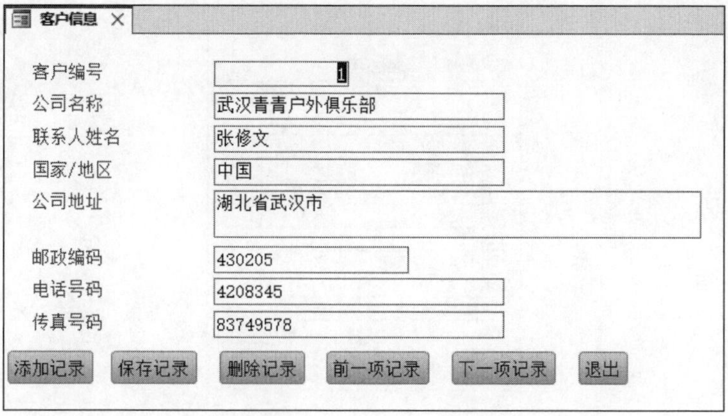

客户信息 ×

客户编号 1
公司名称 武汉青青户外俱乐部
联系人姓名 张修文
国家/地区 中国
公司地址 湖北省武汉市
邮政编码 430205
电话号码 4208345
传真号码 83749578

添加记录 保存记录 删除记录 前一项记录 下一项记录 退出

图 10.11 “客户信息”窗体

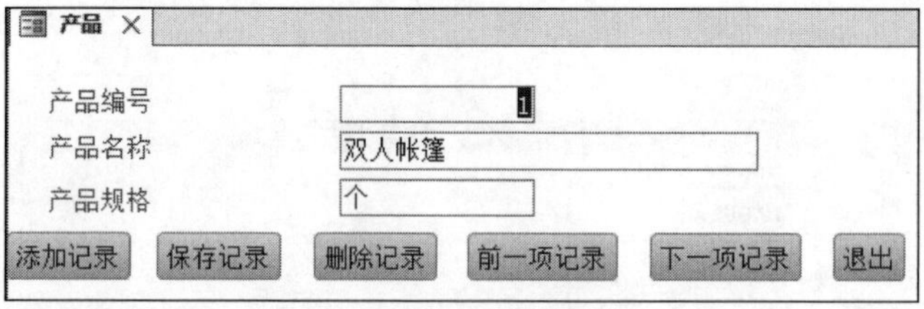

产品 ×

产品编号 1
产品名称 双人帐篷
产品规格 个

添加记录 保存记录 删除记录 前一项记录 下一项记录 退出

图 10.12 “产品”窗体

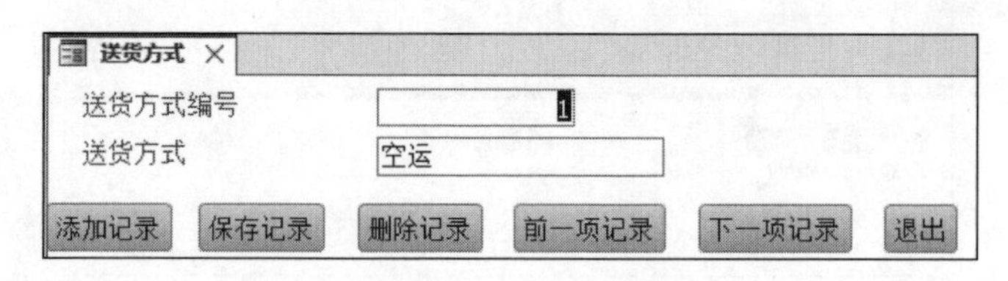

图 10.13 “送货方式”窗体

3. 创建订单明细子窗体

操作步骤如下。

(1) 单击“创建”选项卡中的“窗体设计”按钮，在窗体“设计视图”中打开窗体并适当调整窗体的大小。

(2) 双击窗体左上角的“窗体选择器”按钮，弹出“属性表”窗格，选择“格式”选项卡设置窗体格式，如图 10.14 所示。

(3) 切换到“数据”选项卡，然后将光标定位在“记录源”文本框上，接着单击文本框后的 按钮，打开“显示表”对话框后，选择“订单明细”表，并单击“添加”按钮。

(4) 打开“查询生成器”对话框后，设置如图 10.15 所示的查询条件，最后单击“关闭”按钮，保存查询。

(5) 切换到“属性表”窗格中的“事件”选项卡，单击“确认删除”后的 按钮，打开代码

图 10.14 “属性表”窗格

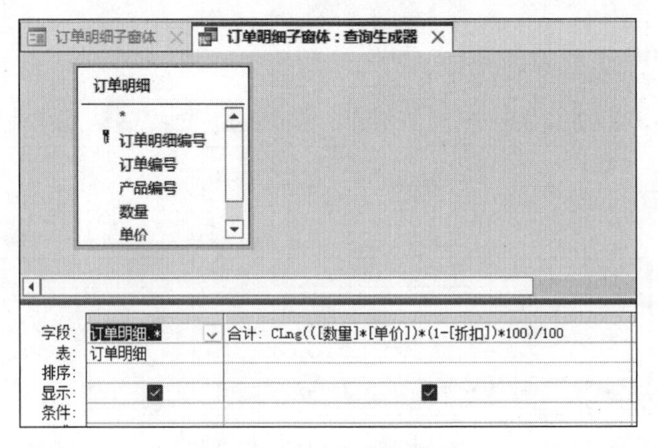

图 10.15 查询条件设置

窗口后,输入如图10.16所示的代码,最后关闭窗口即可。

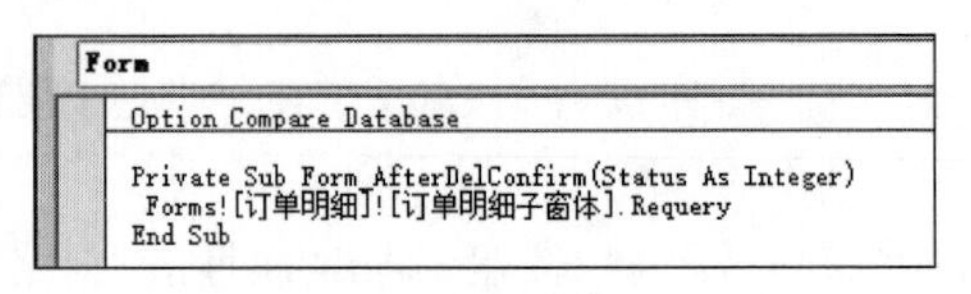

图 10.16 代码窗口

(6) 返回窗体的“设计视图”,将字段列表中的字段添加到窗体,并进行适当的排列;然后在窗体标题栏上右击,并从弹出的快捷菜单中选择“窗体页眉/页脚”命令显示窗体页眉和页脚后,隐藏页脚区域;在窗体页眉添加一个文本框控件,并设置名称和标题为“订单汇总”,如图10.17所示。

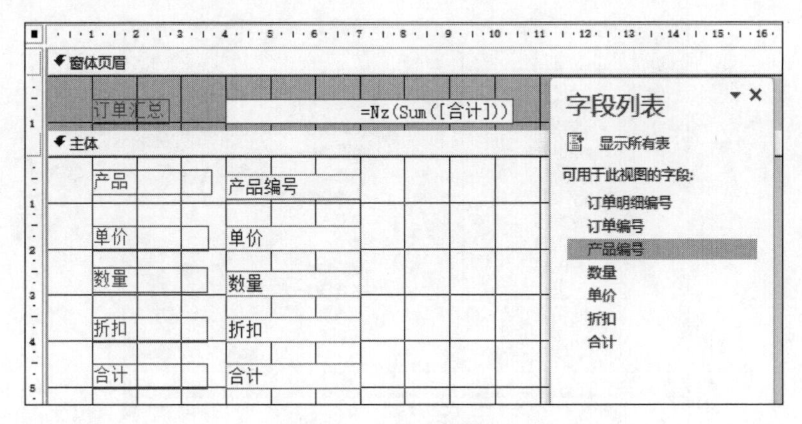

图 10.17　窗体设计窗口

(7) 双击文本框控件，打开该控件的“属性表”窗格，设置文本框的格式，设置控件来源为“=Nz(sum([合计]))”，如图 10.18 所示。

图 10.18　控件来源设置

(8) 保存窗体名称为“订单明细子窗体”，关闭该窗体。

4. 创建订单明细窗体

操作步骤如下。

(1) 单击“创建”选项卡中的“窗体设计”按钮，在窗体“设计视图”中打开窗体并适当调整窗体的大小。

(2) 双击窗体左上角的“窗体选择器”按钮，打开窗体“属性表”，选择“格式”选项卡设置窗体格式，设置标题为“订单明细”，滚动条设为“两者均无”，最大最小化按钮设为“最小化按钮”。

(3) 切换到“数据”选项卡，然后将光标定位在记录源文本框上，并单击文本框后面的 ... 按钮，在打开的“显示表”对话框中选择“客户”和“客户订单”数据表。在查询“设计视图”中，按照如图 10.19 所示的查询条件进行设置后，关闭查询“设计视图”。

(4) 切换到窗体属性窗口的“其他”选项卡，设置循环为“当前记录”，完成属性设置。

(5) 在窗体“设计视图”中单击“设计”选项卡下的“添加现有字段”命令，将“字段列表”窗格中的相关字段添加到窗体，并进行适当的排列，如图 10.20 所示。

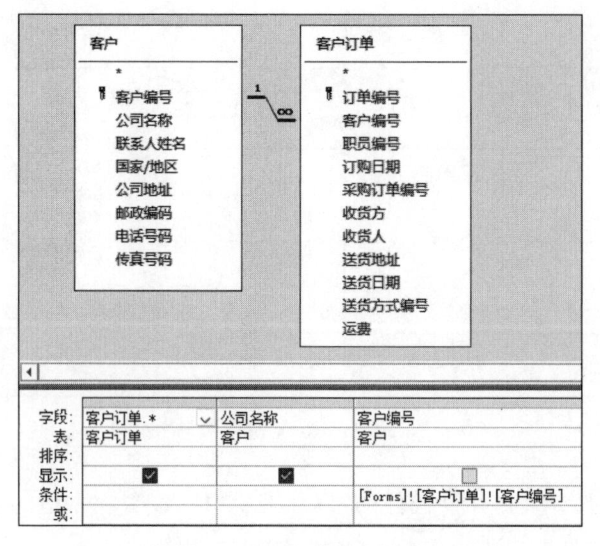

图 10.19　查询窗口设置

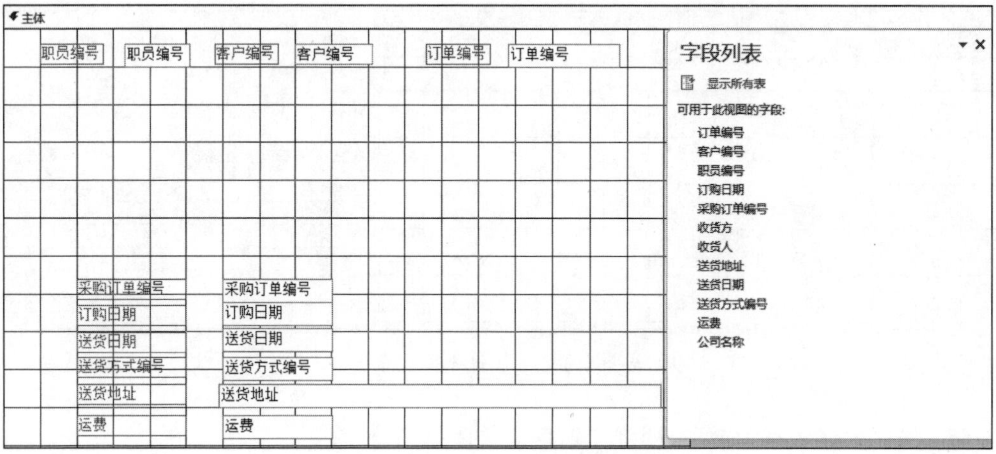

图 10.20　“订单明细”窗体“设计视图”

图 10.21　控件来源设置

(6) 在窗体上添加两个文本框,并设置名称为“订单汇总”和“订单总额”。

设置“订单汇总”文本框控件的属性,在“格式”选项卡中设置格式为“货币”,在“数据”选项卡中设置“控件来源”为表达式“=[订单明细子窗体].[Form]![订单汇总]”。

(7) 同理,设置“订单总额”文本框的属性,在“格式”选项卡中设置格式为“货币”,“控件来源”为表达式“=[订单汇总]+[运费]”,具体设置如图 10.21 所示。

(8) 在窗体的“设计视图”中单击工具箱的“子窗

体/子报表”按钮，在窗体中央添加子窗体控件。

(9) 打开“子窗体向导”对话框后，选择“订单明细子窗体”选项，然后单击“下一步”按钮。接着定义链接字段，并再次单击“下一步”按钮，如图 10.22 和图 10.23 所示。

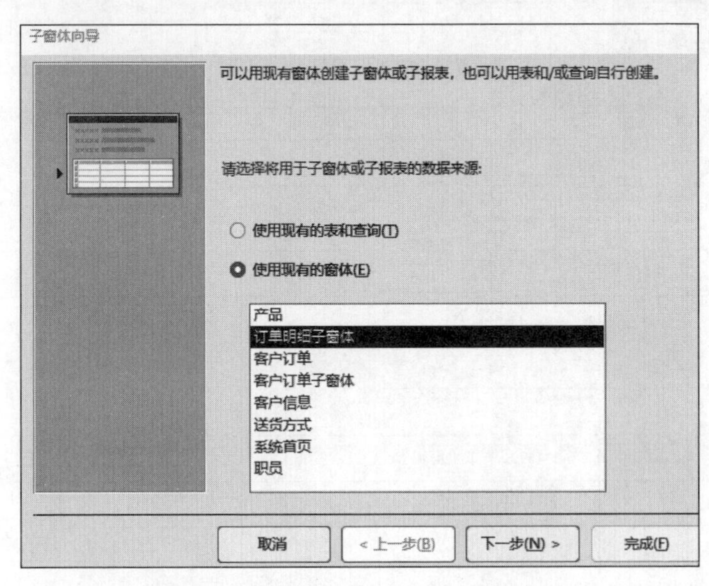

图 10.22　选择“订单明细子窗体”选项

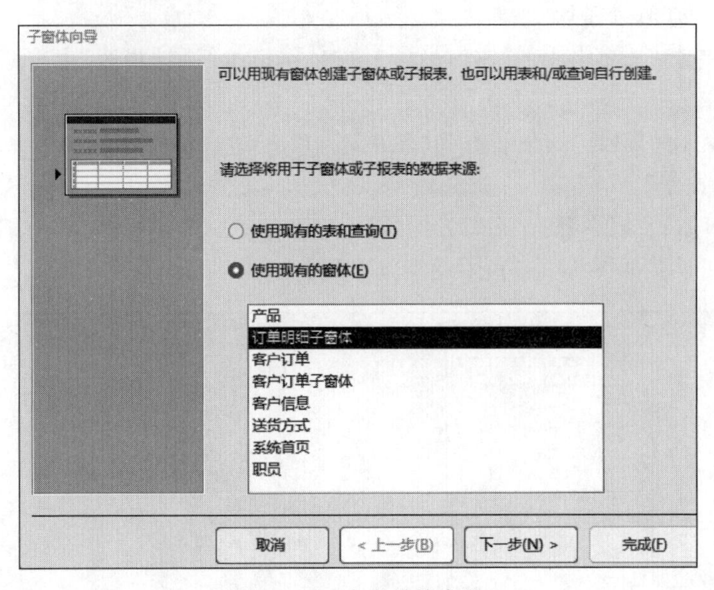

图 10.23　定义链接字段

(10) 指定子窗体的名称为“订单明细子窗体”，然后单击“完成”按钮，接着在窗体“设计视图”上调整子窗体控件的大小和位置，如图 10.24 所示。

(11) 单击“窗体设计工具”中的“按钮”控件，使用向导的方式，为该窗体增加一个“退出”按钮，可以关闭该窗体。

(12) 保存窗体名称为“订单明细”，关闭该窗体。

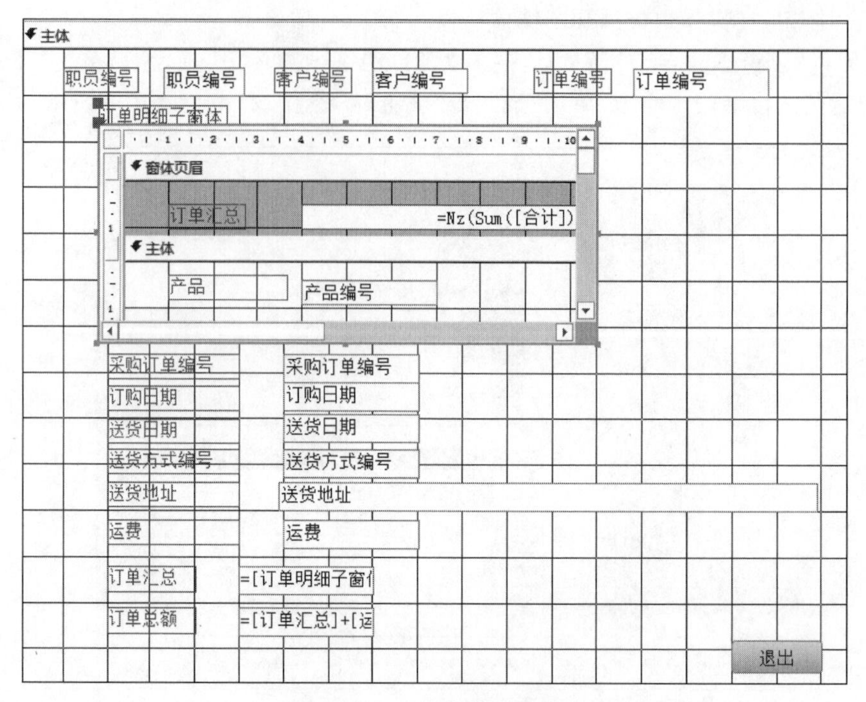

图10.24 “订单明细”窗体

5. 创建客户订单子窗体

(1) 单击“创建”选项卡中的“窗体设计”按钮,在窗体“设计视图”中打开窗体并适当调整窗体的大小。

(2) 设置窗体的属性。设置标题为“客户订单”,滚动条设为“两者均无”,最大最小化按钮设为“最小化按钮”。

(3) 设置窗体的“记录源”。在打开的“显示表”对话框中,选择“订单明细”表和“客户订单”表,在该窗口设置如图10.25所示的查询参数。

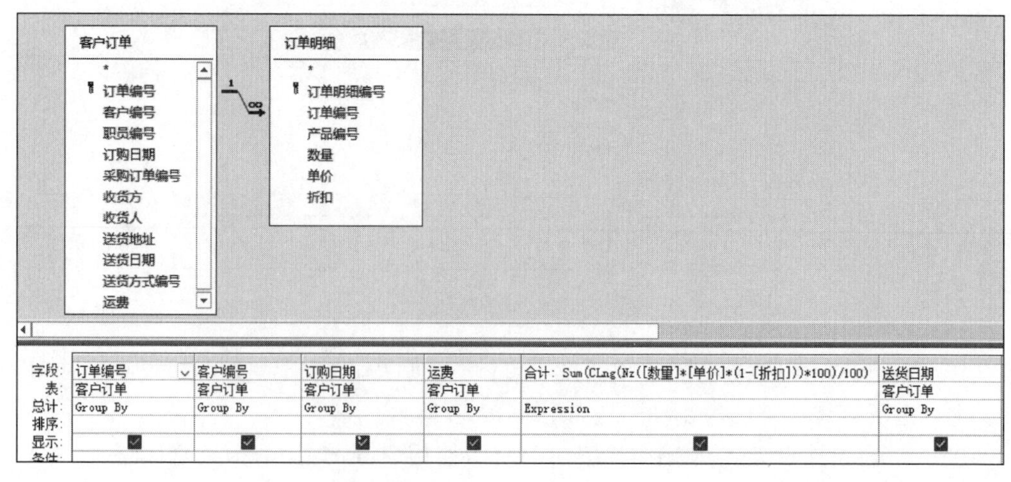

图10.25 查询设计窗口

(4) 双击“客户订单”表和“订单明细”表的关系连接线，打开“联接属性”对话框，在该对话框中选择第二种连接类型，如图 10.26 所示。

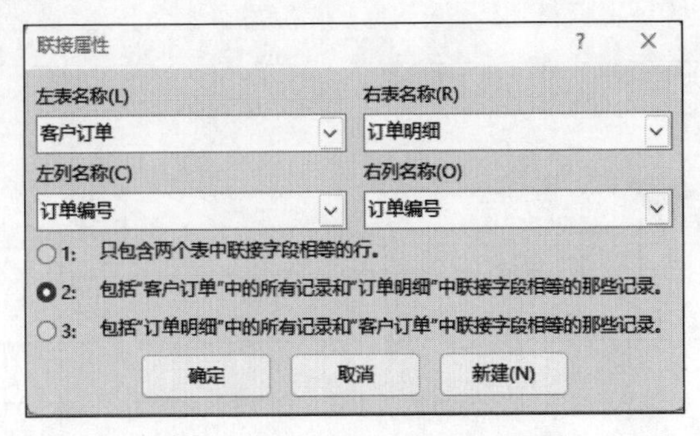

图 10.26 “联接属性”对话框

(5) 返回查询“设计视图”，保存 SQL 语句并关闭查询。

(6) 返回窗体“设计视图”后，通过“添加现有字段”为窗体添加“订单编号”“订购日期”“送货日期”字段。完成上述操作后，保存该窗体，设置名称为“客户订单子窗体”，如图 10.27 所示。

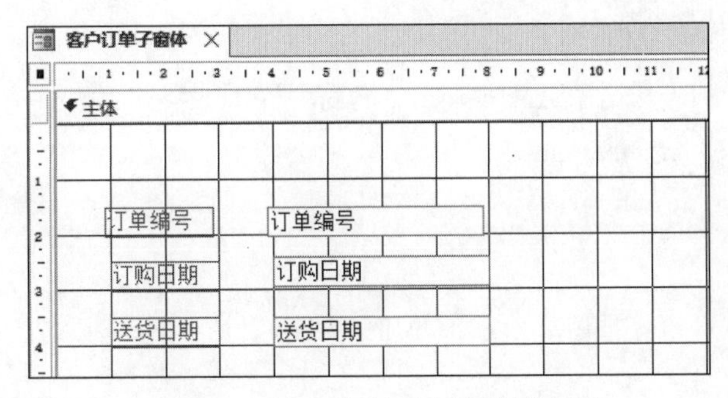

图 10.27 “客户订单子窗体”设计视图

6. 创建客户订单窗体

(1) 选择“创建”选项卡的“窗体向导”选项，选择“客户”数据表，并选定所有字段，进入下一步操作后，选择“两端对齐”布局，然后单击“下一步”按钮，指定窗体标题为“客户订单”，然后选中“修改窗体设计”单选按钮，并单击“完成”按钮，打开窗体“设计视图”后，调整窗体的大小，如图 10.28 所示。

(2) 单击工具箱的“子窗体/子报表”按钮，然后在窗体下方添加子窗体“客户订单子窗体”。

(3) 制作客户订单窗体上的按钮。添加一个命令按钮，名称为“订单明细”。右击“订单明细”按钮，在弹出的快捷菜单中选择“事件生成器”命令，打开“代码”窗口，输入如图 10.29 所示代码。

(4) 使用按钮向导功能，为该窗体添加一个“退出”按钮。

(5) 打开窗体的“属性表”窗格，设置标题为“客户订单”，滚动条设为“两者均无”，最大最小化按钮设为“最小化按钮”。保存并关闭窗体。

主体
客户编号
客户编号
公司名称
公司名称
联系人姓名
联系人姓名
国家/地区
国家/地区
公司地址
公司地址
邮政编码
邮政编码
电话号码
电话号码
传真号码
传真号码
主体
订单明细
退出

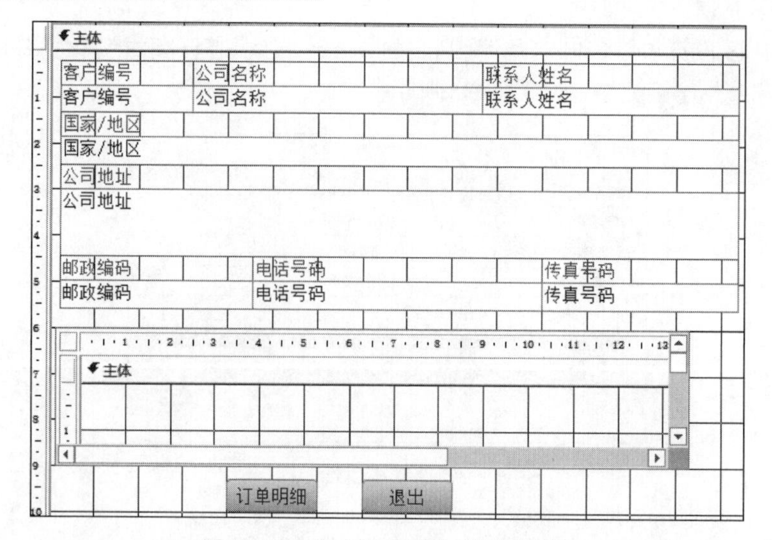

图 10.28　客户订单窗体“设计视图”

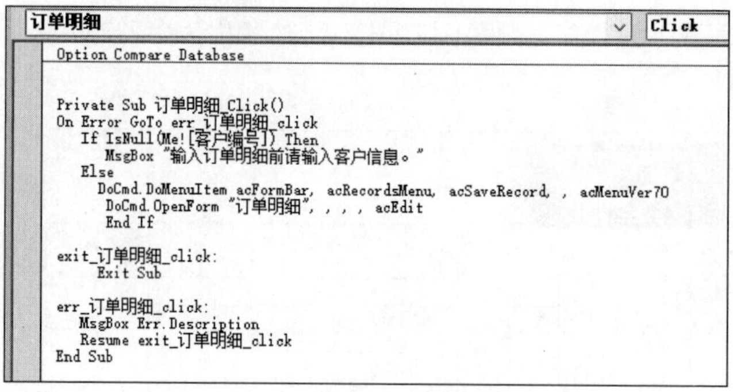

订单明细
Click
Option Compare Database
Private Sub 订单明细_Click()
On Error GoTo err_订单明细_click
If IsNull(Me![客户编号]) Then
MsgBox "输入订单明细前请输入客户信息。"
Else
DoCmd.DoMenuItem acFormBar, acRecordsMenu, acSaveRecord, , acMenuVer70
DoCmd.OpenForm "订单明细", , , , acEdit
End If
exit_订单明细_click:
Exit Sub
err_订单明细_click:
MsgBox Err.Description
Resume exit_订单明细_click
End Sub

图 10.29　订单明细按钮事件的代码

完成的“客户订单”窗体如图 10.30 所示。

客户订单
客户编号
1
公司名称
武汉青青户外俱乐部
联系人姓名
张修文
国家/地区
中国
公司地址
湖北省武汉市
邮政编码
430205
电话号码
4208345
传真号码
83749578
订单编号
订购日期
送货日期
1
2014/3/25
2014/3/27
14
2014/4/9
2014/4/11
订单明细
退出

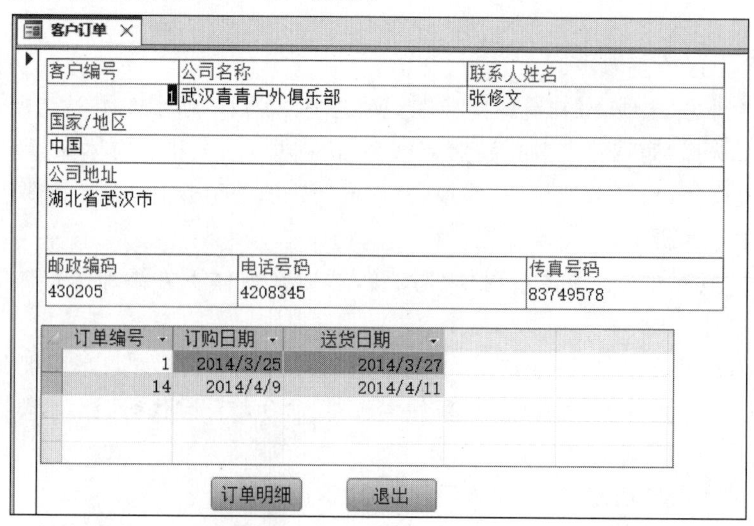

图 10.30　“客户订单”窗体

7. 制作系统首页

打开窗体的“设计视图”,调整大小,然后使用“按钮向导”的方式,添加命令按钮与相关窗体关联,如图 10.31 所示。

图 10.31　系统首页

8. 创建登录窗体

(1) 创建一张“管理员信息”表用来存放管理员姓名和密码。创建的表如图 10.32 和图 10.33 所示。

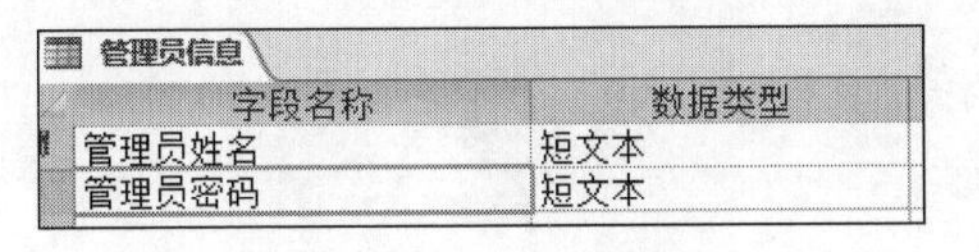

管理员信息

字段名称	数据类型
管理员姓名	短文本
管理员密码	短文本

图 10.32　“管理员信息”表 1

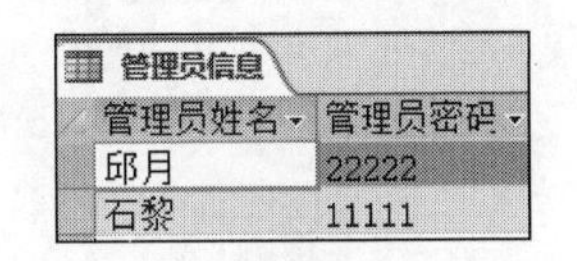

管理员信息

管理员姓名	管理员密码
邱月	22222
石黎	11111

图 10.33　“管理员信息”表 2

(2) 通过“设计视图”创建一个窗体,为窗体添加“管理员姓名”和“管理员密码”文本框,文本框的标签分别命名为“管理员名”和“管理员密码”。

(3) 添加一个命令按钮,名称为“登录”。切换到“事件”选项卡,为按钮的“单击”状态添加事件过程,并打开“代码”窗口,接着输入如下代码。

```
Private Sub 登录_Click()
If IsNull(Me.管理员姓名) Then
    MsgBox "请输入管理员姓名!", vbQuestion
    Exit Sub
If IsNull(Me.管理员密码) Then
    MsgBox "请输入管理员密码!", vbQuestion
```

```
        Exit Sub
    End If

    If adlogin = True Then
        DoCmd.Close acForm, Me.Name
        DoCmd.OpenForm "系统首页"
    Else
        MsgBox "管理员姓名或密码错误,请重新输入!", vbCritical
    End If
End Sub
```

(4) 步骤(3)中的代码中会用到 adlogin 过程。通过"代码"窗口可定义 adlogin 过程,该代码过程如下:

```
Public Function adlogin() As Boolean
    Dim str As Database
    Dim rs As Recordset
    Set str = CurrentDb
    Set rs = str.OpenRecordset("select 管理员姓名, 管理员密码 form 管理员信息 where 管理员
姓名 = '" & Me. 管理员姓名 & "' and 管理员密码 = '" & Me. 管理员密码 & "'")
    If Not rs.EOF Then
        If rs.Fields("管理员密码") = Me. 管理员密码 Then adlogin = True
    End If
End Function
```

(5) 返回窗体视图,打开"管理员密码"文本框的"属性表"窗格,在"数据"选项卡的"输入掩码"后填写"密码"二字。

(6) 通过命令按钮向导添加"退出"按钮,添加完成后的界面如图 10.34 所示。

图 10.34　登录窗口界面

(7) 保存窗体为“登录窗体”。

9. 设置系统的启动界面

(1) 打开 Access 2016 后,选择“文件”→“选项”→“当前数据库”命令,在“应用程序选项”中,按图 10.35 所示设置。

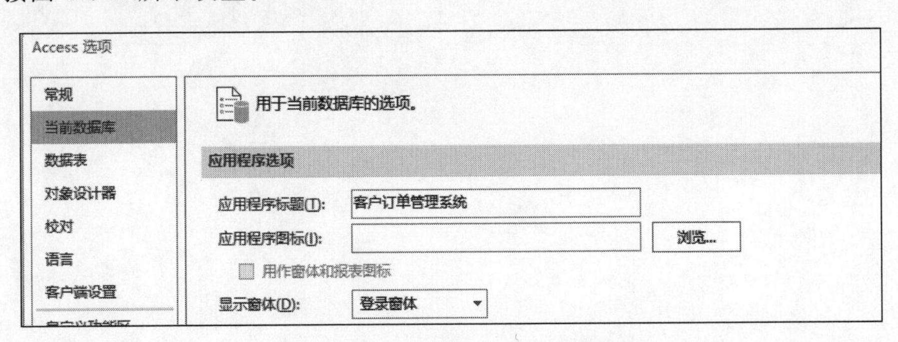

图 10.35　设置系统的启动界面

(2) 拖动滚动条将该窗口下拉到“功能区和工具栏选项”,取消选中“允许全部菜单”和“允许默认快捷菜单”复选框。取消选中“导航”中的“显示导航窗格”复选框,然后单击“确定”按钮。

(3) 保存设置。

(4) 重新打开数据库,将直接进入“登录窗体”。

注意:若在想打开数据库时需要打开数据库窗口而不是自动运行启动窗体,则只需在打开数据库的同时按住 Shift 键即可。

第二部分　习　题

习题 1 数据库基本知识

1. 数据库的定义是(　　)。

A. 一些数据的集合

B. 以一定的组织结构保存在计算机存储设备中的数据的集合

C. 辅助存储器上的一个文件

D. 磁盘上的一个数据文件

2. 使用 Access 按用户的应用需求设计的结构合理、使用方便、高效的数据库和配套的应用程序系统，属于一种(　　)。

A. 数据库　　B. 数据库管理系统

C. 数据库应用系统　　D. 数据模型

3. 数据管理技术的发展阶段不包括(　　)。

A. 操作系统管理阶段　　B. 人工管理阶段

C. 文件系统管理阶段　　D. 数据库系统管理阶段

4. 在关系数据库中，用来表示实体之间联系的是(　　)。

A. 树结构　　B. 网结构　　C. 线性表　　D. 二维表

5. 在数据管理技术的发展过程中，经历了人工管理阶段、文件系统阶段和数据库系统阶段。其中数据独立性最高的阶段是(　　)。

A. 数据库系统　　B. 文件系统　　C. 人工管理　　D. 数据项管理

6. 使用数据库管理数据的优点不包括(　　)。

A. 数据结构化　　B. 数据冗余大

C. 数据独立性高　　D. 数据完整性控制

7. 下列模式中，能够给出数据库物理存储结构与物理存取方法的是(　　)。

A. 外模式　　B. 内模式　　C. 概念模式　　D. 逻辑模式

8. 数据库的并发控制、完整性检查、安全性检查等是对数据库的(　　)。

A. 设计　　B. 应用　　C. 操纵　　D. 保护

9. DBMS(数据库管理系统)是(　　)。

A. OS 的一部分　　B. OS 支持下的系统文件

C. 一种编译程序　　D. 混合型

10. 为数据库的建立、使用和维护而配置的软件称为(　　)。

A. IMS　　B. BBS　　C. DBMS　　D. DBA

11. Access 中表和数据库的关系是(　　)。

A. 一个数据库可以包含多个表　　B. 一个表只能包含两个数据库

C. 一个表可以包含多个数据库　　　　D. 一个数据库只能包含一个表

12. 在满足实体完整性约束的条件下(　　)。

A. 一个关系中必须有多个候选关键字

B. 一个关系中只能有一个候选关键字

C. 一个关系中应该有一个或多个候选关键字

D. 一个关系中可以没有候选关键字

13. 下列实体的联系中,属于多对多联系的是(　　)。

A. 学生与课程　　　　B. 学校与校长

C. 住院的病人与病床　　　　D. 职工与工资

14. 关系数据库中的"关系"是指(　　)。

A. 各个记录中的数据彼此间有一定的关联关系

B. 数据模型符合满足一定条件的二维表格式

C. 某两个数据库文件之间有一定的关系

D. 表中的两个字段有一定的关系

15. 应用数据库的主要目的是(　　)。

A. 解决数据保密问题　　　　B. 解决数据完整性问题

C. 解决数据共享问题　　　　D. 解决数据量大的问题

16. 在数据库设计中,将 E-R 图转换成关系数据模型的过程属于(　　)。

A. 需求分析阶段　　　　B. 逻辑设计阶段

C. 概念设计阶段　　　　D. 物理设计阶段

17. 关系模型允许定义 3 类数据约束,下列不属于数据约束的是(　　)。

A. 实体完整性约束　　　　B. 参照完整性约束

C. 域完整性约束　　　　D. 用户完整性约束

18. 构成关系模型中的一组相互联系的"关系"一般是指(　　)。

A. 满足一定规范化要求的二维表　　　　B. 二维表中的一行

C. 二维表中的一列　　　　D. 二维表中的一个数字项

19. 以下描述不符合 Access 特点和功能的是(　　)。

A. Access 仅能处理 Access 格式的数据库,不能对诸如 DB2、Oracle、MySQL 等格式的数据库进行访问

B. 采用 OLE 技术能够方便地创建和编辑多媒体数据库,包括文本、声音、图像和视频等对象

C. Access 支持 ODBC 标准的 SQL 数据库的数据

D. 可以采用 VBA(Visual Basic Application)编写数据库应用程序

20. 下列叙述中错误的是(　　)。

A. 在数据库系统中,数据的物理结构必须与逻辑结构一致

B. 数据库技术的根本目标是要解决数据的共享问题

C. 数据库设计是指在已有数据库管理系统的基础上建立数据库

D. 数据库系统需要操作系统的支持

21. 在现实世界中每个人都有自己的出生地,实体"人"与实体"出生地"之间的联系是(　　)。

A. 一对一联系　　B. 一对多联系　　C. 多对多联系　　D. 无联系

22. 在关系运算中,选择运算的含义是(　　)。

A. 在基本表中,选择满足条件的元组组成一个新的关系

B. 在基本表中,选择需要的属性组成一个新的关系

C. 在基本表中,选择满足条件的元组和属性组成一个新的关系

D. 以上三种说法均是正确的

23. 数据库的三级模式结构由外模式、模式和内模式组成,它适合于(　　)类型的数据库。

Ⅰ. 关系　Ⅱ. 层次　Ⅲ. 网状

A. 只有Ⅰ　　B. Ⅰ和Ⅱ　　C. Ⅱ和Ⅲ　　D. 都适合

24. 下述关于数据库系统的叙述中正确的是(　　)。

A. 数据库系统减少了数据冗余

B. 数据库系统避免了一切冗余

C. 数据库系统中数据的一致性是指数据类型的一致

D. 数据库系统比文件系统能管理更多的数据

25. 有三个关系 R、S 和 T 如下:

R

A	B	C
a	1	2
b	2	1
c	3	1

S

A	B	C
a	1	2
b	2	1

T

A	B	C
b	2	1
a	1	2

则由关系 R 和 S 得到关系 T 的操作是(　　)。

A. 差　　B. 自然连接　　C. 交　　D. 并

26. 数据库设计包括两个方面的设计内容,它们是(　　)。

A. 概念设计和逻辑设计　　B. 模式设计和内模式设计

C. 内模式设计和物理设计　　D. 结构特性设计和行为特性设计

27. 用二维表来表示实体及实体之间联系的数据模型是(　　)。

A. 关系模型　　B. 层次模型　　C. 网状模型　　D. 实体-联系模型

28. 下列不属于数据库系统组成部分的是(　　)。

A. 数据库　　B. 数据库管理员

C. 硬件系统　　D. 文件

29. 退出 Access 数据库管理系统可以使用的组合键是(　　)。

A. Ctrl+O　　B. Alt+X　　C. Ctrl+C　　D. Alt+F+X

30. 在"学生"表中要查找年龄大于 18 岁的男学生,所进行的操作属于关系运算中的(　　)。

A. 投影　　B. 联接　　C. 选择　　D. 自然联接

31. 假设学生表已有年级、专业、学号、姓名、性别和生日 6 个属性,其中可以作为主关键字的是(　　)。

A. 姓名　　B. 学号　　C. 专业　　D. 年级

32. 在 Access 数据库系统中,不是数据库对象的是(　　)。

A. 数据库　　B. 报表　　C. 宏　　D. 窗体

33. Access 的数据库类型是(　　)。

A. 层次数据库　　B. 网状数据库

C. 关系数据库　　D. 面向对象数据库

34. 关系数据库的任何检索操作都是由 3 种基本运算组合而成的,这 3 种基本运算不包括(　　)。

A. 联接　　B. 关系　　C. 选择　　D. 投影

35. 关于数据库系统对比文件系统的优点,下列说法错误的是(　　)。

A. 提高了数据的共享性,使多个用户能够同时访问数据库中的数据

B. 消除了数据冗余现象

C. 提高了数据的一致性和完整性

D. 提供数据与应用程序的独立性

36. 要从学生表中找出姓"刘"的学生,需要进行的关系运算是(　　)。

A. 选择　　B. 投影　　C. 连接　　D. 求交

37. 在关系数据模型中,域是指(　　)。

A. 元组　　B. 属性

C. 元组的个数　　D. 属性的取值范围

38. Access 文件的扩展名是(　　)。

A. doc　　B. xls　　C. accdb　　D. ppt

39. 在数据库中,对满足条件:允许一个以上的节点无双亲和一个节点可以有多于一个自双亲的数据模型称为(　　)。

A. 层次数据模型　　B. 网状数据模型

C. 关系数据模型　　D. 面向对象数据库

40. 下面列出的数据管理技术发展的三个阶段中,哪个(些)阶段没有专门的软件对数据进行管理(　　)。

Ⅰ. 人工管理阶段　Ⅱ. 文件系统阶段　Ⅲ. 数据库阶段

A. Ⅰ　　B. Ⅱ　　C. Ⅰ、Ⅱ　　D. Ⅱ、Ⅲ

41. 下列关于数据的逻辑结构的叙述中,正确的是(　　)。

A. 数据的逻辑结构是数据间关系的描述

B. 数据的逻辑结构反映了数据在计算机中的存储方式

C. 数据的逻辑结构分为顺序结构和链式结构

D. 数据的逻辑结构分为静态结构和动态结构

42. DBMS 中,负责物理结构与逻辑结构的定义和修改的人员是(　　)。

A. 最终用户　　B. 应用程序员　　C. 专业用户　　D. 数据库管理员

43. 在分析建立数据库时,应该(　　)。

A. 将用户需求放在首位　　B. 确定数据库结构与组成

C. 确定数据库界面形式　　D. 以上都是

44. 对数据库中的数据可以进行查询、插入、删除、修改(更新),这是因为数据库管理系

统提供了(　　)。

A. 数据定义功能　　B. 数据操纵功能

C. 数据维护功能　　D. 数据控制功能

45. Access 数据库的设计一般由 5 个步骤组成,以下步骤的排序正确的是(　　)。

a. 确定数据库中的表　b. 确定表中的字段　c. 确定主键

d. 分析建立数据库的目的　e. 确定表之间的关系

A. dabec　B. dabce　C. cdabe　D. cdaeb

46. 在超市营业过程中,每个时段要安排一个班组上岗值班,每个收款口要配备两名收款员配合工作,共同使用一套收款设备为顾客服务。在超市数据库中,实体之间属于一对一关系的是(　　)。

A. "顾客"与"收款口"的关系　　B. "收款口"与"收款员"的关系

C. "班组"与"收款员"的关系　　D. "收款口"与"设备"的关系

47. 为了合理组织数据,应遵从的设计原则是(　　)。

A. 关系数据库的设计应遵从概念单一化"一事一地"的原则

B. 避免在表中出现重复字段

C. 用外键保证有关联的表之间的联系

D. 以上都是

48. 下列数据模型中,具有坚实理论基础的是(　　)。

A. 层次模型　B. 网状模型　C. 关系模型　D. 以上都是

49. 数据库的基本特点是(　　)。

A. 数据可以共享,数据冗余大,数据独立性高,统一管理和控制

B. 数据可以共享,数据冗余小,数据独立性高,统一管理和控制

C. 数据可以共享,数据冗余小,数据独立性低,统一管理和控制

D. 数据可以共享,数据冗余大,数据独立性低,统一管理和控制

50. 下列叙述中正确的是(　　)。

A. 数据处理是将信息转化为数据的过程

B. 数据库设计是指设计数据库管理系统

C. 如果一个关系的属性或属性组并非该关系的主键,但它是另一个关系的主键,则称其为本关系的关键

D. 关系中的每列称为元组,一个元组就是一个字段

51. 采用有向图数据结构表达实体类型及实体间联系的数据模型是(　　)。

A. 层次模型　　B. 网状模型

C. 关系模型　　D. 实体-联系模型

52. 将 E-R 图转换到关系模式时,实体与联系都可以表示成(　　)。

A. 属性　B. 关系　C. 键　D. 域

53. 下列关系模型中术语解析不正确的是(　　)。

A. 记录,满足一定规范化要求的二维表,也称关系

B. 字段,二维表中的一列

C. 数据项,也称分量,是每条记录中的一个字段的值

D. 字段的值域,字段的取值范围,也称为属性域

54. 下列关于 Access 数据库特点的叙述中,错误的是(　　)。

A. 可以支持 Internet/Intranet 应用

B. 可以作为网状数据库支持客户机/服务器应用系统

C. 可以通过编写应用程序来操作数据库中的数据

D. 可以保存多种类型的数据,包括多媒体数据

55. 学校规定学生的住宿标准是:本科生 4 人一间,硕士生 2 人一间,博士生 1 人一间,学生与宿舍之间形成了住宿关系,这种住宿关系是(　　)。

A. 一对多联系　　B. 一对四联系　　C. 一对一联系　　D. 多对多联系

56. 数据库系统的核心是(　　)。

A. 数据模型　　B. 数据库管理系统　　C. 软件工具　　D. 数据库

57. 数据独立性是数据库技术的重要特点之一,数据独立性是指(　　)。

A. 数据与程序独立存放

B. 不同的数据被存放在不同的文件中

C. 不同的数据只能被对应的应用程序使用

D. 以上三种说法都不对

58. 用树形结构表示实体之间联系的模型是(　　)。

A. 关系模型　　B. 网状模型　　C. 层次模型　　D. 以上三个都是

59. 一位教师可讲授多门课程,一门课程可由多位教师讲授,则实体教师和课程间的联系是(　　)。

A. 1∶1 联系　　B. 1∶m 联系　　C. m∶n 联系　　D. m∶1 联系

60. 在 Access 数据库中,表就是(　　)。

A. 关系　　B. 记录　　C. 索引　　D. 数据库

61. Access 数据库的结构层次是(　　)。

A. 数据库管理系统→应用程序→表　　B. 数据库→数据表→记录→字段

C. 数据表→记录→数据项→数据　　D. 数据表→记录→字段

62. E-R 模型可以转换成关系模型。当两个实体间联系是 M∶N 联系时,它通常可转换成关系模式的个数是(　　)。

A. 2　　B. 3　　C. $M+N$　　D. MN

63. 下列叙述中正确的是(　　)。

A. 用 E-R 图能够表示实体集之间一对一的联系、一对多的联系、多对多的联系

B. 用 E-R 图只能表示实体集之间一对一的联系

C. 用 E-R 图只能表示实体集之间一对多的联系

D. 用 E-R 图表示的概念数据模型只能转换为关系数据模型

64. 层次型、网状型和关系型数据库的划分原则是(　　)。

A. 依据记录的长度　　B. 依据数据之间的联系方式

C. 依据联系的复杂程度　　D. 依据文件的大小

65. 以下内容属于存储在计算机内有结构的数据集合的是(　　)。

A. 数据库系统　　B. 数据库　　C. 数据库管理系统　　D. 数据结构

66. 利用 E-R 模型进行数据库的概念设计，可以分成 3 步：首先设计局部 E-R 模型，然后把各个局部 E-R 模型综合成一个全局的模型，最后对全局 E-R 模型进行(　　)。

A. 简化　　B. 结构化　　C. 最小化　　D. 优化

67. Access 是一种(　　)。

A. 数据库管理系统软件　　B. 操作系统软件

C. 文字处理软件　　D. CAD 软件

68. 数据管理技术的发展是与计算机技术及其应用的发展联系在一起的，经历了由低级到高级的发展过程。分布式数据库、面向对象数据库等新型数据库属于(　　)。

A. 人工管理阶段　　B. 文件系统阶段

C. 数据库系统阶段　　D. 高级数据库技术阶段

69. 数据库(DB)、数据库系统(DBS)、数据库管理系统(DBMS)，这三者之间的关系是(　　)。

A. DBS 包括 DB 和 IDBMS　　B. DBMS 包括 DB 和 DBS

C. DB 包括 DBS 和 DBMS　　D. DBS 就是 DB，也就是 DBMS

70. 三个关系 R、S 和 T 如下：

R

A	B	C
a	1	2
b	2	1
c	3	1

S

A	D
c	4

T

A	B	C	D
c	3	1	4

则由关系 R 和 S 得到关系 T 的操作是(　　)。

A. 并　　B. 交　　C. 投影　　D. 自然连接

71. 一个关系数据库文件中的各条记录(　　)。

A. 前后顺序不能任意颠倒，一定要按照输入的顺序排列

B. 前后顺序可以任意颠倒，不影响库中数据的数据关系

C. 前后顺序可以任意颠倒，但排列顺序不同，统计处理的结果就可能不同

D. 前后顺序不能任意颠倒，一定要按照关键字段值的顺序排列

72. 关系表中的每列称为一个(　　)。

A. 元组　　B. 字段　　C. 记录　　D. 码

73. 在数据库设计的 4 个阶段中，为关系模式选择存取方法(建立存取路径)的阶段是(　　)。

A. 需求分析　　B. 概念设计　　C. 逻辑设计　　D. 物理设计

74. 数据库的物理设计是为一个给定的逻辑结构选取一个适合应用环境的(　　)的过程，包括确定数据库在物理设备上的存储结构和存取方法。

A. 逻辑结构　　B. 物理结构　　C. 概念结构　　D. 层次结构

75. 数据处理的中心问题是(　　)。

A. 数据检索　　B. 数据管理　　C. 数据分类　　D. 数据维护

76. 下列叙述中正确的是(　　)。

A. 数据库系统是一个独立的系统，不需要操作系统的支持

B. 数据库设计是指设计数据库管理系统

C. 数据库技术的根本目标是要解决数据共享的问题

D. 数据库系统中,数据的物理结构必须与逻辑结构一致

77. 下列模式中,能够给出数据库物理存储结构与物理存取方法的是(　　)。

A. 内模式　　B. 外模式　　C. 概念模式　　D. 逻辑模式

78. 将两个关系拼接成一个新的关系,生成的新关系中包含满足条件的元组,这种操作称为(　　)。

A. 选择　　B. 投影　　C. 连接　　D. 并

79. 如果表 A 中的一条记录与表 B 中的多条记录相匹配,且表 B 中的一条记录与表 A 中的多条记录相匹配,则表 A 与表 B 存在的关系是(　　)。

A. 一对一　　B. 一对多　　C. 多对一　　D. 多对多

80. 数据模型反映的是(　　)。

A. 事务本身的数据和相关事务之间的联系

B. 事务本身所包含的数据

C. 记录中所包含的全部数据

D. 记录本身的数据和相关关系

81. 关系数据库管理系统能实现的专门关系运算包括(　　)。

A. 排序、索引、统计　　B. 选择、投影、连接

C. 关联、更新、排序　　D. 显示、打印、制表

82. 单个用户使用的数据视图的描述称为(　　)。

A. 外模式　　B. 概念模式　　C. 内模式　　D. 逻辑模式

83. 在数据库中能够唯一地标识一个元组的属性或属性的组合称为(　　)。

A. 记录　　B. 字段　　C. 域　　D. 关键字

84. 在 Access 中要显示“教师”表中姓名和职称的信息,应采用的关系运算是(　　)。

A. 选择　　B. 关联　　C. 连接　　D. 投影

85. 分布式数据库系统不具有的特点是(　　)。

A. 分布式　　B. 数据冗余

C. 数据分布性和逻辑整体性　　D. 位置透明性和复制透明性

86. 下列选项中,关于数据库对象的概述,不正确的一项是(　　)。

A. 表是数据库的资源中心,是输入数据库信息的框架

B. 查询主要用来搜索数据库中的信息

C. 报表是用来存储数据库系统中数据的对象

D. 窗体是数据库与用户交互的界面

87. 从关系模式中,指定若干属性组成新的关系称为(　　)。

A. 选择　　B. 投影　　C. 连接　　D. 自然连接

88. 数据库中数据的正确性、有效性和相容性称为(　　)。

A. 恢复　　B. 并发控制　　C. 完整性　　D. 安全性

89. 数据库管理系统位于(　　)。

A. 硬盘与操作系统之间　　B. 用户与操作系统之间

C. 用户与硬件之间　　D. 操作系统与应用程序之间

90. 索引属于(　　)。

A. 模式　　B. 内模式　　C. 外模式　　D. 概念模式

91. 数据处理的最小单位是(　　)。

A. 数据　　B. 数据元素　　C. 数据项　　D. 数据结构

参考答案

1～5 BBADA	6～10 CBDBC	11～15 ADABC	16～20 BDAAA
21～25 BADAA	26～30 AADDC	31～35 BACBB	36～40 ADCBA
41～45 ADABB	46～50 DDCBC	51～55 BBABA	56～60 BDCCA
61～65 BBABB	66～70 DACAD	71～75 BBDBB	76～80 CACDA
81～85 BADDB	86～90 CBCBB	91 C	

习题 2　数据库与数据表的基本操作

1. 在 Access 数据库中，表是由(　　)组成。

A. 记录和窗体　　B. 查询和字段

C. 字段和记录　　D. 报表和字段

2. 一般情况下，使用(　　)建立表的结构，要详细说明每个字段的字段名和所使用的数据类型。

A. 数据表视图　　B. 设计视图

C. 表向导视图　　D. 数据库视图

3. 使用表设计视图定义表中字段时，不是必须设置的内容是(　　)。

A. 字段名称　　B. 数据类型　　C. 说明　　D. 字段属性

4. 在对表中某一字段建立索引时，若其值有重复，可选择(　　)索引。

A. 主　　B. 有(无重复)　　C. 无　　D. 有(有重复)

5. 在 Access 中，字段的命名规则是(　　)。

A. 字段名长度为 1～64 个字符

B. 字段名可以包含字母、汉字、数字、空格和其他字符

C. 字段名不能包含句号(.)、惊叹号(!)、方括号([])和重音符号(')之一

D. 以上命名规则都是

6. 若某表中“姓名”列被冻结，则该列总是显示在窗口的(　　)。

A. 最左边　　B. 最右边　　C. 最上边　　D. 最下边

7. 若要在一对多的关联关系中，“一方”原始记录更改后，“多方”自动更改，应启用(　　)。

A. 有效性规则　　B. 级联删除相关记录

C. 验证规则　　D. 级联更新相关记录

8. 不属于编辑表中内容的主要操作是(　　)。

A. 定位记录　　B. 选择记录

C. 复制字段中的数据　　D. 添加字段

9. 如果一张数据表中含有照片，那么“照片”这一字段的数据类型通常为(　　)。

A. 短文本　　B. 超级链接　　C. OLE 对象　　D. 长文本

10. 以下关于主键的说法，错误的是(　　)。

A. 使用自动编号是创建主键最简单的方法

B. 作为主键的字段中允许出现 Null 值

C. 作为主键的字段中不允许出现重复值

D. 不能确定任何单字段值的唯一性时，可以将两个或更多的字段组合成主键

11. 以下关于自动编号数据类型的叙述中错误的是(　　)。

A. 每次向表中添加新纪录时,Access 会自动插入唯一顺序号

B. Access 会对表中自动编号型字段重新编号

C. 自动编号数据类型一旦被指定,就会永久地与记录连接

D. 自动编写数据类型占 4 字节的空间

12. 能够使用"输入掩码向导"创建输入掩码的字段类型是(　　)。

A. 数字和日期/时间　　B. 短文本和货币

C. 短文本和日期/时间　　D. 数字和短文本

13. 以下字符串符合 Access 字段命名规则的是(　　)。

A. !address!　　B. %address%　　C. [address]　　D. 'address'

14. 某数据库的表中要添加一个 Word 文档,则应采用的数据类型是(　　)。

A. OLE 对象　　B. 超链接　　C. 查阅向导　　D. 自动编号

15. 某字段中已经有数据,现要改变该字段大小的属性,将该字段大小的属性重新设置为整型,则以下所示数据会发生变化的是(　　)。

A. 123　　B. 2.5　　C. －12　　D. 1563

16. 邮政编码是由 6 位数字组成的字符串,为邮政编码设置输入掩码,正确的是(　　)。

A. 000000　　B. 999999　　C. CCCCCC　　D. LLLLLL

17. 如果字段内容为声音文件,则该字段的数据类型应定义为(　　)。

A. 长文本　　B. 短文本　　C. 超链接　　D. OLE 对象

18. 要求主表中没有相关记录时就不能将记录添加到相关表中,则应该在表关系中设置(　　)。

A. 实施参照完整性　　B. 验证规则

C. 输入掩码　　D. 级联更新相关字段

19. 要在查找表达式中使用通配符通配一个数字字符,应选用的通配是(　　)。

A. *　　B. ?　　C. !　　D. #

20. 下列 Access 表的数据类型的集合,错误的是(　　)。

A. 短文本、长文本、数字　　B. 长文本、OLE 对象、超链接

C. 通用、长文本、数字　　D. 日期/时间、货币、自动编号

21. 在数据表的设计视图中,数据类型不包括(　　)类型。

A. 短文本　　B. 逻辑　　C. 数字　　D. 长文本

22. 可以插入图片的字段类型是(　　)。

A. 短文本　　B. 长文本　　C. OLE 对象　　D. 超链接

23. 使用表设计视图来定义表的字段时,以下(　　)可以不设置内容。

A. 字段名称　　B. 说明　　C. 数据类型　　D. 字段属性

24. Access 数据库的各对象中,实际存放数据的是(　　)。

A. 表　　B. 查询　　C. 窗体　　D. 报表

25. 下列关于索引的说法,错误的一项是(　　)。

A. 索引越多越好

B. 一个索引可以由一个或多个字段组成

C. 可提高查询效率

D. 主索引值不能为空,不能重复

26. 下列有关记录处理的说法,错误的是(　　)。

A. 添加、修改记录时,光标离开当前记录后,即会自动保存

B. 自动编号不允许输入数据

C. Access 的记录删除后,可以恢复

D. 新记录必定在数据表的最下方

27. 在 Access 中文版中,排序记录时所依据的规则是中文排序,其具体方法错误的是(　　)。

A. 中文按拼音字母的顺序排序

B. 数字由小至大排序

C. 英文按字母顺序排序,小写在前,大写在后

D. 以升序来排序时,任何含有空字段的记录将列在列表中的第一条

28. 输入掩码字符 C 的含义是(　　)。

A. 必须输入字母或数字

B. 可以选择输入字母或数字

C. 可以选择输入任意的字符或一个空格

D. 必须输入一个任意的字符或一个空格

29. 不能进行索引的字段类型是(　　)。

A. 日期　　B. 数字　　C. 短文本　　D. 长文本

30. 下列可以建立索引的数据类型是(　　)。

A. 短文本　　B. 超链接　　C. 长文本　　D. OLE 对象

31. 在 Access 中,参照完整性规则不包括(　　)。

A. 查询规则　　B. 更新规则　　C. 删除规则　　D. 插入规则

32. 某文本型字段的值只能是字母且不允许超过 6 个,则可将该字段的输入掩码属性定义为

A. AAAAAA　　B. LLLLLL　　C. CCCCCC　　D. 999999

33. 验证规则主要用于(　　)。

A. 限定数据的类型　　B. 限定数据的格式

C. 设置数据是否有效　　D. 限定数据的取值范围

34. 在"查找和替换"对话框中输入"Wh *"可以找到(　　)。

A. Whole　　B. Wash　　C. Way　　D. With

35. 超级链接数据类型字段存放的是超级链接地址,该地址是通往(　　)的路径。

A. 对象　　B. 文档　　C. Web 页　　D. A、B 和 C

36. 下列关于字段属性的叙述中,正确的是(　　)。

A. 可对任意类型的字段设置"默认值"属性

B. 定义字段默认值的含义是该字段值不允许为空

C. "验证规则"属性只允许定义一个条件表达式

D. 只有"文本"型数据能够使用"输入掩码向导"

37. 以下字符串不符合 Access 字段命名规则的是(　　)。

A. school　　B. 生日快乐　　C. hello. c　　D. //注释

38. 必须输入数字 0～9 的输入掩码是(　　)。

A. ＞　　B. ＜　　C. 0　　D. A

39. 某数据库的表中要添加一张 Excel 电子表格,则应采用的字段类型是(　　)。

A. OLE 对象　　B. 超链接　　C. 查阅向导　　D. 自动编号

40. 建立关系后的数据表视图中的每行数据前面会显示"＋",表示这些数据之间的关系是(　　)。

A. 一对多　　B. 多对一　　C. 一对一　　D. 多对多

41. 有关字段属性,以下叙述中错误的是(　　)。

A. 字段大小可用于设置短文本、数字或自动编号等类型的字段的最大容量

B. 可对任意类型的字段设置默认值属性

C. 验证规则属性是用于限制此字段输入值的表达式

D. 不同的字段类型,其字段属性有所不同

42. 在不能保证任何单字段包含唯一值时,可以将两个或更多的字段指定为主键,这种情况下适合使用的主键方式为(　　)。

A. 自动编号主键　　B. 单字段主键

C. 多字段主键　　D. 三种方法都一样

43. 在 Access 的数据表中删除一条记录,被删除的记录(　　)。

A. 可以恢复到原来的设置　　B. 被恢复为第一条记录

C. 被恢复为最后一条记录　　D. 不能恢复

44. 在添加某个字段时,数据源和引用字段都需用方括号括起来,中间用(　　)作分隔符。

A. "："　　B. "；"　　C. "|"　　D. "!"

45. 不是表中字段类型的是(　　)。

A. 短文本　　B. 日期　　C. 长文本　　D. 索引

46. 下列数据类型能进行排序的是(　　)。

A. 长文本　　B. OLE 对象　　C. 自动编号　　D. 超链接

47. 在 Access 中对表进行"筛选"操作的结果是(　　)。

A. 从数据中挑选出满足条件的记录并生成一个新表

B. 从数据中挑选出满足条件的记录

C. 从数据中挑选出满足条件的记录并输出到一个报表中

D. 从数据中挑选出满足条件的记录并显示在一个窗体中

48. 假设一个 Movies 表的主键是"电影名"字段,数据类型为文本,那么下列该主键字段值中不合理的是(　　)。

A. Braveheart,Hollywood,Titanic,Childhood

B. Braveheart,Hollywood,Titanic,MyUniversity

C. Braveheart,Hero,MyUniversity,Hero

D. Braveheart,Titanic,Hero,Skylover

49. 在表中输入数据时,每输完一个字段值,可按(　　)转至下一个字段。

A. Tab 键　　B. Enter 键　　C. 右箭头键　　D. 以上都是

50. 将所有字符转换为大写的输入掩码是(　　)。

A. ＞　　B. ＜　　C. 0　　D. A

51. 下列关于货币数据类型的叙述中,错误的是(　　)。

A. 货币型字段在数据表中占 8 字节的存储空间

B. 货币型字段可以与数字型数据混合计算,结果为货币型

C. 向货币型字段输入数据时,不必输入人民币符号和千位分隔符

D. 向货币型字段输入数据时,系统自动将其设置为 4 位小数

52. 若将文本型字段的输入掩码设置为"＃＃＃＃-＃＃＃＃＃＃",则正确的输入数据是(　　)。

A. 077-12345　　B. 0755-abcdef

C. a cd-123456　　D. ＃＃＃＃-＃＃＃＃＃＃

53. 在数据表视图中,不能进行的操作是(　　)。

A. 删除一条记录　　B. 修改字段的类型

C. 删除一个字段　　D. 修改字段的名称

54. 某数据库的表中要添加 Internet 站点的网址,则应采用的字段类型是(　　)。

A. OLE 对象数据类型　　B. 超链接数据类型

C. 查阅向导数据类型　　D. 自动编号数据类型

55. Access 默认的数据库文件夹是(　　)。

A. Access　　B. Documents　　C. Temp　　D. Downloads

56. 表示必须输入字母(A～Z)的输入掩码是(　　)。

A. ?　　B. &　　C. L　　D. C

57. 在 Access 表中,可以定义 3 种主键,它们是(　　)。

A. 单字段、双字段和多字段　　B. 单字段、双字段和自动编号

C. 单字段、多字段和自动编号　　D. 双字段、多字段和自动编号

58. Access 数据库表中的字段可以定义验证规则,验证规则是(　　)。

A. 控制符　　B. 文本

C. 条件　　D. 前三种说法都不对

59. Access 中可以设置字段大小的属性的数据类型是(　　)。

A. 短文本　　B. 是/否　　C. 长文本　　D. 日期/时间

60. 假设数据中表 A 与表 B 建立了"一对多"关系,表 B 为"多"的一方,则下述说法中正确的是(　　)。

A. 表 A 中的一条记录能与表 B 中的多条记录匹配

B. 表 B 中的一条记录能与表 A 中的多条记录匹配

C. 表 A 中的一个字段能与表 B 中的多个字段匹配

D. 表 B 中的一个字段能与表 A 中的多个字段匹配

61. 在 Access 数据类型中,允许存储内容含字符数最多的是(　　)。

A. 短文本数据类型　　B. 长文本数据类型

C. 数字数据类型　　　　　　　　　　D. 货币数据类型

62. 不能用整数表示的字段类型是(　　)。

A. 日期/时间　　B. 字节　　C. 整数　　D. 是/否

63. 是/否数据类型常被称为(　　)。

A. 真/假型　　B. 布尔型　　C. 对/错型　　D. O/I 型

64. 下列对数据输入无法起到约束作用的是(　　)。

A. 输入掩码　　B. 验证规则　　C. 字段名称　　D. 数据类型

65. Access 中,设置为主键的字段(　　)。

A. 不能设置索引　　　　　　　　B. 可设置为"有(有重复)"索引

C. 系统自动设置索引　　　　　　D. 可设置为"无"索引

66. 下列关于空值的叙述中,正确的是(　　)。

A. 空值是双引号中间没有空格的值

B. 空值是等于数值

C. 空值是使用 NULL 或空白来表示字段的值

D. 空值是用空格表示的值

67. 在已经建立的数据表中,若在显示表中内容时使某些字段不能移动显示位置,可以使用的方法是(　　)。

A. 排序　　B. 筛选　　C. 隐藏　　D. 冻结

68. 输入掩码字符"&"的含义是(　　)。

A. 必须输入字母或数字

B. 可以选择输入字母或数字

C. 可以选择输入任意的字符或一个空格

D. 必须输入一个任意的字符或一个空格

69. Access 数据库中(　　)数据库对象是其他数据库对象的基础。

A. 报表　　B. 查询　　C. 表　　D. 模块

70. 在 Access 中,如果不想显示数据表中的某些字段,可以使用的命令是(　　)。

A. 隐藏　　B. 删除　　C. 冻结　　D. 筛选

71. 修改表结构不能在(　　)。

A. 数据表视图　　　　　　　　B. 设计视图

C. 表向导视图　　　　　　　　D. 数据表视图和设计视图

72. 在下列关于输入掩码的叙述中,错误的是(　　)。

A. 在定义字段的输入掩码时,既可以使用输入掩码向导,也可以直接使用字符

B. 定义字段的输入掩码是为了设置密码

C. 输入掩码中的字符 0 表示可以选择输入 0～9 中的一个数

D. 直接使用字符定义输入掩码时,可以根据需要将字符组合起来

73. 特殊运算符 Is Null 用于指定一个字段为(　　)。

A. 空字符串　　B. 空值　　C. 缺省值　　D. 特殊值

74. 在 Employee 表中,"姓名"字段的字段大小为 10,在此列输入数据时,最多可输入的汉字数和英文字符数分别是(　　)。

A. 5 和 5　　B. 5 和 10　　C. 10 和 10　　D. 10 和 20

75. 对数据表进行筛选操作的结果是(　　)。

A. 只显示满足条件的记录,将不满足条件的记录从表中删除

B. 显示满足条件的记录,并将这些记录保存在一个新表中

C. 将满足条件的记录和不满足条件的记录分为两个表进行显示

D. 只显示满足条件的记录,不满足条件的记录被隐藏

76. 关于下列编辑记录的操作的说法,正确的是(　　)。

A. 可以同时选定不相邻的多条记录

B. 可以在表中的任意位置插入新记录

C. 删除有自动编号的表时,若再添加新记录时,自动编号将自动使用删除的编号

D. 修改记录时,自动编号型字段不能修改

77. 数据类型中,一个表中只能有一个的字段类型是(　　)。

A. 短文本　　B. 长文本　　C. 是/否　　D. 自动编号

78. Access 的表中,下列不可以定义为主键的是(　　)。

A. 自动编号　　B. 单字段　　C. 多字段　　D. OLE 对象

79. 选择一个字段的部分数据的操作方法是(　　)。

A. 光标移动到字段开始处,按住 Shift 键,再按方向键到结尾处

B. 光标移到字段中,按 F2 键

C. 光标移到字段开始处,按 F8 键

D. 选择第一个字段,按住 Shift 键,再按方向键到结尾处

80. 下列有关基本表的说法中,正确的是(　　)。

A. 在数据库中,一个表打开后,另一个表将自动关闭

B. 基本表中的字段名可以在设计视图或数据表视图中更改

C. 在表的设计视图中可以通过删除列来删除一个字段

D. 在表的数据表视图中可以对字段属性进行设置

81. 一个书店的老板想将 Book 表的书名设为主键,但书有重名的情况,且相同书名的作者都不相同。考虑到店主的需求,可定义适当的主键为(　　)。

A. 自动编号主键

B. 将书名和作者组合的多字段主键

C. 不定义主键

D. 再增加一个内容无重复的字段定义为单字段主键

82. Access 在同一时间可以打开的数据库的个数为(　　)。

A. 1　　B. 2　　C. 3　　D. 4

83. Access 表的数据类型中没有(　　)。

A. 短文本　　B. 数字　　C. 货币　　D. 窗口

84. Access 字段名不能包含的字符是(　　)。

A. “@”　　B. “!”　　C. “%”　　D. “&”

85. 字节型数据的取值范围是(　　)。

A. −128～127　　B. 0～255　　C. −256～255　　D. 0～32767

86. 在 Access 中,“文本”数据类型的字段最大可以输入(　　)字节。

A. 64　　B. 255　　C. 128　　D. 256

87. 下面关于主关键字段的叙述,错误的是(　　)。

A. 主关键字段中不许有重复值和空值

B. 主关键字段是唯一的

C. 主关键字可以是一个字段,也可以是一组字段

D. 数据库中的每个表都必须有一个主关键字段

88. 下列关于表间关系的说法,错误的是(　　)。

A. 关系双方联系的对应字段的字段类型需相同

B. 关系双方至少需有一方为主索引

C. 关系的来源和目的都是字段

D. Access 中,在两个表之间可以建立多对多关系

89. 下列数据类型的字段能设置索引的有(　　)。

A. 数值、货币、长文本　　B. 数值、超链接、OLE 对象

C. 数值、短文本、货币　　D. 日期/时间、长文本、短文本

90. 在数据表中用户可以查找需要的数据并替换为新的值,如果要将成绩为 80～99 分[含 80 和 99]的分数替换为 A－,应在“替换值”项中输入(　　)。

A. 80－99　　B. [8－9]　　C. A－　　D. 8＃9＃

91. 在已创建的 Movies 表中有一个 Date Released 字段,数据类型为“数字”。在向表中输入数据时可能会在这个字段中把 1985 输入为 1895,而 Access 将接受它。为了避免这类数据输入的错误,用户希望这个字段中的值位于 1900～2050,可以在“验证规则”编辑框中输入表达式(　　)。

A. ＞1900＜2050　　B. ＜2050＞1900

C. ＞1900 And＜2050　　D. ＞1900 or＜2050

92. 下列关于字段默认值的叙述,错误的是(　　)。

A. 设置短文本默认值时不用输入引导,系统自动加入

B. 设置默认值时,必须与字段中所设的数据类型相匹配

C. 设置默认值时可以减少用户输入强度

D. 默认值是一个确定的值,不能用表达式

93. 若将文本字符串"12""6""5"按升序排序,则排序的结果为(　　)。

A. "12""6""5"　　B. "5""6"12"　　C. "12"5"6"　　D. "5"12"6

94. 在 Access 中,可以在(　　)中打开表。

A. 数据表视图和设计视图　　B. 数据表视图和数据库视图

C. 设计视图和表向导视图　　D. 数据库视图和表向导视图

95. 有验证规则是用户对输入字段值的限制,下列规则的解释中,正确的一项是(　　)。

A. <and>0 要求输入一个非零值

B. 0 or＞＝80 输入的值必须等于 0,或者大于或等于 80

C. Like "?? T?" 输入值必须是以 T 结尾的 4 个字符

D. ＜＃1/1/2002＃ 要求输入一个 2001 年以后的日期

96. 在关系窗口中,双击两个表之间的连接线,会出现(　　)。

A. 数据表分析向导　　B. 数据关系图窗口

C. 连接线粗细变化　　D. 编辑关系对话框

97. “输入掩码”用于设定控件的输入格式,对下列(　　)类型数据有效。

A. 数字　　B. 货币　　C. 短文本　　D. 查阅向导

98. 在关系数据库中,实现主键值唯一标识元组的作用是通过(　　)。

A. 实体完整性规则　　B. 参照完整性规则

C. 用户定义完整性规则　　D. 强制不能为空值

99. 自动编号数据类型一旦被指定,就会永久地与(　　)进行连接。

A. 字段　　B. 记录　　C. 表　　D. 数据库

100. 如果在创建表中建立字段“性别”,但要用汉字表示,其数据类型应当是(　　)。

A. 是/否　　B. 数字　　C. 短文本　　D. 长文本

参考答案

1～5 CBCDD	6～10 ADDCB	11～15 BCBAB	16～20 ADADC
21～25 BCBAA	26～30 CCCDA	31～35 ABDAD	36～40 CCCAA
41～45 BCDDD	46～50 CBCDA	51～55 DABBB	56～60 CCCAA
61～65 BABCC	66～70 CDDCA	71～75 CBBCD	76～80 DDDAB
81～85 AADBB	86～90 BDDCC	91～95 CDCAB	96～100 DCABC

习题 3 查 询

1. Access 支持的查询类型有(　　)。

A. 选择查询、交叉表查询、参数查询、SQL 查询和操作查询

B. 选择查询、基本查询、参数查询、SQL 查询和操作查询

C. 多表查询、单表查询、参数查询、SQL 查询和操作查询

D. 选择查询、汇总查询、参数查询、SQL 查询和操作查询

2. 下列关于准则的说法,错误的是(　　)。

A. 同行之间为逻辑"与"关系,不同行之间为逻辑"或"关系

B. 日期/时间类型数据需在两端加#

C. Null 表示空白无数据的意思,可使用在任意类型的字段中

D. 数字类型的条件需加上双引号

3. 下列表达式中,执行后的结果是在"平均分"字段中显示"语文""数学""英语"三个字段中分数的平均值(结果取整)的是(　　)。

A. 平均分:([语文]+[数学]+[英语])\3

B. 平均分:([语文]+[数学]+[英语])/3

C. 平均分:语文+数学+英语\3

D. 平均分:语文+数学+英语/3

4. 某数据库有一个 Name 字段,查找 Name 不是 Mary 的记录的准则可以设定为(　　)。

A. Not "Mary"　　B. Not "Mary*"　　C. Not "*Mary"　　D. Not "*Mary*"

5. 在查询中,默认的字段显示顺序是(　　)。

A. 在表的"数据表视图"中显示的顺序　　B. 添加时的顺序

C. 按照字母顺序　　D. 按照文字笔画顺序

6. 某数据库表中有一个工作时间字段,查找 20 天之内参加工作的记录的准则可以是(　　)。

A. Between Date(　　)Or Date(　　)-20

B. Between Date(　　) And Date(　　)-20

C. <Date(　　)And>Date(　　)-20

D. <Date(　　)Or>Date(　　)-20

7. 某数据库表中有一个 Name 字段,查找 Name 不为空的记录的准则可以设置为(　　)。

A. Not Null　　B. Is Not Null

C. Between 0 and 64　　D. Null

8. 创建参数查询时,在查询设计视图准则行中应将参数提示文本放置在(　　)。

A. {　}中　　B. ()中　　C. [　]中　　D. < >中

9. 不合法的表达式是(　　)。

A. [性别]=男 or [性别]=女

B. [性别]="男"or[性别]like"女"

C. [性别]like"男"or[性别]like"女"

D. [性别]="男"or[性别]="女"

10. 若在 Employee 表中查找所有姓“王”的记录,可以在查询“设计视图”的准则行中输入(　　)。

A. Like"王"　　B. ="王"　　C. Like"王*"　　D. ="王*"

11. 创建交叉表查询,在“交叉表”行上有且只能有一个的是(　　)。

A. 行标题和列标题

B. 行标题和值

C. 行标题、列标题和值

D. 列标题和值

12. 选拔身高 T 超过 1.7m 且体重 W 小于 62.5kg 的人,表示该条件的布尔表达式(　　)。

A. T>=1.7 And W<=62.5

B. T<=1.7 Or W>=62.5

C. T>1.7 And W <62.5

D. T>1.7 Or W<62.5

13. 根据指定的查询准则,从一个或多个表中获取数据并显示结果的查询是(　　)。

A. 选择查询　　B. 交叉表查询　　C. 参数查询　　D. 操作查询

14. "or"属于(　　)。

A. 关系运算符　　B. 逻辑运算符　　C. 特殊运算符　　D. 标准运算符

15. 下列有关生成表查询的论述中,错误的是(　　)。

A. 生成表查询是一种操作查询

B. 生成表查询可以利用一个或多个表中的满足一定条件的记录来创建一个新表

C. 生成表查询将查询结果以表的形式存储

D. 对复杂的查询结果进行运算时经常应用生成表查询来生成一个临时表,生成表中的数据是与原表相关的,不是独立的,必须每次都生成以后才能使用

16. 以下关于通配符的用法,错误的是(　　)。

A. * 通配任何个数的字符,它可以在字符串中当作第一个或最后一个字符使用

B. # 通配任何单个字母字符

C. [ ]通配括号内任何单个字符

D. !通配任何不在括号之内的字符

17. 某图书管理系统中含有“读者”表和“借出书籍”表,两表中均含有读者编号字段,现在为了查找读者表中尚未借书的读者信息,应采用的创建查询方式是(　　)。

A. 使用设计视图创建查询

B. 使用交叉表向导创建查询

C. 使用查找重复项向导创建查询

D. 使用查找不匹配项向导创建查询

18. SQL 查询是非常重要的一种查询方式,下列论述中有误的一项是(　　)。

A. 在查询设计视图的属性表中,所有查询属性在 SQL 视图中都有等效的可用子句和选项

B. 可以在 SQL 视图中查看和编辑 SQL 语句

C. 对于传递查询、数据定义查询和联合查询,必须直接在 SQL 视图中创建 SQL 语句

D. 对于子查询,可以在查询设计网格的“字段”行或“条件”行输入 SQL 语句

19. 在下列有关查询基础知识的理解中，不正确的是(　　)。

A. 操作查询就是执行一个操作，如删除记录或是修改数据

B. 选择查询仅用来查看数据

C. 操作查询的主要用途是对大量的数据进行更新

D. Access 提供了三种类型的操作查询：删除查询、更改查询、追加查询

20. 怎样对表的一个范围进行查询，如所有在 1 月 1 日和 6 月 30 日之间的销售额，下列表达式正确的是(　　)。

A. ＞1.1&＜6.30　　　　B. ＞1.1and＜6.30

C. ＞1/1and＜6/30　　　　D. ＞＝1/1and＜＝6/30

21. 查询向导不能创建(　　)。

A. 选择查询　　B. 交叉表查询　　C. 重复项查询　　D. 参数查询

22. 操作查询不包括(　　)。

A. 更新查询　　B. 交叉表查询　　C. 生成表查询　　D. 删除查询

23. 以下关于查询的叙述中正确的是(　　)。

A. 只能根据数据库表创建查询

B. 只能根据已建查询创建查询

C. 可以根据数据库表和已建查询创建查询

D. 以上说法都不正确

24. 在查询设计视图中(　　)。

A. 只能添加数据库表　　　　B. 可以添加数据库表，也可以添加查询

C. 只能添加查询　　　　D. 以上说法都不对

25. 字符函数 String(2,"abcdef')返回的值是(　　)。

A. "aa"　　B. "AA"　　C. "ab"　　D. "AB"

26. 在 Access 数据库中使用向导创建查询，其数据可以来自(　　)。

A. 多个表　　B. 一个表的一部分　　C. 一个表　　D. 表或查询

27. 在建立查询时，若要筛选出图书编号是 T01 或 T02 的记录，可以在查询设计视图准则行中输入(　　)。

A. "T01" or "T02"　　　　B. in ("T01" and "T02")

C. "T01" and "T02"　　　　D. not in ("T01" and "T02")

28. 以下叙述中，(　　)是错误的。

A. 查询是从数据库的表中筛选出符合条件的记录，构成一个新的数据集合

B. 查询的种类有：选择查询、参数查询、交叉查询、操作查询和 SQL 查询

C. 创建复杂的查询不能使用查询向导

D. 可以使用函数、逻辑运算符、关系运算符创建复杂的查询

29. 在 Access 数据库中，带条件的查询需要通过准则来实现。准则是运算符、常量、字段值等的任意组合，(　　)不是准则中的元素。

A. 函数　　B. SQL 语句　　C. 属性　　D. 字段名

30. Access 中查询日期型值需要用(　　)括起来。

A. 括号　　B. 半角的井号　　C. 双引号　　D. 单引号

31. 从一个或多个表中将一组记录添加到一个或多个表的尾部,应该使用(　　)。
    A. 生成表查询　　B. 删除查询　　C. 更新查询　　D. 追加查询
32. 在显示具有(　　)关系的表或查询中的数据时,子窗体特别有效。
    A. 一对一　　B. 多对多　　C. 一对多　　D. 复杂
33. 下列 SELECT 语句正确的是(　　)。
    A. SELECT * FROM '学生表'WHERE 姓名='张三'
    B. SELECT * FROM '学生表'WHERE 姓名=张三
    C. SELECT * FROM 学生表 WHERE 姓名='张三'
    D. SELECT * FROM 学生表 WHERE 姓名=张三
34. 以下不属于操作查询的是(　　)。
    A. 交叉表查询　　B. 生成表查询　　C. 更新查询　　D. 追加查询
35. 向已有表中添加新字段或约束的 SQL 语句是(　　)。
    A. CREATETABLE　　B. CREATE INDEX
    C. DROP　　D. ALTER TABLE
36. 在 SELECT 语句中,WHERE 引导的是(　　)。
    A. 表名　　B. 字段列表　　C. 条件表达式　　D. 列名
37. 要从数据库中删除一个表,应使用的 SQL 语句是(　　)。
    A. ALTER TABLE　　B. KILL TABLE
    C. DELETE TABLE　　D. DROP TABLE
38. 假设有一组数据:工资为 800 元,职称为"讲师",性别为"男",在下列逻辑表达式中结果为"假"的是(　　)。
    A. 工资＞800　AND 职称="助教"　OR　职称="讲师"
    B. 性别="女"　OR　NOT 职称="助教"
    C. 工资=800　AND　(职称="讲师"　OR　性别="女")
    D. 工资＞800　AND　(职称="讲师"　OR　性别="男")
39. 下列不属于查询的三种视图的是(　　)。
    A. 设计视图　　B. 模板视图　　C. 数据表视图　　D. SQL 视图
40. 要将"选课成绩"表中学生的成绩取整,可以使用(　　)。
    A. Abs([成绩])　　B. Int([成绩])　　C. Srq([成绩])　　D. Sgn([成绩])
41. 下列 SQL 语句中,用于修改表结构的是(　　)。
    A. UPDATE　　B. CREATE　　C. ALTER　　D. INSERT
42. 在一个操作中可以更改多条记录的查询是(　　)。
    A. 参数查询　　B. 操作查询　　C. SQL 查询　　D. 选择查询
43. 对"将信息系 99 年以前参加工作的教师的职称改为副教授",合适的查询为(　　)。
    A. 生成表查询　　B. 更新查询　　C. 删除查询　　D. 追加查询
44. "年龄为 18～21 岁的男生"的设置条件可以设置为(　　)。
    A. ＞18Or＜21　　B. ＞18And＜21　　C. ＞18Not＜21　　D. ＞18Like＜21
45. 下列对查询功能的叙述中,正确的是(　　)。
    A. 在查询中,选择查询可以只选择表中的部分字段,通过选择一个表中的不同字

段生成同一个表

B. 在查询中，编辑记录主要包括添加记录、修改记录、删除记录和导入、导出记录

C. 在查询中，查询不仅可以找到满足条件的记录，而且还可以在建立查询的过程中进行各种统计计算

D. 以上说法均不对

46. 用 SQL 语言描述"在教师表中查找男教师的全部信息"，以下描述正确的是(　　)。

A. SELECT FROM 教师表 IF (性别='男')

B. SELECT 性别 FROM 教师表 IF (性别='男')

C. SELECT * FROM 教师表 WHERE(性别='男')

D. SELECT * FROM 性别 WHERE (性别='男')

47. 查询能实现的功能有(　　)。

A. 选择字段，选择记录，编辑记录，实现计算，建立新表，建立数据库

B. 选择字段，选择记录，编辑记录，实现计算，建立新表，更新关系

C. 选择字段，选择记录，编辑记录，实现计算，建立新表，设置格式

D. 选择字段，选择记录，编辑记录，实现计算，建立新表，建立基于查询的报表和窗体

48. 特殊运算符 In 的含义是(　　)。

A. 用于指定一个字段值的范围，指定的范围之间用 And 连接

B. 用于指定一个字段值的列表，列表中的任一值都可与查询的字段相匹配

C. 用于指定一个字段为空

D. 用于指定一个字段为非空

49. 在 SQL 语言中，DELETE 语句的作用是(　　)。

A. 删除基本表　　　　B. 删除视图

C. 删除基本表和视图　　　　D. 删除基本表和视图中的元组

50. Access 中主要有(　　)这几种查询操作方式。

① 选择查询、②参数查询、③交叉表查询、④操作查询、⑤SQL 查询

A. 只有①②　　B. 只有①②③　　C. 只有①②③④　　D. 全部

51. (　　)是将一个或多个表、一个或多个查询的字段组合作为查询结果中的一个字段，执行此查询时，将返回所包含的表或查询中对应字段的记录。

A. 联合查询　　B. 传递查询　　C. 选择查询　　D. 子查询

52. 设置排序可以将查询结果按一定的顺序排列，以便于查阅。如果所有的字段都设置了排序，那么查询的结果将先按(　　)的字段进行排序。

A. 最左边　　　　B. 最右边

C. 最中间　　　　D. 以上答案都不是

53. 下列关于 SQL 语句的说法中，错误的是(　　)。

A. INSERT 语句可以向数据表中追加新的数据记录

B. UPDATE 语句可以用来修改数据表中已经存在的数据记录

C. DELETE 语句用来删除数据表中的记录

D. CREATE 语句用来建立表的结构并追加新的记录

54. 检索价格在 30 万～60 万元的产品，可以设置条件为(　　)。

A. ＞30 Not ＜60　　B. ＞30 Or ＜ 60

C. ＞30 And ＜60　　D. ＞30 Like ＜60

55. SQL 语言又称为(　　)。

A. 结构化定义语言　　B. 结构化控制语言

C. 结构化查询语言　　D. 结构化操纵语言

56. 在 Access 中已建立了“工资”表，表中包括“职工号”“所在单位”“基本工资”“应发工资”等字段，如果要按单位统计应发工资总数，那么在查询设计视图的“所在单位”的“总计”行和“应发工资”的“总计”行中分别选择的是(　　)。

A. 总计，分组　　B. 计数，分组　　C. 分组，总计　　D. 分组，计数

57. 在 Access 中已建立了“学生”表，表中有“学号 ”“姓名”“性别”“入学成绩”等字段，执行如下 SQL 命令：Select 性别，avg(入学成绩)From 学生 Group by 性别，其结果是(　　)。

A. 计算并显示所有学生的性别和入学成绩的平均值

B. 按性别分组计算并显示性别和入学成绩的平均值

C. 计算并显示所有学生的入学成绩的平均值

D. 按性别分组计算并显示所有学生的入学成绩的平均值

58. 从字符串 S("abcdefg")中返回子串 B("cd")的正确表达式是(　　)。

A. Mid(S,3,2)　　B. Right(Left(S,4),2)

C. Left(Right(S,5),2)　　D. 以上都可以

59. 下列算式正确的是(　　)。

A. Int (3.2)＝3　　B. Int (2.6)＝3　　C. Int (3.2)＝3.2　　D. Int (2.6)＝0.6

60. 假设某数据库表中有一个姓名字段，查找姓仲的记录的准则是(　　)。

A. Not "仲"　　B. Like"仲"

C. Left([姓名],1)＝"仲"　　D. "仲"

61. 在 SQL 查询中使用 WHERE 子句指出的是(　　)。

A. 查询目标　　B. 查询结果　　C. 查询视图　　D. 查询条件

62. 假设某数据表中有一个工作时间字段，查找 1999 年参加工作的职工记录的准则是(　　)。

A. Between # 1999-01-01 # And # 1999-12-31#

B. Between"1999-01-01"And"1999-12-31"

C. Between"1999.01.01"And"1999.12.31"

D. # 1999.01.01 # And # 1999.12.31#

63. Access 提供的参数查询可在执行时显示一个对话框以提示用户输入信息，如在其中输入提示信息，要想形成参数查询，只要将一般查询准则中的数据用(　　)括起来。

A. (　　)　　B. ＜＞　　C. {}　　D. []

64. 能够实现从指定记录集里检索特定字段值的函数是(　　)。

A. DCount()　　B. DAvg()　　C. Rnd()　　D. DLookup()

65. 若将文本字符串"12""6""5"按升序排序，则排序的结果为(　　)。

A. "12""6""5"　　B. "5""6""12"　　C. "12""5""6"　　D. "5""12""6"

66. 逻辑量在表达式里进行算术运算，True 值被当成(　　)。

A. －1　　B. 0　　C. 1　　D. 2

67. 可以判定某个日期表达式能否转换为日期或时间的函数是(　　)。

A. CDate()　　B. IsDate()　　C. Date()　　D. IsText()

68. "Not"属于(　　)。

A. 关系运算符　　B. 逻辑运算符　　C. 特殊运算符　　D. 标准运算符

69. 返回当前系统日期的函数是(　　)。

A. Day (date)　　B. Date (date)　　C. Date (day)　　D. Date()

70. 下列表达式中合法的是(　　)。

A. 教师编号 between l00000 and 200000

B. [性别]＝"男"or[性别]＝"女"

C. [基本工资]＞＝1000[基本工资]＜＝10000

D. [性别]like"男"＝[性别]＝"女"

71. 以下有关优先级的比较，正确的是(　　)。

A. 算术运算符＞关系运算符＞连接运算符

B. 算术运算符＞关系运算符＞逻辑运算符

C. 连接运算符＞算术运算符＞关系运算符

D. 逻辑运算符＞关系运算符＞算术运算符

72. 用于获得字符串 Str 从第 2 个字符开始的 3 个字符的函数是(　　)。

A. Mid(Str,2,3)　　B. Middle(Str,2,3)

C. Right(Str,2,3)　　D. Left(Str,2,3)

73. 已知 str1＝"opqrst"，执行 str＝Right(str1,2)后，返回(　　)。

A. op　　B. qr　　C. st　　D. pq

74. 以下关于 SQL 语句及其用途的叙述，错误的是(　　)。

A. CREATE TABLE 用于创建表

B. ALTER TABLE 用于更换表

C. DROP 表示从数据库中删除表，或者从字段或字段组中删除索引

D. CREATE INDEX 为字段或字段组创建索引

75. 查询 2000 年 6 月参加工作的记录的准则是(　　)。

A. Year([工作时间])＝2000 And Month([工作时间])＝6

B. Year([工作时间])＝2000 And 6

C. ＜Year([工作时间]) －2000 And Month－6

D. Year([工作时间])＝2000 And([工作时间])＝6

76. 字符代码转换字符函数 Chr(70)返回(　　)。

A. 30　　B. 40　　C. e　　D. f

77. “< >”属于(　　)。

A. 关系运算符　　B. 逻辑运算符　　C. 特殊运算符　　D. 标准运算符

78. 对于算术运算符“/”“\”的区别是(　　)。

A. 前者是整数除法，后者是普通除法

B. 前者是普通除法,后者是整数除法

C. 前者是除法,后者是分数形式

D. 两者没有本质的区别

79. 返回字符表达式中值的总和的函数是(　　)。

A. Sum(字符表达式)　　B. Sum()

C. Add(字符表达式)　　D. Add()

80. 下列关于是/否型常量的说法正确的是(　　)。

A. 是一个逻辑值　　B. −1表示假　　C. 0表示真　　D. 不属于布尔型

81. 表达式("王"＜"李")返回的值是(　　)。

A. False　　B. True　　C. −1　　D. 1

82. 下列表达式中计算结果为数值类型的是(　　)。

A. #5/5/2010# −#5/1/2010#　　B. "102"＞"11"

C. 102=98+4　　D. #5/1/2010#+5

83. 若设定的条件表达式为"< 60 Or > 100",表示(　　)。

A. 查找小于60或大于100的数

B. 查找不大于60或不小于100的数

C. 查找小于60并且大于100的数

D. 查找60～100的数(不包括60和100)

84. Like属于(　　)。

A. 关系运算符　　B. 逻辑运算符　　C. 特殊运算符　　D. 标准运算符

85. Access某数据库表中有姓名字段,查询姓"刘"的记录的准则是(　　)。

A. Left("姓名",1)="刘"　　B. Right("姓名",1)="刘"

C. Left([姓名],1)="刘"　　D. Right([姓名],1)="刘"

86. 最常用的查询类型是(　　)。

A. 选择查询　　B. 交叉表查询　　C. 参数查询　　D. SQL查询

87. 假设"公司"表中有编号、名称、法人等字段,查找公司名称中有"网络"二字的公司信息,正确的命令是(　　)。

A. SELECT * FROM 公司 FOR 名称= "*网络*"

B. SELECT * FROM 公司 FOR 名称 LIKE "*网络*"

C. SELECT * FROM 公司 WHERE 名称= "*网络*"

D. SELECT * FROM 公司 WHERE 名称 LIKE "*网络*"

88. 下列总计函数中不能忽略空值(NULL)的是(　　)。

A. SUM()　　B. MAX()　　C. COUNT()　　D. AVG()

89. 假设某数据库表中有一个姓名字段,查找姓名为"张三"或"李四"的记录的准则是(　　)。

A. Not"张三,李四"　　B. In("张三,李四")

C. Left([姓名]="张三,李四"　　D. Len([姓名])="张三","李四"

90. 总计查询中,若要计算方差,应选择的函数是(　　)。

A. Sum()函数　　B. Avg()函数　　C. Count()函数　　D. Var()函数

91. 查询姓名有值的记录的准则是(　　)。

A. Is Null　　B. " "　　C. Is Not Null　　D. Not Null

92. 在 SQL 查询中 GROUP BY 的含义是(　　)。

A. 选择行条件　　B. 对查询进行排序

C. 选择列字段　　D. 对查询进行分组

93. SQL 查询的四个种类中,不使用 SELECT 语句的是(　　)。

A. 联合查询　　B. 传递查询

C. 数据定义查询　　D. 子查询

94. 下面关于查询的理解,说法正确的是(　　)。

A. 只有查询可以用来进行筛选、排序、浏览等工作

B. 数据表或窗体中也可以代替查询执行数据计算

C. 数据表或窗体中也可以代替查询检索多个表的数据

D. 利用查询可以执行数据计算以及检索多个表的数据

95. 在 SQL 语言的 SELECT 语句中,用于指明检索结果排序的子句是(　　)。

A. FROM　　B. WHERE　　C. GROUP BY　　D. ORDER BY

96. 下列表达式的计算结果为日期类型的是(　　)。

A. ＃2012-1-23＃-＃2011-2-3＃　　B. year(＃2011-2-3＃)

C. DateValue("2011-2-3")　　D. Len("2011-2-3")

97. 若要将“产品”表中所有供货商是"ABC"的产品单价下调 50,则正确的 SQL 语句是(　　)。

A. update 产品 set 单价＝50 where 供货商＝"ABC"

B. update 产品 set 单价＝单价－50 where 供货商＝"ABC"

C. update from 产品 set 单价＝50 where 供货商＝"ABC"

D. update from 产品 set 单价＝单价－50 where 供货商＝"ABC"

98. 关于交叉表查询,下列说法中不正确的是(　　)。

A. 交叉表查询是一类比较特殊的查询,它可以将数据分为两组显示

B. 两组数据一组显示在数据表的左边,而另一组显示在数据表的上方,这两组数据都作为数据的分类依据

C. 左边和上面的数据在表中的交叉点可以对表中一组数据进行求总和、求平均值的运算

D. 表中的交叉点不可以对表中另外一组数据进行求平均值和其他计算

99. 直接将命令发送到 ODBC 数据,它使用服务器能接受的命令,利用它可以检索或更改的记录是(　　)。

A. 联合查询　　B. 传递查询　　C. 数据定义查询　　D. 子查询

100. A Or B 准则表达式表示的意思是(　　)。

A. 表示查询表中的记录必须同时满足 Or 两端的准则 A 和 B,才能进入查询结果集

B. 表示查询表中的记录只需满足 Or 两端的准则 A 和 B 中的一个,即可进入查询结果集

C. 表示查询表中记录的数据为介于 A、B 之间的记录才能进入查询结果集

D. 表示查询表中的记录当满足与 Or 两端的准则 A 和 B 不相等时即进入查询结果集

101. 在 Access 的数据库中已建立了 tBook 表,若查找“图书编号”是 112266 和 113388 的记录,应在查询设计视图准则行中输入(　　)。

A. in("112266","113388")　　B. not in("112266","113388")

C. "112266"and"113388"　　D. not("112266" and "113388")

102. 假设某数据库表中有一个“学生编号”字段,查找编号第 3、4 个字符为 03 的记录的准则是(　　)。

A. Mid([学生编号],3,4)="03"　　B. Mid([学生编号],3,2)="03"

C. Mid("学生编号"3,4)="03"　　D. Mid("学生编号",3,2)="03"

103. 已知“借阅”表中有“借阅编号”“学号”借阅图书编号等字段,每名学生每借阅一本书生成一条记录,要求按学生学号统计出每名学生的借阅次数,下列 SQL 语句中,正确的是(　　)。

A. Select 学号, count(学号) from 借阅

B. Select 学号, count(学号) from 借阅 group by 学号

C. Select 学号, sum(学号) from 借阅

D. Select 学号, sum(学号) from 借阅 order by 学号

104. 不是 SQL 的组成部分的是(　　)。

A. 数据定义　　B. 数据操纵　　C. 数据控制　　D. 数据来源

105. A And B 准则表达式表示的意思是(　　)。

A. 表示查询表中的记录必须同时满足 And 两端的准则 A 和 B,才能进入查询结果集

B. 表示查询表中的记录只需满足 And 两端的准则 A 和 B 中的一个,即可进入查询结果集

C. 表示查询表中记录的数据为介于 A、B 之间的记录才能进入查询结果集

D. 表示查询表中的记录当满足与 And 两端的准则 A 和 B 不相等时即进入查询结果集

106. 在成组的记录中完成一定计算的查询称为(　　)。

A. 参数查询　　B. 选择查询　　C. 总计查询　　D. 操作查询

107. 若有两个字符串 str 1="98765",str 2="65",执行 s=Instr (str1,str2)后,返回(　　)。

A. 3　　B. 4　　C. 5　　D. 6

108. 查询课程名称以“计算机”开头的记录的准则是(　　)。

A. In"计算机"　　B. Not"计算机*"　　C. Like"计算机*"　　D. Mid"计算机"

109. 在“学生”表中建立查询,“姓名”字段的查询条件设置为 Is Null,运行该查询后,显示的记录是(　　)。

A. 姓名字段为空的记录　　B. 姓名字段中包含空格的记录

C. 姓名字段不为空的记录　　D. 姓名字段中不包含空格的记录

110. 使用向导创建交叉查询的数据源是(　　)。

A. 数据库文件　　B. 表　　C. 查询　　D. 表或查询

111. 查询 15 天前参加工作的记录的准则是(　　)。

A. ＜Date(　　)－15

B. Between＃15

C. Between　Data(　　)And Data(　　)－15

D. ＞Date(　　)－15

112. 将表 A 的记录复制到表 B 中,且不删除表 B 中的记录,可以使用的查询是(　　)。

A. 追加查询　　B. 生成表查询　　C. 删除查询　　D. 交叉表查询

113. 对于交叉表查询,用户只能指定总计类型的字段的个数为(　　)。

A. 1　　B. 2　　C. 3　　D. 4

114. 若查找某个字段中以字母 A 开头且以字母 Z 结尾的所有记录,则条件表达式应设置为(　　)。

A. Like　"A$Z"　　B. Like　"A#Z"

C. Like　"A*Z"　　D. Like　"A?Z"

115. 某数据库表中有一个 Name 字段,查找 Name 为 Mary 和 Lisa 的记录的准则可以设置为(　　)。

A. In("Mary","Lisa")　　B. Like"Mary"And Like"Lisa"

C. Like("Mary","Lisa")　　D. "Mary"And"Lisa"

116. 某数据库表中有一个地址字段,查找字段最后 3 个字为"9 信箱"的记录,准则是(　　)。

A. Right([地址],3)="9 信箱"　　B. Right([地址],6)="9 信箱"

C. Right("地址",3)="9 信箱"　　D. Right("地址",5)="9 信箱"

117. 下面 SELECT 语句的语法正确的是(　　)。

A. SELECT * FROM'通信录'WHERE 性别='男'

B. SELECT * FROM 通信录 WHERE 性别='男'

C. SELECT * FROM'通信录'WHERE 性别=男

D. SELECT * FROM 通信录 WHERE 性别=男

118. (　　)会在执行时弹出对话框,提示用户输入必要的信息,再按照这些信息进行查询。

A. 选择查询　　B. 参数查询　　C. 交叉表查询　　D. 操作查询

119. SQL 的基本命令中,插入数据命令所用到的语句是(　　)。

A. SELECT　　B. INSERT　　C. UPDATE　　D. DELETE

120. 假设一位顾客想知道是否有某部特定的影片。该顾客记得这部影片的内容,但是不记得它的名字,只知道是以 C 打头,且影片名长为 10 个字母。那么顾客可以在基于 Movie 表的查询中使用查询准则(　　)。

A. Like"C?????????"或者 Like"c?????????"

B. Like"c*"

C. Like"c?????????"

D. Like"C?????????"

121. 下列查询中不是操作查询的是(　　)。

A. 删除查询　　B. 更新查询　　C. 参数查询　　D. 生成表查询

122. 以下关于选择查询的叙述,错误的是(　　)。

A. 查询的结果是一组数据的"静态集"

B. 可以对记录进行分组

C. 可以对查询记录进行总计、计数和平均等计算

D. 根据查询准则,可以从一个或多个表中获取数据并显示结果

123. 若要查询成绩为70~80分(包括70分,不包括80分)的学生的信息,查询准则设置正确的是(　　)。

A. >69 or<80　　B. Between 70 with 80

C. >=70 and<80　　D. IN (70,79)

124. 不属于查询的功能的有(　　)。

A. 筛选记录　　B. 整理数据　　C. 操作表　　D. 输入接口

125. 假设某数据库中有一个简历字段,查询简历中最后两个字为"通州"的记录准则是(　)。

A. "通州"　　B. Left([简历]　2)= "通州"

C. Like "通州"　　D. Right([简历]　2)= "通州"

126. 总计查询中,若要计算最高分,应选择的函数是(　　)。

A. Max()函数　　B. Sum()函数　　C. Avg()函数　　D. Count()函数

127. 下列选项是交叉表查询的必要组件的有(　　)。

A. 行标题　　B. 列标题　　C. 值　　D. 以上都是

128. 下列结果不是动态集合,而是执行指定的操作,如增加、修改、删除记录等的是(　　)。

A. 选择查询　　B. 操作查询　　C. 参数查询　　D. 交叉表查询

129. 在SQL查询中,若要取得"学生"数据表中的所有记录和字段,其SQL语句为(　　)。

A. SELECT 姓名 FROM 学生

B. SELECT * FROM 学生

C. SELECT 姓名 FROM 学生 WHILE 学号=02650

D. SELECT　*　FROM 学生 WHILE 学号=02650

130. 利用了表中的行和列来统计数据的查询是(　　)。

A. 交叉表查询　　B. 选择查询　　C. 参数查询　　D. 操作查询

131. 排序时如果选取了多个字段,则结果是按照(　　)。

A. 最左边的列开始排序　　B. 最右边的列开始排序

C. 从左向右优先次序依次排序　　D. 无法进行排序

132. 在"显示表"对话框中,如果建立查询的数据来自表,应选择(　　)选项卡。

A. "表"　　B. "查询"　　C. "两者都是"　　D. 以上均不正确

133. Access数据库中的SQL查询中的GROUP BY语句用于(　　)。

A. 对查询进行排序　B. 分组条件　　C. 列表　　D. 选择行条件

134. 如果在数据库中已有同名的表,那么(　　)查询将覆盖原有的表。

A. 删除　　B. 追加　　C. 生成表　　D. 更新

135. 已知一个 Access 数据库,其中含有系别、男、女等字段,若要统计每个系男女教师的人数,则应使用(　　)查询。

A. 选择查询　　B. 操作查询　　C. 交叉表查询　　D. 参数查询

136. SQL 语句中的 DROP INDEX 的作用是(　　)。

A. 从数据库中删除表　　B. 从表中删除记录

C. 从表中删除字段　　D. 从表中删除字段索引

137. 总计查询中,若要计算平均分,应选择的函数是(　　)。

A. Where()函数　　B. Avg()函数　　C. Var()函数　　D. Sum()函数

138. 如果要在已创建的"计算机图书查询"查询中查找书籍分类编号为1(文学类)和书籍分类编号为9(计算机图书类)的所有书籍,则应该在"分类编号"字段下方的准则框中输入的查询条件是(　　)。

A. 1 and 9　　B. 1 or 9

C. l and 9 和 1 or 9 都正确　　D. 都不对

139. 在 SELECT 语法中,"\"的含义是(　　)。

A. 通配符　　B. 测试字段是否为 NULL

C. 定义转义字符　　D. 对查询结果进行排序

140. Access 提供了 NOT 等(　　)种逻辑运算符。

A. 4　　B. 3　　C. 5　　D. 6

141. 如果要在已创建的"计算机图书查询"查询中查找书籍名称中含有"大全"二字,并且书籍的名称以 S 开头的所有书籍,则应该在"书名"字段下方的准则框中输入的查询条件是(　　)。

A. Like"大全"and Like"S＊ "　　B. Like"＊大全＊"and Like" S"

C. Like "＊大全＊" and Like "S＊"　　D. Like"＊大全"and Like "S "

142. 下列说法中,正确的一项是(　　)。

A. 创建好查询后,不能更改查询中字段的排列顺序

B. 对已创建的查询,可以添加或删除其数据来源

C. 对查询的结果不能进行排序

D. 上述说法都不正确

143. 在 Access 2000 中,在"查询"特殊运算符 Like 中,其中可以用来通配任何单个字符的通配符是(　　)。

A. ＊　　B. !　　C. ?　　D. &

144. SQL 语言集数据查询、数据操纵、数据定义和数据控制功能于一体,语句 INSERT、DELETE、UPDATE 实现的功能是(　　)。

A. 数据查询　　B. 数据操纵　　C. 数据定义　　D. 数据控制

145. 在课程表中要查找课程名称中包含"计算机"的课程,对应"课程名称"字段的正确的准则表达式是(　　)。

A. "计算机"　　B. "＊计算机＊"

C. Like"＊计算机＊"　　D. Like"计算机"

146. 建立一个基于“学生”表的查询,要查找“出生日期”(数据类型为日期/时间型)在1980-06-06 和 1980-07-06 间的学生,在“出生日期”对应列的“准则”行中应输入的表达式是(　　)。

A. between 1980-06-06 and 1980-07-06

B. between ＃1980-06-06＃and＃1980-07-06＃

C. between 1980-06-06or1980-07-06

D. between ＃1980-06-06＃or＃1980-07-06＃

147. Access 数据库中,在创建交叉表查询时,用户需要指定三种字段,(　　)不是交叉表查询所需求指定的字段。

A. 格式字段　　B. 列标题字字段　　C. 行标题字段　　D. 值字段

148. 函数 Sgn(－2)返回的值是(　　)。

A. －1　　B. 1　　C. 0　　D. －2

149. 在查找数据中,使用“b? ll”可以找到(　　)。

A. bue　　B. beall　　C. ball　　D. bel

150. “查询”设计视图窗口分为上下两部分,其中上半部分为(　　)区。

A. 字段列表　　B. 字段名　　C. 字段属性　　D. 字段值

151. 设 S 为学生关系,SC 为学生选课关系,Sno 为学生号,Cno 为课程号,执行如下SQL 语句的查询结果是(　　)。

Select ＊ From S, SC Where S,Sno＝SC. Sno and SC. Cno＝'C2'

A. 选出 S 中学生号与 SC 中学生号相等的信息

B. 选出选修 C2 课程的学生名

C. 选出选修 C2 课程的学生信息

D. 选出 S 和 SC 中的一个关系

152. 在条件准则中,(　　)必须与方括号括起来。

A. 字段名　　B. 字符串　　C. 数值　　D. 表达式

153. 在查询“设计视图”窗口时,(　　)不是字段列表框中的选项。

A. 排序　　B. 显示　　C. 类型　　D. 条件

154. 教师表的“选择查询”设计视图如下,则查询结果是(　　)。

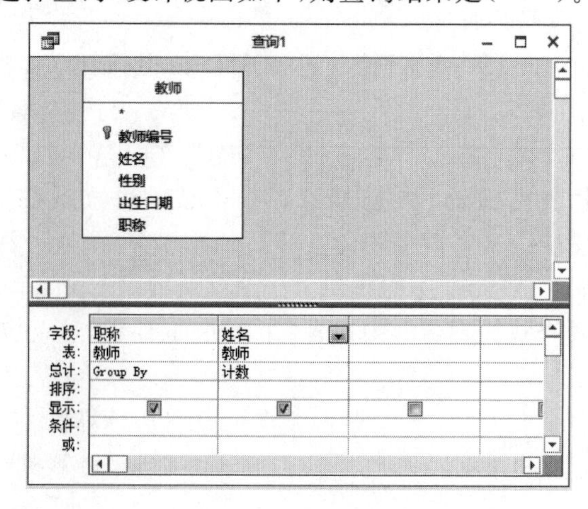

A. 显示教师的职称、姓名和同名教师的人数

B. 显示教师的职称、姓名和同样职称的人数

C. 按职称的顺序分组显示教师的姓名

D. 按职称统计各类职称的教师人数

155. 若查询的设计如下图所示，则查询的功能是(　　)。

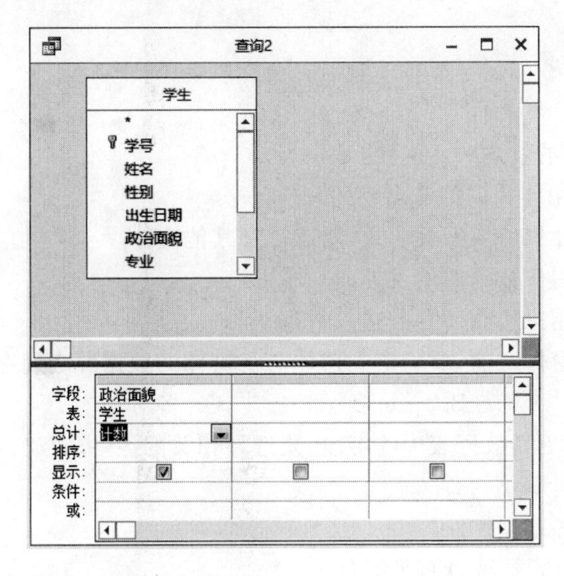

A. 设计尚未完成，无法进行统计

B. 统计政治面貌信息仅包含 Null(空)值的记录条数

C. 统计政治面貌信息不包含 Null(空)值的记录条数

D. 统计政治面貌信息包含 Null(空)值全部记录条数

参考答案

1～5 ADAAB	6～10 BBCAC	11～15 DCABD	16～20 BDADD
21～25 DBCBA	26～30 DACBB	31～35 DCCAD	36～40 CDCBB
41～45 CBBBC	46～50 CDBDD	51～55 AADCC	56～60 CBDAC
61～65 DADDC	66～70 ABBDB	71～75 BACBA	76～70 DABAA
81～85 AAACC	86～90 ADCBD	91～95 CDCDD	96～100 CBDBB
101～105 ABBDA	106～110 CBCAD	111～115 AAACA	116～120 ABBBA
121～125 CACDD	126～130 ADBBA	131～135 CABCC	136～140 DBBCB
141～145 CBCBC	146～150 BAACA	151～155 CACDC	

习题 4　窗　体

1. 下列关于窗体的叙述中,正确的是(　　)。

   A. 窗体只能用作数据的输出界面

   B. 窗体可设计成切换面板形式,用以打开其他窗体

   C. 窗体只能用作数据的输入界面

   D. 窗体不能用来接收用户的输入数据

2. 在创建主/子窗体之前,要确定主窗体与子窗体的数据源之间存在着(　　)关系。

   A. 一对一　　B. 一对多　　C. 多对一　　D. 多对多

3. 在窗体中为了更新数据表中的字段,要选择相关的控件,正确的控件选择是(　　)。

   A. 只能选择计算型控件

   B. 只能选择绑定型控件

   C. 可以选择绑定型或计算型控件

   D. 可以选择绑定型、非绑定型或计算型控件

4. 下列关于数据表与窗体的叙述,正确的是(　　)。

   A. 数据表和窗体均能输入数据、编辑数据

   B. 数据表和窗体均能存储数据

   C. 数据表和窗体均只能以行和列的形式显示数据

   D. 数据表的功能用窗体也能实现

5. 从外观上看与数据表和查询显示界面相同的是(　　)窗体。

   A. 纵栏式　　B. 表格式　　C. 数据表　　D. 数据透视表

6. 以下关于文本框控件的说法中,错误的是(　　)。

   A. 文本框主要用来输入或编辑字段数据,它是一种交互式控件

   B. 绑定型文本框只能从表或查询中获得所需要的内容

   C. 非绑定文本框一般用来显示提示信息或接收用户输入数据等

   D. 计算型文本框中,可以显示表达式的结果

7. 要显示格式为日期或时间,应当设置文本框的控件来源属性是(　　)。

   A. Date(　　)或 Time(　　)　　B. =Date(　　)或=Time(　　)

   C. Date(　　)&"/"&Time(　　)　　D. =Date(　　)&"/"&=Time(　　)

8. 下面是关于查询和窗体的说法中,既属于查询又属于窗体的是(　　)。

   A. 可以搜索数据库中的信息

   B. 可以修改数据信息

   C. 不仅可以搜索并计算一个表中的数据,还可以同时搜索多个表中的数据

D. 可以查看和修改数据

9. 控件类型不包括(　　)。

A. 绑定型　　B. 非绑定型　　C. 计算型　　D. 非计算型

10. 已知教师表“学历”字段的值只可能是四项(博士、硕士、学士或其他)之一,为了方便输入数据,设计窗体时,学历对应的控件应该选择(　　)。

A. 标签　　B. 文本框　　C. 组合框　　D. 复选框

11. 下列不完全属于窗体的常用格式属性的集合是(　　)。

A. 标题、边框样式、分隔线　　B. 滚动条、关闭按钮、默认视图

C. 分隔线、自动居中、记录选定器　　D. 记录源、标题、背景颜色

12. 在 Access 数据库中,主窗体中的窗体称为(　　)。

A. 主窗体　　B. 一级窗体　　C. 子窗体　　D. 三级窗体

13. 在“学生”表中用“照片”字段存放相片,当使用向导为该表创建窗体时,照片字段使用的默认控件是(　　)。

A. 绑定对象框　　B. 图像　　C. 图形　　D. 未绑定对象框

14. 在 Access 2010 中,窗体最多可包含(　　)。

A. 3 个区域　　B. 4 个区域　　C. 5 个区域　　D. 6 个区域

15. “特殊效果”属性值用于设定控件的显示特效,下列属于“特殊效果”属性值的是(　　)。

①平面　②颜色　③凸起　④蚀刻　⑤透明　⑥阴影　⑦凹陷　⑧凿痕　⑨倾斜

A. ①②③④⑤⑥　　B. ①③④⑤⑥⑦　　C. ①④⑥⑦⑧⑨　　D. ①③④⑥⑦⑧

16. 窗口事件是指操作窗口时所引发的事件,下列不属于窗口事件的是(　　)。

A. 加载　　B. 打开　　C. 关闭　　D. 确定

17. 键盘事件是操作键盘所引发的事件,下列不属于键盘事件的是(　　)。

A. 击键　　B. 键按下　　C. 键释放　　D. 键锁定

18. 在教师信息输入窗体中,为职称字段提供“教授”“副教授”“讲师”等选项供用户直接选择,应使用的控件是(　　)。

A. 标签　　B. 组合框　　C. 文本框　　D. 复选框

19. 没有数据来源,且可以用来显示信息、线条、矩形或图像的控件的类型是(　　)。

A. 绑定型　　B. 非绑定型　　C. 计算型　　D. 非计算型

20. 下列不属于控件格式属性的是(　　)。

A. 标题　　B. 正文　　C. 字体大小　　D. 字体粗细

21. 鼠标事件是指操作鼠标所引发的事件,下列不属于鼠标事件的是(　　)。

A. 鼠标按下　　B. 鼠标移动　　C. 鼠标释放　　D. 鼠标锁定

22. 在窗体中,最基本的区域是(　　)。

A. 页面页眉　　B. 主体　　C. 窗体页眉　　D. 窗体页脚

23. 窗体中可以包含一列或几列数据,用户只能从列表中选择值,而不能输入新值的控件是(　　)。

A. 列表框　　B. 组合框

C. 列表框和组合框　　D. 以上两者都不可以

24. 如果在文本框内输入数据后,按 Enter 键或按 Tab 键,输入焦点可立即移至下一指

定文本框,应设置(　　)。

A. "Tab 键索引"属性　　B. "制表位"属性

C. "自动 Tab 键"属性　　D. "Enter 键行为"属性

25. 下列不属于窗体的类型的是(　　)。

A. 纵栏式窗体　　B. 表格式窗体　　C. 模块式窗体　　D. 数据表窗体

26. 主要用于显示、输入、更新数据库中字段的控件的类型是(　　)。

A. 绑定型　　B. 非绑定型　　C. 计算型　　D. 非计算型

27. 下列事件不属于 Access 中的事件的为(　　)。

A. 键盘事件　　B. 鼠标事件　　C. 窗口事件　　D. 控件事件

28. Access 数据库中,若要求在窗体上设置输入的数据是取自某一个表或查询中记录的数据.或者取自某固定内容的数据,可以使用的控件是(　　)。

A. 选项组控件　　B. 列表框或组合框控件

C. 文本框控件　　D. 复选框、切换按钮、选项按钮控件

29. Access 的"切换面板"归属的对象是(　　)。

A. 表　　B. 查询　　C. 窗体　　D. 页

30. 如果要显示的记录和字段较多,并且希望可以同时浏览多条记录及方便比较相同字段,则应创建的窗体类型是(　　)。

A. 纵栏式　　B. 主子窗体　　C. 数据表式　　D. 图表式

31. 表格式窗体同一时刻能显示(　　)。

A. 1 条记录　　B. 2 条记录　　C. 3 条记录　　D. 多条记录

32. 属于交互式控件的是(　　)。

A. 标签控件　　B. 文本框控件　　C. 命令按钮控件　　D. 图像控件

33. 下列方法中,不能创建一个窗体的是(　　)。

A. 使用自动创建窗体功能　　B. 使用窗体向导

C. 使用设计视图　　D. 使用 SQL 语句

34. 在显示具有(　　)关系的表或查询中的数据时,子窗体特别有效。

A. 一对一　　B. 多对多　　C. 一对多　　D. 复杂

35. 下列选项中,在报表"设计视图"工具栏中有、而在窗体"设计视图"中没有的按钮是(　　)。

A. 代码　　B. 字段列表　　C. 工具箱　　D. 排序与分组

36. 若在"销售总数"窗体中有"订货总数"文本框控件,能够正确引用控件值的是(　　)。

A. Forms.[销售总数].[订货总数]　　B. Forms![销售总数].[订货总数]

C. Forms.[销售总数]![订货总数]　　D. Forms![销售总数]![订货总数]

37. 下列不是窗体控件的是(　　)。

A. 表　　B. 单选按钮　　C. 图像　　D. 直线

38. 在教师信息输入窗体中,为职称字段提供"教授""副教授""讲师"等选项供用户直接选择,最合适的控件是(　　)。

A. 标签　　B. 复选框　　C. 文本框　　D. 组合框

39. 用户使用"窗体"功能创建窗体,如果选定的记录源有相关的表或查询,下列说法中

正确的是(　　)。

A. 窗体还将包含来自这些记录源的所有字段和记录

B. 窗体将不包含来自这些记录源的所有字段和记录

C. 窗体还将包含来自这些记录源的所有字段,但不包含记录

D. 窗体还将包含来自这些记录源的所有记录,但不包含字段

40. 在设置自动启动窗体时,不用定义窗体的(　　)。

A. 名称　　B. 大小　　C. 标题　　D. 图标

41. 下列对窗体的描述中,错误的一项是(　　)。

A. 设计窗体对象主要是用于数据的输出或显示

B. 利用窗体可以定制从查询或表中提取的数据的显示方式

C. 窗体提供了独立的动作流以捕捉错误

D. 设计窗体对象可以控制应用程序的执行

42. 组合框和列表框类似,其主要区别是(　　)。

A. 组合框同时具有文本框及一个下拉列表

B. 列表框只需要在窗体上保留基础列表的一个值所占的控件

C. 组合框的数据类型比列表框多

D. 列表框占内存空间少

43. 窗体设计中,决定了按 Tab 键时焦点在各个控件之间移动顺序的属性是(　　)。

A. Index　　B. TabStop　　C. TabIndex　　D. SetFocus

44. 在"设计视图"中按下列几种方法对窗体进行自定义,下列说法中不正确的是(　　)。

A. 节可以添加、删除、隐藏窗体的页眉、页脚和主体节,或者调整其大小,也可以设置节属性以控制报表的外观与打印。

B. 记录源可以更改窗体所基于的表和查询

C. "窗体"窗口可以添加控件以显示计算值、总计、当前日期与时间,以及其他有关报表的有用信息

D. 可以移动控件、调整控件的大小或设置其字体属性

45. 能接收用户输入数据的窗体控件是(　　)。

A. 列表框　　B. 图像　　C. 标签　　D. 文本框

46. 控件的类型可以分为(　　)。

A. 绑定型、对象型、非绑定型　　B. 对象型、非绑定型、计算型

C. 对象型、绑定型、计算型　　D. 结合型、非绑定型、计算型

47. 表示窗体集合中的第一个窗体对象的是(　　)。

A. Forms. Item(0)　　B. Item(0)

C. Forms. Item(1)　　D. Item(1)

48. 用于显示多个相关联的表和查询中数据的窗体是(　　)。

A. 图表窗体　　B. 主/子窗体

C. 数据透视表窗体　　D. 纵栏式窗体

49. 用于设定控件的输入格式的是(　　)。

A. 验证规则　　B. 验证文本　　C. 是否有效　　D. 输入掩码

50. 下列不属于窗体数据属性的是(　　)。

A. 数据输入　　B. 允许编辑　　C. 特殊效果　　D. 排序依据

51. 因修改文本框中的数据而触发的事件是(　　)。

A. Getfocus　　B. Edit　　C. Change　　D. LostFocus

52. 下列选项中叙述正确的是(　　)。

A. 如果选项组结合到某个字段,则只有选项组框架本身结合到该字段,而不是选项组框架内的复选框、选项按钮或切换按钮

B. 选项组可以设置为表达式或非绑定选项组,也可以在自定义对话框中使用非绑定选项组来接收用户的输入,但不能根据输入的内容来执行相应的操作

C. 选项组是由一个组框、一个复选框、选项按钮或切换按钮和关闭按钮组成的

D. 以上说法均错

53. 主要针对控件的外观或窗体的显示格式而设置的是(　　)属性。

A. 格式　　B. 数据　　C. 状态栏文字　　D. 验证规则

54. 窗体类型中将窗体的一个显示记录按列分隔,每列的左边显示字段名,右边显示字段内容的是(　　)。

A. 表格式窗体　　B. 数据表窗体　　C. 纵栏式窗体　　D. 主/子窗体

55. 在已建窗体中有一命令按钮(名为 Command1),该按钮的单击事件对应的 VBA 代码为:

```
Private Sub Command1_Click()
    subT.Form.RecordSource = "select * from 雇员"
End Sub
```

单击该按钮实现的功能是(　　)。

A. 使用 select 命令查找“雇员”表中的所有记录

B. 使用 select 命令查找并显示“雇员”表中的所有记录

C. 将 subT 窗体的数据来源设置为一个字符串

D. 将 subT 窗体的数据来源设置为“雇员”表

56. 组合框可以分为(　　)。

A. 绑定型与计算型　　B. 绑定型与非绑定型

C. 非绑定型与计算型　　D. 绑定型与对象型

57. 当窗体中的内容需要多页显示时,可以使用(　　)控件来进行分页。

A. 组合框　　B. 子窗体/子报表　　C. 选项组　　D. 选项卡

58. 为了使窗体美观大方,可以创建的控件是(　　)。

A. 组合框控件　　B. “图像”控件　　C. 标签控件　　D. 命令按钮控件

59. 关于窗体视图的说法中,正确的是(　　)。

A. 窗体视图和查询视图一样,均有三种视图

B. 窗体视图用于创建窗体或修改窗体的窗口

C. 设计视图用于添加或修改表中的数据

D. 数据表视图主要用于编辑、添加、修改、查询或删除数据

60. 在 Access 中,可用于设计输入界面的对象是(　　)。

A. 窗体　　　　B. 报表　　　　C. 查询　　　　D. 表

61. 可以作为窗体记录源的是(　　)。

A. 表　　　　B. 查询

C. select 语句　　　　D. 表、查询或 select 语句

62. 设有如下说明,请回答 62～63。

有如下窗体,窗体的名称为 finTest,窗体中有一个标签和一个命令按钮,名称分别为 Labell 和 bChange。

在"窗体视图"显示该窗体时,要求在单击命令按钮后标签上显示的文字颜色变为红色,以下能实现该操作的语句是(　　)。

A. labell. ForeColor＝255　　　　B. bChange. ForeColor＝255

C. labell. ForeColor＝"255"　　　　D. bChange. ForeColor＝"255"

63. 若将窗体的标题设置为"改变文字显示颜色",应使用的语句是(　　)。

A. Me＝"改变文字显示颜色"　　　　B. Me. Caption＝"改变文字显示颜色"

C. Me. text＝"改变文字显示颜色"　　　　D. Me. Name＝"改变文字显示颜色"

64. 在"窗体视图"中显示窗体时,窗体中没有记录选定器,应将窗体的"记录选定器"属性值设置为(　　)。

A. 是　　　　B. 否　　　　C. 有　　　　D. 无

65. 若要求在文本框中输入文本时达到密码"*"号的显示效果,则应设置的属性是(　　)。

A. "默认值"属性　　　　B. "标题"属性

C. "密码"属性　　　　D. "输入掩码"属性

66. 窗体上添加有 3 个命令按钮,分别命名为 Command1、Command2 和 Command3。编写 Command1 的单击事件过程,完成的功能为:当单击按钮 Command1 时,按钮 Command2 可用,按钮 Command3 不可见。以下正确的是(　　)。

A. Private Sub Command1 _ Click ( ) Command2. Visible = True Command3. Visible＝False EndSub

B. Private Sub Command1 Click ( ) Command2. Enabled = True Command3. Enabled＝False EndSub

C. Private Sub Command1 _ Click ( ) Command2. Enabled = True Command3. Visible＝False End Sub

D. Private Sub Command1 _ Click ( ) Command2. Visible = True Command3. Enabled＝False End Sub

67. 不能用来作为表或查询中"是/否"值输出的控件是(　　)。

A. 复选框　　　　B. 切换按钮　　　　C. 选项按钮　　　　D. 命令按钮

68. 若在窗体设计过程中,命令按钮 Command0 的事件属性设置如下图所示,则含义是(　　)。

A. 只能为"进入"事件和"单击"事件编写事件过程

B. 不能为"进入"事件和"单击"事件编写事件过程

C. "进入"事件和"单击"事件执行的是同一事件过程

D. 已经为"进入"事件和"单击"事件编写了事件过程

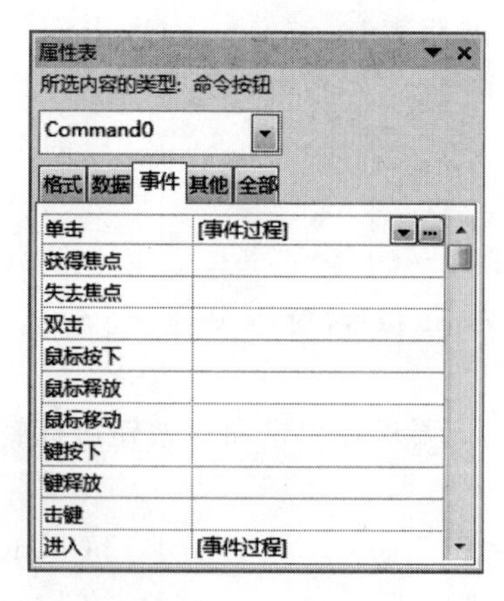

69. 下列不是窗体格式属性的选项是(　　)。

A. 标题　　B. 帮助　　C. 默认视图　　D. 滚动条

70. 发生在控件接收焦点之前的事件是(　　)。

A. Enter　　B. Exit　　C. GotFocus　　D. LostFocus

71. 在面向对象程序设计中,对象信息的隐藏主要是通过(　　)来实现的。

A. 对象的封装性　　B. 子类的继承性

C. 系统模块化　　D. 模块的可重用性

72. 下列关于对象"更新前"事件的叙述中,正确的是(　　)。

A. 在控件或记录的数据变化后发生的事件

B. 在控件或记录的数据变化前发生的事件

C. 当窗体或控件接收到焦点时发生的事件

D. 当窗体或控件失去了焦点时发生的事件

73. 下列代码中可以使控件 TxtBox 获得焦点的是(　　)。

A. set TxtBox. focus　　B. set TxtBox. focus=true

C. TxtBox. SetFocus　　D. TxtBox. SetFocus=true

74. 下列属性中,属于窗体的"数据"类属性的是(　　)。

A. 记录源　　B. 自动居中　　C. 获得焦点　　D. 记录选择器

75. 如果将窗体背景图片存储到数据库文件中,则在"图片类型"属性框中应指定(　　)方式。

A. 嵌入　　B. 链接　　C. 嵌入或链接　　D. 任意

76. 下列窗体中不可以自动创建的是(　　)。

A. 纵栏式窗体　　B. 表格式窗体　　C. 图表窗体　　D. 主/子窗体

77. 打开窗体后,通过工具栏上的"视图"按钮可以切换的视图不包括(　　)。

A. 设计视图　　B. 窗体视图　　C. SQL 视图　　D. 数据表视图

78. 在代码中引用一个窗体控件时,应使用的控件属性是(　　)。

A. Caption　　B. Name　　C. Text　　D. Index

79. 若要求在一个记录的最后一个控件按下 Tab 键后,光标会移至下一条记录的第一个文本框,则应在窗体属性里设置(　　)属性。

A. 记录锁定　　B. 记录选定器　　C. 滚动条　　D. 循环

80. 图书管理系统中有一个与书籍表相关的书籍分类表,它仅有两个字段分类编号和分类名称。现在要为该书籍分类表创建一个书籍分类窗体且尽可能多地在该窗体中浏览记录,那么适宜创建的窗体是(　　)。

A. 纵栏式窗体　　B. 表格式窗体　　C. 图表窗体　　D. 主/子窗体

81. 确定一个窗体大小的属性是(　　)。

A. Top 和 Left　　B. Top 和 Height

C. 向组合框中添加一个新列时　　D. 更改组合框下拉列表的选择时

82. 下列选项中,所有控件共有的属性是(　　)。

A. Caption　　B. Value　　C. Text　　D. Name

83. 为窗体或报表上的控件设置属性值的宏命令是(　　)。

A. Echo　　B. Set Warnings　　C. Beep　　D. SetValue

84. 下列控件中,用来显示窗体或其他控件的说明文字,而与字段没有关系的是(　　)。

A. 命令按钮　　B. 标签　　C. 文本框　　D. 复选框

85. 下列不属于 Access 窗体的视图是(　　)。

A. 设计视图　　B. 窗体视图　　C. 版面视图　　D. 数据表视图

86. 确定一个控件在窗体或报表上位置的属性是(　　)。

A. Width 或 Height　　B. Width 和 Height

C. Top 或 Left　　D. Top 和 Left

87. 假定窗体的名称为 fmTest,则把窗体的标题设置为 Access Test 的语句是(　　)。

A. Me="Access Test"　　B. Me. Caption="Access Test"

C. Me. text="Access Test"　　D. Me. Name="Access Test"

88. 要使窗体上的按钮运行时不可见,需要设置的属性是(　　)。

A. Enable　　B. Visible　　C. Default　　D. Cancel

89. 假设已在 Access 中建立了包含"书名""单价""数量"3 个字段的 tOfg 表,以该表为数据源创建的窗体中,有一个计算订购总金额的文本框,其控件来源为(　　)。

A. [单价]*[数量]

B. =[单价]*[数量]

C. [图书订单表]! [单价]*[图书订单表]! [数量]

D. =[图书订单表]! [单价]*[图书订单表]! [数量]

90. 要在文本框中显示当前日期和时间,应当设置文本框的控件来源属性为 (　　)。

A. =Date(　　)　　B. =Time(　　)　　C. =Now(　　)　　D. =Year(　　)

91. 文本框(Text1)中有选定的文本,执行 Text1. SelText="Hello"的结果是(　　)。

A. "Hello"将替换原来选定的文本

B. "Hello"将插入到原来选定的文本之前

C. Text1. SelLength 为 5

D. 文本框中只有"Hello"信息

92. 下列不属于窗体类型的是 (　　)。

A. 纵栏式窗体　　B. 表格式窗体　　C. 开放式窗体　　D. 数据表窗体

93. 决定一个窗体有无“控制”菜单的属性是(　　)。
A. MinButton　　B. Caption　　C. MaxButton　　D. ControlBox

94. 窗体的设计视图中必须有(　　)节。
A. 窗体页眉　　B. 窗体页脚　　C. 页面页眉　　D. 主体

95. 下面关于窗体作用的叙述中,错误的是(　　)。
A. 可以接收用户输入的数据或命令　　B. 可以编辑、显示数据库中的数据
C. 可以构造方便、美观的输入输出界面　　D. 可以直接存储数据

96. 不是窗体文本框控件的格式属性选项的是(　　)。
A. 标题　　B. 可见性　　C. 前景颜色　　D. 背景颜色

97. Access 窗体或报表及其上的控件等对象可以“辨识”的动作称为(　　)。
A. 方法　　B. 事件　　C. 过程　　D. 模块

98. 能被“对象所识别的动作”和“对象可执行的活动”分别称为对象的(　　)。
A. 方法和事件　　B. 事件和方法　　C. 事件和属性　　D. 过程和方法

99. 下列对对象概念的描述中,错误的是(　　)。
A. 任何对象都必须有继承性　　B. 对象是属性和方法的封装体
C. 对象间的通信靠消息传递　　D. 操作是对象的动态属性

100. 当第一次打开窗体时,事件以(　　)的顺序发生的。
① Current　②Load　③Open　④Resize　⑤Close　⑥Unload
A. ①—②—③—④—⑤—⑥　　B. ③—④—②—①—⑥—⑤
C. ②—①—③—④—⑤—⑥　　D. ③—②—④—①—⑥—⑤

101. 采用面向对象技术开发的应用系统的特点是(　　)。
A. 重用性更强　　B. 运行速度更快　　C. 占用存储量小　　D. 维护更复杂

102. 面向对象的设计方法与传统的面向过程的方法有本质不同,它的基本原理是(　　)。
A. 模拟现实世界中不同事物之间的联系
B. 强调模拟现实世界中的算法而不强调概念
C. 使用现实世界的概念抽象地思考问题从而自然地解决问题
D. 鼓励开发者在软件开发的绝大部分中都用实际领域的概念去思考

103. 若窗体 Frm1 中有一个命令按钮 Cmd1,则窗体和命令按钮的 Click 事件过程名分别为(　　)。
A. Form_Click()和 Command1_Click()
B. Frm1_Click()和 Commamd1_Click()
C. Form_Click()和 Cmd1_Click()
D. Frm1_Click()和 Cmd1_Click()

104. 一个窗体上有两个文本框,其放置顺序分别是 Text1、Text2 ,要想在 Text1 中按 Enter 键后焦点自动转到 Text2 上,需编写的事件是(　　)。
A. Private Sub Text1_KeyPress(KeyAscii As Integer)
B. Private Sub Text1_LostFocus()
C. Private Sub Text2_GotFocus()
D. Private Sub Text1_Click()

105. 在窗口中有一个标签 Label0 和一个命令按钮 Command1，Command1 的事件代码如下：

```
Private Sub Command1_Click()
    Label0.Top = Label0.Top + 20
End Sub
```

打开窗口后，单击命令按钮，结果是(　　)。

A. 标签向上加高　B. 标签向下加高　C. 标签向上移动　D. 标签向下移动

106. 编写如下窗体事件过程：

```
Private Sub Form_MouseDown(Button As Integer ,Shift As Integer, X As Single, Y As Single)
    If Shift = 6 And Button = 2 Then
        MsgBox "Hello"
    End If
End Sub
```

程序运行后，为了在窗体上消息框中输出 Hello 信息，在窗体上应执行的操作是(　　)。

A. 同时按下 Shift 键和鼠标左键　B. 同时按下 Shift 键和鼠标右键

C. 同时按下 Ctrl、Alt 键和鼠标左键　D. 同时按下 Ctrl、Alt 键和鼠标右键

参考答案

1～5 BBBAC　6～10 BBBDC　11～15 DCACD　16～20 DDBBB

21～25 DBAAC　26～30 ADBCC　31～35 DBDCD　36～40 DADAB

41～45 AACCD　46～50 DABDC　51～55 CAACD　56～60 BDBDA

61～65 DABBD　66～70 CDDBA　71～75 ABCAA　76～80 CCBDB

81～85 ADDBC　86～90 DBBBC　91～95 ACDDD　96～100 ABBAD

101～105 ACCAD　106 D

习题5 报　　表

1. 报表的作用不包括(　　)。

A. 分组数据　　B. 汇总数据　　C. 格式化数据　　D. 输入数据

2. 在(　　)中,一般是以大字体将该份报表的标题放在报表顶端的一个标签控件中。

A. 报表页眉　　B. 页面页眉　　C. 报表页脚　　D. 页面页脚

3. 在计算控件中,每个表达式前都要加上(　　)运算符。

A. "="　　B. "!"　　C. "."　　D. Like

4. 将报表与某一数据表或查询绑定起来的报表属性是(　　)。

A. 记录源　　B. 打印版式　　C. 打开　　D. 帮助

5. 用于查看报表的页面数据输出形态是指(　　)。

A. 设计视图　　B. 布局视图　　C. 版面预览视图　　D. 打印报表视图

6. 在报表中要添加标签控件,应使用(　　)。

A. 工具栏　　B. 属性表　　C. 工具箱　　D. 字段列表

7. Access 的报表对象的记录源可以设置为(　　)。

A. 表名　　B. 查询名　　C. 表名或查询名　　D. 随意设置

8. 创建报表时,可以设置(　　)对记录进行排序。

A. 字段　　B. 表达式　　C. 字段表达式　　D. 关键字

9. 要在报表中输出时间,设计报表时要添加一个控件,且需要将该控件的"控件来源"属性设置为时间表达式,最合适的控件是(　　)。

A. 标签　　B. 文本框　　C. 列表框　　D. 组合框

10. 如果设置报表上某个文件框的"控件来源"属性为"=2 * 3+1",则打开报表视图时,该文本框的显示信息是(　　)。

A. 未绑定　　B. 7　　C. 2 * 3+1　　D. 出错

11. 报表可以对记录源中的数据所做的操作为(　　)。

A. 修改　　B. 显示　　C. 编辑　　D. 删除

12. 要设计出带表格线的报表,完成表格线的显示需要向报表中添加(　　)控件。

A. 复选框　　B. 标签　　C. 文本框　　D. 直线或矩形

13. 以下关于报表组成的叙述中,错误的是(　　)。

A. 打印在每页的底部,用来显示本页的汇总说明的是页面页脚

B. 用来显示整份报表的汇总说明,在所有记录都被处理后,只打印在报表的结束处的是报表页脚

C. 报表显示数据的主要区域叫主体

D. 用来显示报表中的字段名称或对记录的分组名称的是报表页眉

14. 计算控件的控件来源属性一般设置为以(　　)开头的计算表达式。

A. 双引号　　B. 等号(=)　　C. 括号　　D. 字母

15. 图表式报表中,要显示一组数据的记录条数,应该用的函数是(　　)。

A. count()　　B. avg()　　C. sum()　　D. max()

16. 报表类型不包括(　　)。

A. 纵栏式　　B. 表格式　　C. 数据表　　D. 图表式

17. 下面关于报表对数据的处理中叙述正确的是(　　)。

A. 报表只能输入数据　　B. 报表只能输出数据

C. 报表可以输入和输出数据　　D. 报表不能输入和输出数据

18. 下图所示的是报表设计视图,由此可判断该报表的分组字段是(　　)。

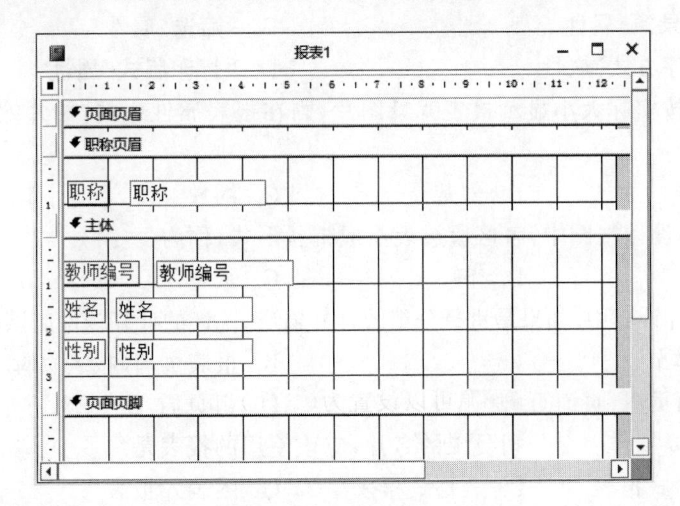

A. 教师编号　　B. 姓名　　C. 性别　　D. 职称

19. 为了在报表的每一页底部显示页码号,应该设置(　　)。

A. 报表页眉　　B. 页面页眉　　C. 页面页脚　　D. 报表页脚

20. 在报表设计过程中,不适合添加的控件是(　　)。

A. 标签控件　　B. 图形控件　　C. 文本框控件　　D. 选项组控件

21. 报表主要分为(　　)种类型。

A. 1　　B. 2　　C. 3　　D. 4

22. 报表显示数据的主要区域是(　　)。

A. 报表页眉　　B. 页面页眉　　C. 主体　　D. 报表页脚

23. 要设置在报表每页的顶部都输出的信息,需要设置(　　)。

A. 页面页眉　　B. 报表页脚　　C. 报表页眉　　D. 页面页脚

24. 要实现报表的分组统计,其操作区域是(　　)。

A. 报表页眉或报表页脚区域　　B. 页面页眉或页面页脚区域

C. 主体区域　　D. 组页眉或组页脚区域

25. 在以下关于报表数据源设置的叙述中,正确的是(　　)。

A. 可以是任意对象　　B. 只能是表对象

C. 只能是查询对象　　　　　　　　　D. 可以是表对象或查询对象

26. 如果将报表属性的“页面页眉”属性项设置成“报表页眉不要”,则打印预览时(　　)。

A. 不显示报表页眉　　　　　　　　　B. 不显示页面页眉

C. 在报表页眉所在页不显示页面页眉　D. 不显示报表页眉,替换为页面页眉

27. 一个报表最多可以对(　　)个字段或表达式进行分组。

A. 6　　　　B. 8　　　　C. 10　　　　D. 16

28. 主报表是基于(　　)创建的报表。

A. 表　　　　B. 查询　　　　C. 具有主键的表　　　　D. 对集

29. 在设计报表的过程中,如果要进行强制分页,应使用的控件工具是(　　)。

A. 插入分页符　　　　B. 选项组　　　　C. 组合框　　　　D. 切换按钮

30. 下列选项中,不是报表的数据属性的一项为(　　)。

A. “记录源”属性　　　　　　　　　B. “筛选”属性

C. “排序方式”属性　　　　　　　　D. “打印版式”属性

31. 如果想按实际大小显示报表背景图片,则在报表属性中的“图片缩放模式”属性应设置为(　　)。

A. 拉伸　　　　B. 剪裁　　　　C. 缩放　　　　D. 平铺

32 在报表的设计视图中,各区段被表示成带状形式,称为(　　)。

A. 段　　　　B. 节　　　　C. 页　　　　D. 章

33. 报表统计计算中,如果是进行分组统计并输出,统计的计算控件应该布置在(　　)。

A. 主体节　　　　　　　　　　　　B. 报表页眉/报表页脚

C. 页面页眉/页面页脚　　　　　　D. 组页眉/组页脚

34. 如果需要制作一个公司员工的名片,应该使用的报表是(　　)。

A. 纵栏式报表　　　　B. 表格式报表　　　　C. 图表式报表　　　　D. 标签式报表

35. 下列选项不属于报表数据来源的是(　　)。

A. 宏和模块　　　　B. 基表　　　　C. 查询　　　　D. SQL 语句

36. 计算报表中学生的“英语”课程的最高分,应把控件源属性设置为(　　)。

A. =Max(英语)　　B. Max(英语)　　C. =Max([英语])　D. Max([英语])

37. 纵栏式报表的字段标题被安排在(　　)节区显示。

A. 报表页眉　　　　B. 主体　　　　C. 页面页眉　　　　D. 页面页脚

38. 下列关于报表的叙述中,正确的是(　　)。

A. 报表只能输入数据　　　　　　　B. 报表只能输出数据

C. 报表可以输入和输出数据　　　　D. 报表不能输入和输出数据

39. 对于已经设置排序或分组的报表,下列说法中正确的是(　　)。

A. 可以进行删除排序、分组字段或表达式的操作,不能进行添加排序、分组字段或表达式的操作

B. 可以进行添加和删除排序、分组字段或表达式的操作,不能进行修改排序、分组字段或表达式的操作

C. 可以进行修改排序、分组字段或表达式的操作,不能进行删除排序、分组字段或表达式的操作

D. 可以进行添加、删除和更改排序，分组字段或表达式的操作

40. 用于显示整个报表的计算汇总或其他的统计数字信息的是(　　)。

A. 报表页脚节　　B. 页面页脚页　　C. 主体节　　D. 页面页眉节

41. 预览主/子报表时，子报表页面页眉中的标签(　　)。

A. 每页都显示一次　　B. 每个子报表只在第一页显示一次

C. 每个子报表每页都显示　　D. 不显示

42. 下列打印方式中，无论是在打印格式上，还是在处理大量的数据上都具有不可比拟的优势的是(　　)。

A. 从表中打印　　B. 从查询中打印　　C. 从窗体中打印　　D. 报表的打印

43. 一个报表可以有很多的节，一个新的报表会自动形成三个节，下列选项中不是它自动形成的是(　　)。

A. 页面页眉节　　B. 报表页眉节　　C. 主体节　　D. 页面页脚节

44. 如果要求在页面页脚中显示的页码形式为"第 x 页，共 y 页"，则页面页脚中的页码的控件来源应该设置为(　　)。

A. ="第"& [Pages] &"页,共"& [Page] &"页"

B. ="共"& [Pages] &"页,第"& [Page] &"页"

C. ="第"& [Page] &"页,共"& [Pages] &"页"

D. ="共"& [Page] &"页,第"& [Pages] &"页"

45. 报表记录分组是指报表设计时按选定的(　　)值是否相等而将记录划分成组的过程。

A. 记录　　B. 字段　　C. 属性　　D. 域

46. 下列选项中，关于数据库对象的概述，不正确的一项是(　　)。

A. 表是数据库的资源中心，是输入数据库信息的框架

B. 查询主要用来搜索数据库中的信息

C. 报表是用来存储数据库系统中数据的对象

D. 窗体是用来设计用户与数据库交互的界面

47. 要实现报表按某字段分组统计输出，需要设置的是(　　)。

A. 报表页脚　　B. 主体　　C. 该字段的组页脚　D. 页面页脚

48. 在一份报表中设计内容只出现一次的区域是(　　)。

A. 报表页眉　　B. 页面页眉　　C. 主体　　D. 页面页脚

49. 不属于报表组成部分的是(　　)。

A. 报表页眉　　B. 报表页脚　　C. 报表主体　　D. 报表设计器

50. 报表属性中，指定每英寸水平所包含点的数量的是(　　)。

A. 打印版式　　B. 网格线 X 坐标　　C. 网格线 Y 坐标　　D. 宽度

51. 要设置报表每页的底部都输出的信息，需要设置(　　)。

A. 报表页眉　　B. 页面页脚　　C. 页面页眉　　D. 报表页脚

52. 报表输出不可缺少的内容是(　　)。

A. 主体内容　　B. 页面页眉内容　　C. 页面页脚内容　　D. 报表页眉

53. 查看报表输出效果可以使用(　　)命令。

A. “打印预览” B. “打印” C. “页面设置” D. “版面设置”

54. 报表的功能不包括( )。

A. 呈现格式化数据 B. 分组组织数据,进行汇总

C. 进行计数、求平均、求和等统计计算 D. 对数据进行修改和存储

55. 下列关于纵栏式报表的描述中,错误的是( )。

A. 垂直方式显示

B. 可以显示一条或多条记录

C. 将记录数据的字段标题信息与字段记录数据一起安排在每页主体节区内显示

D. 将记录数据字段标题信息与字段记录数据一起安排在每页报表页眉节区内显示

56. 可以更直观地表示数据之间的关系的报表是( )。

A. 纵栏式报表 B. 表格式报表 C. 图表报表 D. 标签报表

57. 在设计表格式报表过程中,如果控件版面布局按纵向布置显示,则会设计出( )。

A. 标签报表 B. 纵栏式报表 C. 图表报表 D. 自动报表

58. 创建( )报表时,必须使用报表向导。

A. 纵栏式 B. 表格式 C. 标签式 D. 图表式

59. 在报表中添加页码,若想在左、右边距之间添加文本框,偶数页打印在左侧,而奇数页打印在右侧时,应选择的对齐方式是( )。

A. 左 B. 右 C. 内 D. 外

60. 要设置只在报表最后一页主体之后输出的信息,需要设置( )。

A. 报表页眉 B. 报表页脚 C. 页面页眉 D. 页面页脚

61. Access的报表要实现排序和分组统计操作,应通过设置( )属性来进行。

A. 排序与分组 B. 计算 C. 统计 D. 分类

62. 在报表中,改变一个节的宽度将( )。

A. 只改变这个节的宽度

B. 只改变报表的页眉、页脚宽度

C. 改变整个报表的宽度

D. 因为报表的宽度是确定的,所以不会有任何改变

63. 当在一个报表中列出学生的3门课a、b、c的成绩时,若要对每位学生计算3门课的平均成绩,只要设置新添计算控件的控制源为( )。

A. =a+b+c/3 B. (a+b+c)/3

C. =(a+b+c)/3 D. 以上表达式均错

64. 在报表设计中,用来绑定控件显示字段数据的最常用的计算控件是( )。

A. 标签 B. 文本框 C. 列表框 D. 选项按钮

65. 报表中的报表页眉是用来( )。

A. 显示报表中的字段名称或对记录的分组名称

B. 显示报表的标题、图形或说明性文字

C. 显示本页的汇总说明

D. 显示整份报表的汇总说明

66. 如果设置报表上某个文本框的控件来源属性为"＝7 Mod 4",则打印预览视图中,该文本框显示的信息为(　　)。

A. 未绑定　　B. 3　　C. 7 Mod 4　　D. 出错

67. 如果要使报表的标题在每页上都显示,那么应该设置(　　)。

A. 报表页眉　　B. 页面页眉

C. 组页眉　　D. 以上说法都不对

68. 用来显示报表的标题、图形或说明性文字的是(　　)。

A. 报表页眉　　B. 页面页眉　　C. 页面页脚　　D. 报表页脚

69. 下列叙述中正确的是(　　)。

A. 纵栏式报表将记录数据的字段标题信息被安排在每页主体节区内显示

B. 纵栏式报表将记录数据的字段标题信息被安排在页面页眉节区内显示

C. 表格式报表将记录数据的字段标题信息被安排在每页主体节区内显示

D. 多态性是使该类以统一的方式处理相同数据类型的一种手段

70. 在报表设计的工具栏中,用于修饰版面以达到更好显示效果的控件是(　　)。

A. 直线和矩形　　B. 直线和圆形　　C. 直线和多边形　　D. 矩形和圆形

71. 在使用报表设计器设计报表时,如果要统计报表中某个字段的全部数据,应将计算表达式放在(　　)。

A. 组页眉/组页脚　　B. 页面页眉/页面页脚

C. 报表页眉/报表页脚　　D. 主体

72. 用于显示整个报表的计算汇总或其他数字信息的是(　　)。

A. 报表页脚　　B. 页面页脚　　C. 主体节　　D. 页面页眉

73. 以下不属于节属性的是(　　)。

A. 可见性　　B. 可以扩大　　C. 打印　　D. 关闭

74. 若要创建多列报表,则应单击"文件"菜单中的"页面设置"命令,选择(　　)选项卡。

A. "行"　　B. "列"　　C. "页"　　D. "边距"

75. 以下说法中错误的是(　　)。

A. 可以单独改变报表上各个节的大小　　B. 报表宽度不唯一

C. 可以分别改变报表的宽度和高度　　D. 可以同时改变报表的宽度和高度

76. 多列报表最常用的报表形式是(　　)。

A. 标签报表　　B. 图表报表　　C. 视图报表　　D. 数据表报表

77. 在报表设计中,以下可以作为绑定控件显示字段数据的是(　　)。

A. 文本框　　B. 标签　　C. 命令按钮　　D. 图像

78. 以下是关于报表属性及其解释中,错误的是(　　)。

A. 页面页眉:控制页标题是否出现在所有的页上

B. 记录来源:将报表与某一数据表或查询绑定起来

C. 宽度:设置页面的宽度

D. 帮助文件:报表的帮助文件

79. 报表的页面页眉主要用来(　　)。

A. 显示报表的标题、图形或说明文字

B. 显示报表中字段名称或对记录的分组名称

C. 显示记录数据

D. 显示汇总说明

80. 控制页脚注是否出现在所有的页上的报表属性是(　　)。

A. 报表页眉　　B. 页面页脚　　C. 页面页眉　　D. 报表页脚

81. 只能在报表的开始处的是(　　)。

A. 页面页眉节　　B. 页面页脚节　　C. 组页眉节　　D. 报表页眉节

82. 在(　　)中打印的特征是,用户可以控制与设定其中对象的外观或大小,然后将数据按照自己喜爱的或要求的格式打印出来。

A. 数据表　　B. 查询　　C. 窗体　　D. 报表

83. 关于在报表中添加日期和时间的说法,正确的是(　　)。

A. 只能添加在页面页脚或页面页眉　　B. 只能添加在报表页脚或报表页眉

C. 只能添加在报表页脚或页面页脚　　D. 可以安排在报表的任何节区里

参考答案

1～5 DAAAB　　6～10 CCABB　　11～15 BDDBA　　16～20 CBDCD

21～25 DCADD　　26～30 CCCAD　　31～35 BBDDA　　36～40 ABBDA

41～45 DDBCB　　46～50 CCADB　　51～55 BAADD　　56～60 CBDDB

61～65 ACCBB　　66～70 BBAAA　　71～75 CADBB　　76～80 AACBB

81～83 DDD

习题 6　宏

1. 为窗体或报表上的控件设置属性值的正确宏操作命令是(　　)。

A. Set　　B. SetData　　C. SetWarnings　　D. SetProperty

2. 某窗体中有一命令按钮,在窗体视图中单击此命令按钮打开另一个窗体,需要执行的宏操作是(　　)。

A. OpenQuery　　B. OpenReport　　C. OpenWindow　　D. OpenForm

3. 宏操作中用于执行指定的外部应用程序的是(　　)命令。

A. RunSQL　　B. RunApp　　C. SetValue　　D. GoToRecord

4. 下列有关宏操作的叙述中,错误的是(　　)。

A. 宏的条件表达式中不能引用窗体或报表的控件值

B. 所有宏操作都可以转换为相应的模块代码

C. 使用宏可以启动其他应用程序

D. 可以利用宏组来管理相关的一系列宏

5. 在宏的表达式中要引用报表 test 上控件 txtName 的值,可以使用引用式(　　)。

A. txtName　　B. test!txtName

C. Reports!test!txtName　　D. Reports!txtName

6. 下面关于宏与 VBA 的叙述中,正确的是(　　)。

A. 任何宏操作都可以通过编写相应的 VBA 代码实现其功能

B. 对于事务、重复性较强的操作应使用 VBA 代码来实现

C. 任何 VBA 代码都可以转换为等价的宏

D. 以上都正确

7. 在 Access 系统中提供了(　　)执行的宏调试工具。

A. 单步　　B. 同步　　C. 运行　　D. 继续

8. 由多个操作构成的宏,执行时的顺序是按(　　)依次执行的。

A. 排序次序　　B. 打开顺序　　C. 从后往前　　D. 输入顺序

9. 下列不属于打开或关闭数据表对象的命令是(　　)。

A. Close　　B. OpenReport　　C. OpenForm　　D. RunSQL

10. 定义(　　)有利于对数据库中宏对象的管理。

A. 数组　　B. 宏组　　C. 宏　　D. 窗体

11. 下列关于宏的说法中,错误的一项是(　　)。

A. 宏是若干操作的集合

B. 每个宏操作都有相同的宏操作参数

C. 宏操作不能自定义

D. 宏通常与窗体、报表中的命令按钮结合使用

12. 宏操作不能处理的是(　　)。

A. 打开报表　　B. 对错误进行处理

C. 显示提示信息　　D. 打开和关闭窗体

13. 条件宏的条件项的返回值是(　　)。

A. “真”　　B. 一般不能确定

C. “真”或“假”　　D. “假”

14. 运行包含子宏的宏时,Access 会从第一个子宏的操作起,执行每个宏操作,直至它(　　)。

A. 遇到 StopMacro 操作　　B. 遇到其他子宏名

C. 完成第一个子宏的所有操作　　D. 上述均可

15. 用于最大化激活窗口的宏命令是(　　)。

A. Minimize　　B. Requery　　C. Maximize　　D. Restore

16. 以下数据库对象中可以一次执行多个操作的是(　　)。

A. 窗体　　B. 菜单　　C. 宏　　D. 报表

17. 在模块中执行宏 macro1 的格式是(　　)。

A. Function. RunMacro MacroName　　B. DoCmd. RunMacro macro1

C. Sub. RunMacro macro1　　D. RunMacro macro1

18. 以下能用宏而不需要 VBA 就能完成的操作是(　　)。

A. 事务性或重复性的操作　　B. 数据库的复杂操作和维护

C. 自定义过程的创建和使用　　D. 一些错误过程

19. 用于显示消息框的宏命令是(　　)。

A. SetWarning　　B. SetValue　　C. MsgBox　　D. Beep

20. 下列关于宏命令的说法中,正确的是(　　)。

A. RunApp 调用 Visual Basic 的 Function 过程

B. RunCode 在 Access 中运行 Windows 或 MS－DOS 应用程序

C. RunMacro 是执行其他宏

D. StopMacro 是终止当前所有宏的运行

21. 要限制宏命令的操作范围,可以在创建宏时定义(　　)。

A. 宏操作对象　　B. 宏条件表达式

C. 窗体或报表控件属性　　D. 宏操作目标

22. 在一个数据库中已经设置了自动宏 AutoExec,如果在打开效据库时不想执行这个自动宏,正确的操作是(　　)。

A. 按 Enter 键打开数据库　　B. 打开效据库时按住 Alt 键

C. 打开数据库时按住 Ctrl 键　　D. 打开数据库时按住 Shift 键

23. 假设某数据库已建有宏对象“宏 l”,“宏 l”中只有一个宏操作 SetValue. 其中第一个参数项目为“[LabelO]. [Caption]”,第二个参数表达式为“[TrextO]”,窗体 fmTest 中有一个标签 Label0 和一个文本框 Text0,现设置控件 Text0 的“更新后”事件为运行“宏 l”,则结

果是(　　)。

A. 将文本框清空

B. 将标签清空

C. 将文本框中的内容复制给标签的标题，使二者显示相同内容

D. 将标签的标题复制到文本框，使二者显示相同内容

24. 宏中的每个操作都有名称，用户(　　)。

A. 能够更改操作名　　B. 不能更改操作名

C. 能对有些宏名进行更改　　D. 能够调用外部命令更改操作名

25. 一个非条件宏，运行时系统会(　　)。

A. 执行部分宏操作　　B. 执行全部宏操作

C. 执行设置了参数的宏操作　　D. 等待用户选择执行每个宏操作

26. 下列关于有条件的宏的说法中，错误的一项是(　　)。

A. 条件为真时，将执行此行中的宏操作

B. 宏在遇到条件内有省略号时，中止操作

C. 如果条件为假，将跳过该行操作

D. 上述都不对

27. 用于从文本文件中导入和导出数据的宏命令是(　　)。

A. InputText　　B. AddText　　C. TransferText　　D. InText

28. 宏是一个或多个(　　)的集合。

A. 事件　　B. 操作　　C. 关系　　D. 记录

29. 在宏表达式中要引用 Form1 窗体中的 txt1 控件的值，正确的引用方法是(　　)。

A. Form1!txt1　　B. txt1

C. Forms!Form1!txt1　　D. Forms!txt1

30. 停止当前运行的宏的宏操作是(　　)。

A. CancelEvent　　B. RunMacro　　C. StopMacro　　D. StopAllMacros

31. 某窗体上有一个命令按钮，要求单击该按钮后调用宏，打开应用程序 Microsoft Word，则设计该宏时应该选择的宏命令是(　　)。

A. RunApp　　B. RunCode　　C. RunMacro　　D. RunCommand

32. Access 中自动运行的宏可以定义(　　)个。

A. 1　　B. 2　　C. 10　　D. 任意

33. 创建宏不用定义(　　)。

A. 宏名　　B. 窗体属性　　C. 宏操作目标　　D. 宏操作对象

34. VBA 的自动运行宏，应当命名为(　　)。

A. AutoExec　　B. Autoexe　　C. Auto　　D. AutoExec. bat

35. 宏命令 Requery 的功能是(　　)。

A. 更新包括控件的重新计算和重新绘制　　B. 重新查询控件的数据源

C. 查找符合条件的记录　　D. 查找下一个符合条件的记录

36. 宏命令 RepaintObject 的功能是(　　)。

A. 更新包括控件的重新计算和重新绘制

B. 重新查询控件的数据源

C. 查找符合条件的记录

D. 查找下一条符合条件的记录

37. 宏命令 OpenTable 打开数据表,则可以显示该表的视图是(　　)。

A. 数据表视图　　B. 视计视图　　C. 打印预览视图　　D. 以上都是

38. 用于查找满足条件的下一条记录的宏命令是(　　)。

A. FindNext　　B. FindRecord　　C. GoToRecord　　D. Requery

39. 用于指定当前记录的宏命令是(　　)。

A. Find Record　　B. Next Record　　C. GoToRecord　　D. GORecord

40. 如果通过从"数据库"窗口拖曳(　　)的方式来向宏中添加操作,Access 将自动为这个操作设置适当的参数。

A. 宏对象　　B. 窗体对象　　C. 报表对象　　D. 数据库对象

41. 下列宏操作中限制表、窗体或报表中显示的信息的是(　　)。

A. Apply Filter　　B. Echo　　C. MsgBox　　D. Beep

42. 在宏操作命令中,不属于运行和控制流程的命令是(　　)。

A. RunSQL　　B. RunApp　　C. Quit　　D. Close

43. 以下操作中应该使用 VBA 而不要使用宏的是(　　)。

A. 自定义过程的创建和使用　　B. 建立自定义菜单栏

C. 随时打开或者关闭数据库对象　　D. 设置窗体或报表空间的属性值

44. 用于打开查询的宏命令是(　　)。

A. OpenForm　　B. Open　　C. OpenReport　　D. OpenQery

45. 用于使计算机发出"嘟嘟"声的宏命令是(　　)。

A. Echo　　B. MsgBox　　C. Beep　　D. Restore

46. 下列操作中,适合使用宏的是(　　)。

A. 修改数据表结构　　B. 创建自定义过程

C. 打开或关闭报表对象　　D. 处理报表中的错误

47. 宏不能修改的是(　　)。

A. 窗体　　B. 宏本身　　C. 表　　D. 数据库

48. 用于退出 Access 的宏命令是(　　)。

A. Creat　　B. Quit　　C. Ctrl+All+Del　　D. Close

49. 可以触发产生宏操作的是(　　)。

A. 创建宏　　B. 编辑宏　　C. 运行宏　　D. 创建条件宏

50. 可以使用如下(　　)方法来引用宏。

A. 宏名.子宏名　　B. 子宏名.宏名

C. 子宏名.子宏名　　D. 宏名.宏名

51. 用于从其他数据库导入和导出数据的宏命令是(　　)。

A. TransferDatabase　　B. TransferText

C. TransferTest　　D. TransferTxt

52. 用于打开窗体的宏命令是(　　)。

A. OpenForm　　B. OpenReport　　C. OpenQuery　　D. OpenTable

53. 可以用前面加(　　)的表达式来设置宏的操作参数。

A. “...”　　B. “=”　　C. “,”　　D. “;”

54. 宏的命名方法与其他数据库对象相同,宏按(　　)调用。

A. 顺序　　B. 名称　　C. 目录　　D. 系统

55. 使用(　　)可以决定在某些情况下运行宏时,某个操作是否运行。

A. 函数　　B. 表达式　　C. 条件表达式　　D. If…Then 语句

56. 宏操作中,Quit 命令用于(　　)。

A. 退出 Access　　B. 关闭窗体　　C. 关闭查询　　D. 关闭模块

57. 在运行宏的过程中,宏不能修改的是(　　)。

A. 窗体　　B. 宏本身　　C. 表　　D. 数据库

58. 能够创建宏的设计器是(　　)。

A. 图表设计器　　B. 查询设计器　　C. 宏设计器　　D. 窗体设计器

59. 用于刷新控件数据的宏命令是(　　)。

A. Reports　　B. Restore　　C. Requery　　D. Beep

60. 宏命令 SetWarnings 的功能是(　　)。

A. 设置属性值　　B. 关闭或打开屏幕系统消息

C. 显示警告框　　D. 设置提示信息

61. 用于打开报表的宏命令是(　　)。

A. OpenForm　　B. OpenQuery　　C. OpenReport　　D. RunSQL

62. 在一个宏的操作序列中,如果既包含带条件的操作,又包含无条件的操作,则带条件的操作是否执行取决于条件式的真假,而没有指定条件的操作则会(　　)。

A. 无条件执行　　B. 有条件执行　　C. 不执行　　D. 出错

参考答案

1～5 DDBAC　　6～10 AAADB　　11～15 BBCDC　　16～20 CBACC

21～25 BDCBB　　26～30 BCBCC　　31～35 AABAB　　36～40 ADACD

41～45 ADADC　　46～50 CBBCA　　51～55 AABBC　　56～60 ABCCC

61～62 CA

习题 7　VBA 模块

1. 在 VBA 中,如果没有显式声明或用符号来定义变量的数据类型,变量的默认数据类型为(　　)。

A. Boolean　　B. Int　　C. String　　D. Variant

2. 若要定义日期/时间变量,需用(　　)标识。

A. Integer　　B. Long　　C. Single　　D. Date

3. 关于模块,下列叙述中错误的是(　　)。

A. 模块是 Access 系统中的一个重要对象

B. 模块以 VBA 语言为基础,以函数和子过程为存储单元

C. 模块包括全局模块和局部模块

D. 模块能够完成宏所不能完成的复杂操作

4. 一个模块不包含(　　)。

A. 一个声明区域　　B. 一个或多个子过程

C. 一个或多个函数过程　　D. 子窗体

5. VBA 中用实际参数 m 和 n 调用有参过程 Area(a,b)的正确形式是(　　)。

A. Area a,b　　B. Area,m,n

C. Call Areal(m,n)　　D. Call Area a,b

6. VBA“定时”操作中,需要设置窗体的“计时器间隔(FimerInterval)”属性值。其计量单位是(　　)。

A. 微秒　　B. 毫秒　　C. 秒　　D. 分钟

7. 在有参函数设计时,要想实现某个参数的“双向”传递,就应当说明该形参为“传址”调用形式。其设置选项是(　　)。

A. ByVal　　B. ByRef　　C. Optional　　D. ParamAl"ray

8. VBA 中去除前后空格的函数是(　　)。

A. Ltrim()　　B. Rtrim()　　C. Trim()　　D. Ucase()

9. VBA 中不能进行错误处理的语句结构是(　　)。

A. On Error Then 标号　　B. On Error Goto 标号

C. On ErrorResumeNext　　D. On Error Goto O

10. 表达式 4+5\6 * 7/8 Mod 9 的值是(　　)。

A. 4　　B. 5　　C. 6　　D. 7

11. 设 a=6,则执行 x=IIf(a>5,−1,0) 后,x 的值为(　　)。

A. 6　　B. 5　　C. 0　　D. −1

12. 设 a=3,b=5,则以下表达式值为真的是(　　)。

A. a>=b And b>10　　B. (a>b)Or(b>0)

C. (a<0)Eqv(b>0)　　D. (−3+5>a)And(b>0)

13. 假定有以下两个过程：

```
Sub S1(ByVal x As Integer,ByVal y As Integer)
Dim t As Integer
t = x:x = y:y = t
End Sub

Sub S2(x As Integer,y As Integer)
Dim t As Integer
t = x:x = y:y = t
End Sub
```

则以下说法中正确的是(　　)。

A. 用过程 S1 可以实现交换两个变量的值的操作,S2 不能实现

B. 用过程 S2 可以实现交换两个变量的值的操作,S1 不能实现

C. 用过程 S1 和 S2 都可以实现交换两个变量的值的操作

D. 用过程 S1 和 S2 都不能实现交换两个变量的值的操作

14. 假定有以下循环结构“Do until 条件 循环体 Loop”,则下列说法中正确的是(　　)。

A. 如果“条件”是一个为−1 的常数,则一次循环体也不执行

B. 如果“条件”是一个为−1 的常数,则至少执行一次循环体

C. 如果“条件”是一个不为−1 的常数,则一次循环体也不执行

D. 不论“条件”是否为“真”,至少要执行一次循环体

15. VBA 数据类型符号“%”表示的数据类型是(　　)。

A. 整型　　B. 长整型　　C. 单精度型　　D. 双精度型

16. 函数 Mid(" 123456789",3,4)返回的值是(　　)。

A. 123　　B. 1234　　C. 3456　　D. 456

17. 在 VBA 中,如果没有显式声明或用符号来定义变量的数据类型,变量的默认数据类型为(　　)。

A. Boolean　　B. Int　　C. String　　D. Variant

18. 可以判定某个日期表达式能否转换为日期或时间的函数是(　　)。

A. CDate　　B. IsDate　　C. Date　　D. IsText

19. 以下关于标准模块的说法中,不正确的是(　　)。

A. 标准模块一般用于存放其他 Access 数据库对象使用的公共过程

B. 在 Access 系统中可以通过创建新的模块对象而进入其代码设计环境

C. 标准模块所有的变量或函数都具有全局特性,是公共的

D. 标准模块的生命周期是伴随着应用程序的运行而开始、关闭而结束的

20. 在“NewVar=528”语句中,变量 NewVar 的类型默认为(　　)。

A. Boolean　　B. Variant　　C. Double　　D. Integer

21. 以下关于类模块的说法中,不正确的是(　　)。

A. 窗体模块和报表模块都属于类模块,它们从属于各自的窗体或报表

B. 窗口模块和报表模块具有局部特性,其作用范围局限在所属窗体或报表内部

C. 窗体模块和报表模块中的过程可以调用标准模块中已经定义好的过程

D. 窗口模块和报表模块生命周期是伴随着应用程序的打开而开始、关闭而结束的

22. 有如下语句:s=Int(100 * Rnd),执行完毕后,s 的值是(　　)。

A. [0,99]的随机整数　　B. [0,100]的随机整数

C. [1,99]的随机整数　　D. [1,100]的随机整数

23. 下列 Case 语句中错误的是(　　)。

A. Case 0 T0 10　　B. Case Is＞10

C. Case Is＞10And Is＜50　　D. Case 3,5 Is＞10

24. 表达式("周"＜"刘")返回的是(　　)。

A. False　　B. True　　C. −1　　D. 1

25. 表达式 VaL (".123E2CD")的值是(　　)。

A. 123　　B. 12.3　　C. 0　　D. 123E2CD

26. 运行程序段"For k=5 to 10 Step 2　k=k * 2　Next k",则循环次数为(　　)。

A. 1　　B. 2　　C. 3　　D. 4

27. VBA 表达式 IIf(0,20,30)的值为(　　)。

A. 20　　B. 30　　C. 10　　D. 50

28. VBA 数据类型符号"&"表示的数据类型是(　　)。

A. 整数　　B. 长整数　　C. 单精度数　　D. 双精度数

29. VBA 中定义符号常量可以用关键字(　　)。

A. Const　　B. Dim　　C. Public　　D. Static

30. 定义了二维数组 B(2 to 6,4),则该数组的元素个数为(　　)。

A. 25　　B. 36　　C. 20　　D. 24

31. 以下内容中不属于 VBA 提供的数据验证函数的是(　　)。

A. IsText　　B. IsDate　　C. IsNumeric　　D. IsNull

32. 在 VBA 代码调试过程中,能够显示出所有在当前过程中变量声明及变量值信息的是(　　)。

A. 快速监视窗口　　B. 监视窗口　　C. 立即窗口　　D. 本地窗口

33. 能够实现从指定记录集里检索特定字段值的函数是(　　)。

A. Nz()　　B. Dsum()　　C. Dlookup()　　D. Rnd()

34. On Error Goto 0 语句的含义是(　　)。

A. 忽略错误并执行下一条语句　　B. 取消错误处理

C. 遇到错误执行定义的错误　　D. 退出系统

35. 如果要在 VBA 中运行 OpenForm 操作,可使用(　　)对象 OpenForm 方法。

A. DoCmd　　B. Form　　C. Report　　D. Query

36. 用于命名和定义常量、变量、数组和过程的语句是(　　)。

A. 声明语句　　B. 赋值语句　　C. 条件语句　　D. 循环语句

37. VBA 支持的循环语句结构不包括(　　)。

A. For…Next　　B. Do…Loop　　C. While…Wend　　D. Do…While

38. 下列关于模块的说法中，正确的是(　　)。

A. 模块是由 Visual Basic for Application 声明、语句作为一个单元进行保存的集合，它们作为一个已命名的单元存储在一起，对 Microsoft Visual Basic 代码进行组织

B. 有两种基本模块，即一种是标准模块，另一种是类模块

C. 在模块中可以执行宏，但是宏不能转换为模块

D. 窗体模块和报表模块都是标准模块

39. 下列关于数组特征的描述中，不正确的是(　　)。

A. 数组是一种变量，由规则有序结构中具有同一类型的值的集合构成

B. 在 VBA 中不允许隐式说明数组

C. Dim astrNewArray(20) As String 这条语句产生有 20 个元素的数组，每个元素为一个变长的字符串变量，且第一个元素从 0 开始

D. Dim astrNewArray(1 To 20)As String 这条语句产生有 20 个元素的数组

40. 在 VBA 中，变量的范围被划分为四个层次，即本地范围、窗体和报表级范围、模块级范围、全局和公共范围。其中在所声明的模块中的所有函数和过程都有效，在模块声明部分所声明的模块变量与窗体和报表级的变量有相同的语句的是(　　)。

A. 本地范围　　B. 窗体和报表级范围

C. 模块级范围　　D. 全局和公共范围

41. 有如下程序段：

```
Dim I As Integer
I = Int( - 3.25)
```

执行后，I 的返回值是(　　)。

A. −3　　B. −4　　C. 3　　D. 3.25

42. 执行语句"Value＝10Mod 3"后，返回的值是(　　)。

A. 1　　B. 2　　C. 3　　D. 4

43. 使用 VBA 的逻辑值进行算术运算时，True 值被处理为(　　)。

A. −1　　B. 0　　C. 1　　D. 任意值

44. 分支语句是否执行由它前面的布尔表达式的值决定，我们称在 If…End If 结构中包含其他 If…End If 或流控制结构的构造为嵌套。在 If…End If 结构中，可嵌套的 If … End If 结构的数量或深度是(　　)。

A. 有限制的　　B. 没有严格限制的　　C. 最多 3 层　　D. 最多 5 层

45. 字符串的类型标识符是(　　)。

A. Integer　　B. Long　　C. String　　D. Date

46. Select Case 结构运行时，首先计算(　　)的值。

A. 表达式　　B. 执行语句　　C. 条件选项　　D. 任意值

47. 下列关于模块的说法中，不正确的是(　　)。

A. 有两种基本模块，一种是标准模块，另一种是类模块

B. 窗体模块和报表模块都是类模块,它们各自与某一特定窗体或报表相关联

C. 标准模块包含与任何其他对象都无关的常规过程,以及可以从数据库任何位置运行的经常使用的函数

D. 标准模块和与某个特定对象无关的类模块的主要区别在于其范围和生命周期

48. 属于 Access 系统内部常量的是(　　)。

A. 0　　B. 1　　C. Not　　D. On

49. 一般用于存放供其他 Access 数据库对象使用的公共过程称为(　　)。

A. 类模块　　B. 标准模块　　C. 宏模块　　D. 窗体模块

50. 在 Access 下,打开 VBA 的组合键是(　　)。

A. F5　　B. Alt+F4　　C. Alt+F11　　D. Alt+F12

51. 下列算式正确的是(　　)。

A. Int(2.8)=3　　B. Fix(-2.8)=-3

C. Fix(-2.8)=-2　　D. Int(-2.8)=-2

52. 下列关于 VBA 面向对象中"方法"的说法中,正确的是(　　)。

A. 方法是属于对象的　　B. 方法是独立的实体

C. 方法也可以由程序员定义　　D. 方法是对事件的响应

53. ODBC 的中文含义是(　　)。

A. 浏览器/服务器　　B. 客户/服务器

C. 开放数据库连接　　D. 关系数据库管理系统

54. 结构化程序设计所规定的三种基本控制结构是(　　)。

A. 输入、处理、输出　　B. 树形、网形、环形

C. 顺序、选择、循环　　D. 主程序、子程序、函数

55. 算术运算符中,MyValue=10Mod2 返回(　　)。

A. 0　　B. 1　　C. 2　　D. 3

56. 以下不属于 Access 中标准函数的是(　　)。

A. 数值函数　　B. 字符函数　　C. 数据函数　　D. 日期/时间函数

57. 以下 Value 的返回值是 False 的语句是(　　)。

A. Value=(10>4)

B. Value=("ab"[ ]"aaa")

C. Value=("周"<"刘")

D. Value=(#2004/9/13#=#2004/10/10#)

58. 下列逻辑表达式中,能正确表示条件"x 和 y 都是奇数"的是(　　)。

A. x Mod 2=1 Or y Mod 2=1　　B. x Mod 2=0 Or y Mod 2=0

C. x Mod 2=1 And y Mod 2=1　　D. x Mod 2=0 And y Mod 2=0

59. VBA 的逻辑值进行算术运算时,True 值被当作(　　)。

A. 0　　B. 1　　C. -1　　D. 不确定

60. 已知 D1=#2003-5-28#,D2=#2004-2-29#,执行 n1=DateDiff("yyyy",D1,D2)后,返回(　　)。

A. 1　　B. 2　　C. 3　　D. 4

61. 表达式 1.5+3\2>2 Or 7 Mod 3<4 And Not 1 的运算结果是(　　)。

A. −1　　B. 0　　C. 1　　D. 其他

62. 以下各运算中不属于算术运算的是(　　)。

A. 大于　　B. 加　　C. 乘　　D. 除

63. ADO 对象模型中可以打开 RecordSet 对象的是(　　)。

A. 只能是 Connection 对象

B. 只能是 Command 对象

C. 可以是 Connection 对象和 Command 对象

D. 以上均不能

64. 下列关于算术函数的说法中,正确的是(　　)。

A. Rnd[(number)]用来获得大于或等于 0,但小于 1 的双精度随机数

B. Trim(string)只能用来删除 string 字符串末尾的空格

C. Str(number)用来将 number 转换为字符串,非负数以+开头,负数以−开头

D. Chr(charcode)用来返回 charcode 所对应的字符,其中 charcode 为 ASCII 码

65. 以下(　　)是 Visual Basic 合法的数组元素。

A. X9　　B. X[4]　　C. x(1.5)　　D. x(7)

66. 一般情况下数组 a(3,4,5)包含的元素个数为(　　)。

A. 345　　B. 12　　C. 120　　D. 60

67. 发生在控件接收焦点之前的事件是(　　)。

A. GotFocus　　B. Exit　　C. Enter　　D. LostFocus

68. 编制一个好的程序,首先要确保它的正确性和可靠性,还应强调良好的编程风格。在选择标识符的名字时应考虑(　　)。

A. 名字长度越短越好,以减少源程序的输入量

B. 多个变量共用一个名字,以减少变量名的数目

C. 选择含义明确的名字,以正确提示所代表的实体

D. 尽量用关键字作名字,以使名字标准化

69. 编制好的程序,首先要确保它的正确性和可靠性,还应强调良好的编程风格。在书写功能性注解时应考虑(　　)。

A. 仅为整个程序作注解　　B. 仅为每个模块作注解

C. 为程序段作注解　　D. 为每条语句作注解

70. VBA 的逻辑值进行算数运算时,True 值被当作(　　)。

A. 0　　B. −1　　C. 1　　D. 任意值

71. 执行语句:MsgBox"AAAA", vbOKCancel+vbQuetion,"BBBB"之后,弹出的信息框(　　)。

A. 标题为 BBBB、框内提示符为"惊叹号"、提示内容为 AAAA

B. 标题为 AAAA、框内提示符为"惊叹号"、提示内容为 BBBB

C. 标题为 AAAA、框内提示符为"问号"、提示内容为 BBBB

D. 标题为 BBBB、框内提示符为"问号"、提示内容为 AAAA

72. 对于输入输出,在设计和编程时都应该考虑的原则是(　　)。

A. 对部分输入数据检验数据的合法性

B. 不允许用默认值

C. 输入一批数据时,最好用输入结束标志

D. 输入数据时,不允许用自由格式

73. 以下内容不属于 VBA 提供的数据验证的函数是(　　)。

A. IsText()　　B. IsDate()　　C. IsNumeric()　　D. IsNull()

74. 在 VBA 编辑器中打开立即窗口的命令是(　　)。

A. Ctrl+G　　B. Ctrl+R　　C. Ctrl+V　　D. Ctrl+C

75. 从字符串 S("abcdefg")中返回子串 B("cd")的正确表达是(　　)。

A. Mid(S,3,2)　　B. Right(Left(S,4),2)

C. Left(Right(S,5),2)　　D. 以上都可以

76. 若某变量的声明字符是 Boolean,则表示该变量为(　　)。

A. 长整数　　B. 布尔型　　C. 货币　　D. 字符串

77. 对建立良好的程序设计风格,下列有关语句结构的描述中,错误的是(　　)。

A. 在一行内只写一条语句　　B. 程序编写应优先考虑清晰度

C. 程序编写要做到效率第一,清晰第二　　D. 避免不必要的转移

78. 以下叙述中不正确的是(　　)。

A. 在一个函数中,可以有多条 return 语句

B. 函数的定义不能嵌套,但函数的调用可以嵌套

C. 函数必须有返回值

D. 不同的函数中可以使用相同名字的变量

79. VBA 中定义局部变量可以用关键字(　　)。

A. Const　　B. Dim　　C. Public　　D. Static

80. 下列四个选项中,不是 VBA 的条件函数的是(　　)。

A. Choose　　B. If　　C. IIf　　D. Switch

81. 下列关于模块的说法中,错误的一项是(　　)。

A. 模块基本上由声明、语句和过程构成

B. 窗体和报表都属于类模块

C. 类模块不能独立存在

D. 标准模块包含通用过程和常用过程

82. 下列关于 VBA 面向对象中的"事件",说法正确的是(　　)。

A. 每个对象的事件都是不相同的

B. 触发相同的事件,可以执行不同的事件过程

C. 事件可以由程序员定义

D. 事件都是由用户的操作触发的

83. 设 a、b 为整数变量,且均不为 0,下列关系表达式中恒成立的是(　　)。

A. a * b\a * b=1　　B. a\b * b\a=1

C. a\b * b+a Mod b=a　　D. a\b * b=a

84. 设有变量声明"Dim TestDate As Date",那么下列选项中可为变量 TestDate 正确

赋值的表达式是(　　)。

A. TestDate=#1/1/2002#

B. TestDate#"1/1/2002"#

C. TestDate=date("1/1/2002")

D. TestDate=Format("m/d/yy","1/1/2002")

85. 下列可作为 Visual Basic 变量名的是(　　)。

A. A#A　　B. 4A　　C. ?xy　　D. constA

86. 设有声明“Dim x As Integer”,如果 Sgn(x)的值为-1,则 x 的值是(　　)。

A. 整数　　B. 大于 0 的整数　　C. 等于 0 的整数　　D. 小于 0 的数

87. 程序“Defstr X-Z X="123" Y="456" Z=X$+Y$ Print　Z$ End”运行后,输出的结果是(　　)。

A. 显示出错结果　　B. 123456　　C. "579"　　D. 579

88. 定义了二维数组 A(3 to 5,5),则该数组的元素个数为(　　)。

A. 25　　B. 36　　C. 20　　D. 18

89. VBA 表达式 Chr(Asc(UCase("abcdefg")))返回的值是(　　)。

A. A　　B. 97　　C. a　　D. 65

90. 下列类型的数据不可以存储在可变型变量中的是(　　)。

A. 整型　　B. 用户自定义类型

C. 单精度型　　D. 日期型

91. 下列属于日期型数据的是(　　)。

A. #2004-6-12　　B. %2004-6-12%

C. "2004-6-12"　　D. #2004-6-12#

92. 程序段“For k=2 to 10 step 2　k=k*2　Next k”的循环次数是(　　)。

A. 1　　B. 2　　C. 3　　D. 4

93. InputBox()函数返回值的类型是(　　)。

A. 数值　　B. 字符串　　C. 变体　　D. 数值或字符串

94. 在 VBA 中,下列关于过程的描述中正确的是(　　)。

A. 过程的定义可以嵌套,但过程的调用不能嵌套

B. 过程的定义和过程的调用均不能嵌套

C. 过程的定义和过程的调用均可以嵌套

D. 过程的定义不可以嵌套,但过程的调用可以嵌套

95. 下列等式中正确的是(　　)。

A. Abs(5)=5　　B. Int(5.5)=6

C. Fix(-5.5)=-6　　D. Srq(4)=±2

96. 在表达式中引用对象名称时,如果它包含空格和特殊的字符,需要用(　　)将对象名称包含起来。

A. “#”　　B. “""”　　C. “()”　　D. “[]”

97. 给定日期 DD,可以计算该日期当月最大天数的正确表达式是(　　)。

A. Day(DD)

B. Day(DateSerial(Year(DD,Month(DD,day(DD))

C. Day(DateSerial(Year(DD,Month(DD,0))

D. Day(Da teSerial(Year(DD),Month(DD)+1,0))

98. 以下关于 VBA 运算符优先级的比较中,正确的是(　　)。

A. 算术运算符>逻辑运算符>比较运算符

B. 逻辑运算符>比较运算符>算术运算符

C. 算术运算符>比较运算符>逻辑运算符

D. 以上均是错误的

99. 字符函数 String(2,"abcdef')返回的值是 (　　)。

A. aa　　B. AA　　C. ab'　　D. AB

100. \、/、Mod、* 4 个算术运算符中,优先级最低的是(　　)。

A. 、　　B. /　　C. Mod　　D. *

101. MsgBox()函数中有 4 个参数,其中必须写明的参数是(　　)。

A. 指定对话框中显示按钮的数目　　B. 设置对话框标题

C. 提示信息　　D. 所有参数都是可选的

102. 在 VBA 中要打开名为"学生信息录入"的窗体,应使用的语句是(　　)。

A. DoCmd. OpenForm"学生信息录入"

B. OpenForm"学生信息录入"

C. DoCmd. OpenWindows"学生信息录入"

D. OpenWindows"学生信息录入"

103. 在 VBA 程序中,注释可以通过(　　)种方式实现。

A. 一　　B. 二　　C. 三　　D. 四

104. 以下关于模块的叙述,错误的是(　　)。

A. 模块是以 VBA 语言为基础编写的

B. 模块分为类模块和标准模块两种类型

C. 窗体模块和报表模块都属于标准模块

D. 窗体模块和报表模块都具有局部特性,其作用范围局限在所属的窗体或报表内部

105. 一般不需使用 VBA 代码的是(　　)。

A. 创建用户自定义函数　　B. 复杂程序处理

C. 打开窗体　　D. 错误处理

106. 在程序设计过程中要为程序调试做好准备,主要体现在(　　)。

A. 采用模块化、结构化的设计方法设计程序

B. 编写程序时要为调试提供足够的灵活性

C. 根据程序调试的需要,选择并安排适当的中间结果输出和设置必要的"断点"

D. 以上全是

107. 下列数据类型中,不属于 VBA 的是(　　)。

A. 长整型　　B. 布尔型　　C. 变体型　　D. 指针型

108. 假定窗体的名称为 fm Test,则把窗体的标题设置为 Access Test 的语句是(　　)。

A. Me="Access Test"　　B. Me. Caption="Access Test"

C. Me. Text="Access Test"　　D. Me. Name="Access Test"

109. VBA 程序的多条语句可以写在一行中，其分隔符必须使用符号（　　）。

A. ：　　B. '　　C. ；　　D. ，

110. VBA 表达式 3 * 3\3/3 的输出结果是（　　）。

A. 0　　B. 1　　C. 3　　D. 9

111. 现有一个已经建好的窗体，窗体中有一命令按钮，单击此按钮，将打开 tEmployee 表，如果采用 VBA 代码完成，下列语句中正确的是（　　）。

A. docmd. openform "tEmployee"　　B. docmd. openview "tEmployee"

C. docmd. opentable "tEmployee"　　D. docmd. openreport "tEmployee"

112. 函数过程不能使用（　　）来调用执行。

A. Call　　B. Dim　　C. Public　　D. 以上都对

113. 根据条件选择执行路径，又可称选择结构的执行语句是（　　）。

A. 顺序结构　　B. 条件结构　　C. 循环结构　　D. 层次结构

114. 窗体模块属于（　　）。

A. 标准模块　　B. 类模块　　C. 全局模块　　D. 局部模块

115. 程序段"A=15.5　B=Int(A+0.5)　Print B"的功能是（　　）。

A. 求平均值　　B. 将一实数四舍五入取整值

C. 求绝对值　　D. 舍去一实数的小数部分

116. 表达式 a% * b&-d#\2#+c! 的结果的数值类型为（　　）。

A. 整型　　B. 长整型　　C. 单精度型　　D. 双精度型

117. 下列数组声明语句中，正确的是（　　）。

A. Dim A [3,4] As Integer　　B. Dim A (3; 4) As Integer

C. Dim A [3; 4] As Integer　　D. Dim A (3,4) As Integer

118. 若有两个字符串 str 1="98765"，str2="65"，执行 s=Instr(str1，str2)后，返回（　　）。

A. 3　　B. 4　　C. 5　　D. 6

119. 已知程序段：

```
s = 0
For i = 1 To 10 Step 2
s = s + 1
i = i * 2
Next i
```

当循环结束后，变量 i 和变量 s 的值为（　　）。

A. 10,4　　B. ll,3　　C. 22,3　　D. 16,4

120. 执行下面的程序段后，x 的值为（　　）。

```
X = 5
For 1 = 1 To 20 Step 2
x = x + I\5
```

```
Next I
```

A. 21　　B. 22　　C. 23　　D. 24

121. 运行下面程序代码后,变量J的值为(　　)。

```
Private Sub Fun( )
Dim J as Integer
J = 10
DO
    J = J + 3
Loop While J < 19
End Sub
```

A. 10　　B. 13　　C. 19　　D. 21

122. 有如下程序段:

```
Dim str As String * 10
Dim i
Str1 = "abcdefg"
i = "12"
len1 = Len(i)
str2 = Right(str1,4)
```

执行后,len1 和 str2 的返回值分别是(　　)。

A. 12,abcd　　B. 10,bcde　　C. 2,defg　　D. 0,cdef

123. 在窗体中添加一个名称为 Commandl 的命令按钮,然后编写如下程序数:

```
Private Sub Command1 Click()
Dim a As Integer
a = 75
If a > 60 Then
k = 1
ElseIf a > 70 Then
k = 2
ElseIf a > 80 Then
k = 3
ElseIf a > 90 Then
k = 4
End If
MsgBox k
End Sub
```

窗体打开运行后,单击命令按钮,则消息框的输出结果是(　　)。

A. 1　　B. 2　　C. 3　　D. 4

124. 设有如下窗体单击事件过程:

```
Private Sub Form_Click()
Dim a As Integer
a = 1
For i = 1 To 3
Select Case i
```

```
Case 1,3
    a = a + 1
Case 2,4
    a = a + 2
End Select
Next i
MsgBox a
End Sub
```

打开窗体运行后,单击窗体,则消息框的输出的结果是(　　)。

A. 3　　B. 4　　C. 5　　D. 6

125. 运行下列过程,当输入一组数据:10、20、50、80、40、30、90、100、60、70,输出的结果应该是(　　)。

```
Sub p1( )
    Dim i, j, arr(11) As Integer
    k = 1
    while k <= 10
arr(k) = Val(InputBox("请输入第" & k & "个数:", "输入窗口" ))
k = k + 1
        Wend
        For i = 1 To 9
            j = i + 1
            If arr(i ) > arr(j) Then
                temp = arr(i)
                arr(i) = arr(j)
                arr(j) = temp
            End If
            Debug.Print arr(i)
    Next i
End Sub
```

A. 无序数列　　B. 升序数列　　C. 降序数列　　D. 原输入数列

126. 如下程序段定义了学生成绩的记录类型,由学号、姓名和三门课程成绩(百分制)组成:

```
Type Stud
no As Integer
name As String
score(1 to 3)As Single
End Type
```

若对某位学生的各个数据项进行赋值,下列程序段中正确的是(　　)。

A. Dim S As Stud Stud. no=1001 Stud. name="舒宜"stud. score=78,88,96

B. Dim S As Smd S. no = 1001 S. name="舒宜"

C. Dim S As Stud Stud. no=100l Stud. name="舒宜"and Stud. score(1)=78 Stud. score(2)=88 Stud. score(3)=96

D. Dim S As Stud S. no=100l S. narnc="舒宜"S. score(1)=78 S. score(2)=88 S. score(3)=96

127. 如下程序：

```
Private Sub Form _Click ( )
    Dim x, y, z As Integer
        x = 5
        y = 7
        z = 0
        Call P1(x, y, z)
        Print Str (z)
End Sub
Sub P1 (ByVal a As Integer, ByVal b As Integer , c As Integer)
        c =  a + b
End Sub
```

运行后的输出结果为(　　)。

A. 0　　B. 12　　C. Str(z)　　D. 显示出错信息

128. 已知程序段：

```
s = 0
For i = 1 to 10 step 2
s = s + 1
i = i * 2
Next i
```

当循环结束后，变量 i、s 的值分别为(　　)。

A. 22、3　　B. 11、4　　C. 10、5　　D. 16、6

129. 假定有以下函数过程：

```
Function Fun(S As String) As String
Dim sl As String
  For i = 1 To Len(S)
        s1 = UCase (Mid(S,I,1)) + s1
    Next i
    Fun = s1
End Function
```

则 Str2＝Fun("abcdefg")的输出结果为(　　)。

A. abcdefg　　B. ABCDEFG　　C. gfedcba　　D. GFEDCBA

130. 如下程序段：

```
D = #2004 - 8 - 1#
T = #12:08:20#
MM = Year(D).
SS = Minute(T)
```

执行后，MM 和 SS 的返回值分别是(　　)。

A. 2004,08　　B. 8,12

C. 1,20　　D. 2004-8-1,12：08：20

131. 如下程序段：

```
const c$ = "Beiijing" c$ = "Shanghai" c$ = "Hebei" Print c$
```

运行时输出的结果是(　　)。

A. Beijing　　B. Shanghai　　C. Hebei　　D. 显示出错信息

132. 在窗体上画一个命令按钮,然后编写如下事件过程:

```
Private Sub Commandl Click()
        Dim a()
            a = Array(1,3,5,7)
            s = 0
        For i = 1 To 3
            S = S * 10 + a(i)
        Next i
    Print s
End Sub
```

程序运行后,输出结果为(　　)。

A. 135　　B. 357　　C. 531　　D. 753

133. 下列程序的功能是计算 N = 2+(2+4)+(2+4+6)+…+(2+4+6+…+40) 的值:

```
Private Sub Command34_Click( )
    t = 0
    m = 0
    sum = 0
    Do
t = t + m
sum = sum + t
m = _________
    Loop while m < 41
    MsgBox "Sum = " & sum
End Sub
```

空白处应该填写的语句是(　　)。

A. t+2　　B. t+1　　C. m+2　　D. m+1

134. 有如下程序:

```
x = InputBox("input value of x")
Select Case x
Case Is>0
    y = y + 1
Case Is = 0
    y = x + 2
    Case Else
        y = x + 3
End Select
Print x ;y
```

运行时,从键盘输入-5,输出的结果是(　　)。

A. -5 -2　　B. -5 -4　　C. -5 -3　　D. -5 -5

135. 根据如下程序的运算,结果正确的是(　　)。

```
Dim x AS Single
Dim y As Single
    If x < 0 Then
        y = 3
Else
    If x< 1 Then
        y = 2 * x
    Else
    y =  - 4 * x + 6
End If
```

A. 当 x=2 时,y=−2　　B. 当 X=−1 时,y=−2

C. 当 x=0.5 时,y=4　　D. 当 x=−2.5 时,y=11

136. 运行如下程序,j 的结果为(　　)。

```
    i = 0
    j = 0
Do
        j = i + 1
        i = i + 1
Loop Until i<5
```

A. 0　　B. 4　　C. 1　　D. 5

137. 单击窗体上 Commandl 命令按钮时,执行如下事件过程:

```
Private Sub Commandl _ Click()
    a$  =  "software and hardware"
    b$  =  Right(a$ , 8)
    c$  =  Mid(b$ , 1, 8)
    MsgBox c$
End sub
```

则在弹出的信息框的标题栏中显示的信息是(　　)。

A. software and hardware　　B. software

C. hardware　　D. and

138. 在窗体上画两个名称为 Text1、Text2 的文本框和一个名称为 Command1 的命令按钮,然后编写如下事件过程:

```
Private Sub Command1_Click()
    Dim x As Integer, n As Integer
    x = 1
    n = 0
    Do While x<20
        x = x * 3
        n = n + 1
    Loop
    Text1.Text = Str(x)
    Text2.Text = Str(n)
```

```
End Sub
```

程序运行后，单击命令按钮，在两个文本框中显示的值分别是(　　)。

A. 9 和 2　　B. 27 和 3　　C. 195 和 3　　D. 600 和 4

139. 如下程序：

```
S = 0
a = 100
    Do
        s = s + a
        a = a + 1
    Loop While a>120
    Print a
```

运行时输出的结果是(　　)。

A. 100　　B. 120　　C. 201　　D. 101

140. 在窗体上画一个名称为 Text1 的文本框和一个名称为 Command1 的命令按钮，然后编写如下事件过程：

```
Private Sub Command1_Click()
    Dim array1(10,10)As Integer
    Dim i,j As Integer
    For i = 1 To 3
        For j = 2 To 4
        array1(i,j) = i + j
        Next j
Next i
Text1.Text = array1(2,3) + array1(3,4)
End Sub
```

程序运行后，单击命令按钮，在文本框中显示的值是(　　)。

A. 12　　B. 13　　C. 14　　D. 15

141. 下列程序的执行结果是(　　)。

```
a = 75
If a>90 Then
    i = 4
        ELSEIf a >80 Then
            i = 3
            ELSEIf a>70 Then
            i = 2
        ELSEIf a > 60 Then
            i = 1
    ENDIF
    Print "i = ",i
```

A. i=1　　B. i=2　　C. i=3　　D. i=4

142. 下列程序段执行的结果为(　　)。

```
A = "HELLOCANIHELPYOU"
```

```
B = "WANGCHANGLI"
C = Left (A,5) + "!"
D = Right(A,7)
E = Mid(A,6,4)
F = Mid(B,Len(B) - 6) + "!"
G = E + "" + D + "!"
H = C + "" + F
Debug.Print H + "" + G
```

A. HELLO! CHANGLI! CANIHELPYOU!
B. HELLO! WANG! CANIHELPYOU
C. HELLO! CANIHELPYOU!
D. HELLO! CHANG! CANIHELPYOU!

143. DAO 模型层次中处在最顶层的对象是(　　)。

A. Database　　B. DBEngine　　C. Field　　D. Error

144. 假定有以下程序段:

```
n = 0
for i = 1 to 3
for j = -4 to -1
    n = n + 1
next j
next i
```

运行完毕后,n 的值是(　　)。

A. 0　　B. 3　　C. 4　　D. 12

145. 以下程序段运行结束后,变量 x 的值为(　　)。

```
    x = 2
    y = 4
    Do
    x = x * y
    y = y + 1
Loop While y<4
```

A. 2　　B. 4　　C. 8　　D. 20

146. 在窗体上添加一个命令按钮(名为 Command1),然后编写如下事件过程:

```
Private Sub Command1_Click()
    For i = 1 To 4
    x = 4
    For j = 1 To 3
    x = 3
    For k = 1 To 2
    x = x + 6
    Next k
    Next j
    Next I
    MsgBox x
```

```
End Sub
```

打开窗体后,单击命令按钮,消息框的输出结果是(　　)。

A. 7　　B. 15　　C. 157　　D. 538

147. 假定有如下 Sub 过程:

```
sub sfun(x As Single, y As Single)
t = x
x = t/y
y = t Mod y
End Sub
```

在窗体上添加一个命令按钮(名为 Command1),然后编写如下事件过程:

```
Private Sub Command1_Click()
Dim a as single
Dim b as single
a = 5
b = 4
sfun a, b
MsgBox a & chr(10) + chr(13)& b
End Sub
```

打开窗体运行后,单击命令按钮,消息框的两行输出内容分别为(　　)。

A. 1 和 1　　B. 1.25 和 1　　C. 1.25 和 4　　D. 5 和 4

148. 有如下程序:

```
a = 1:b = 2:c = 3
a = a + b:b = b + c:c = b + a
If a<>3 Or b<>3 Then
a = b - a:b = c - a:c = b + a
End If
Debug.Print a + b + c
```

运行后,输出的结果是(　　)。

A. 16　　B. 3　　C. 6　　D. 8

149. 在窗体上画一个名称为 Commandl 的命令按钮,然后编写如下事件过程:

```
Private Sub Command1_Click()
x = 0
n = InputBox(" ")
For i = 1 To n
        For j = 1 To i
            x = x + 1
        Next j
    Next i
Debug.Print x
End Sub
```

程序运行后,单击命令按钮,如果输入 3,则在窗体上显示的内容是(　　)。

A. 3　　B. 4　　C. 5　　D. 6

150. ADO 对象模型主要有 Connection、Command、(　　)、Field 和 Error5 个对象。

A. Database　　B. Workspace　　C. RecordSet　　D. DBEngine

151. VBA 中用实际参数 a 和 b 调用有参过程 Area(m,n)的正确形式是(　　)。

A. Area m,n　　B. Area a,b

C. Call Area(m,n)　　D. Call Area a,b

参考答案

1～5DDCDC	6～10 BBCAB	11～15 DBBAA	16～20 CDBCB
21～25 DACAB	26～30 ABBAC	31～35 ADCBA	36～40 ADACC
41～45 BAABC	46～50 ACDBC	51～55 CACCA	56～60 CCCCA
61～65 CACDD	66～70 CCCCB	71～75 DCDAD	76～80 BCCBB
81～85 BBCAD	86～90 DBDAB	91～95 DBBDA	96～100 DDCAC
101～105 CABCC	106～110 DDBAD	111～115 CDBBB	116～120 DDBCA
121～125 CCAAA	126～130 DBADA	131～135 DBCAA	136～140 CCBDA
141～145 BABDC	146～150 BBADC	151 A	

习题 8　计算机公共基础

1. 以下特点中属于算法的基本特征的是(　　)。
   A. 不可行性　　B. 确定性　　C. 拥有部分的情报　D. 无穷性
2. 考虑一年四季的顺序关系时,下列数据元素前者不是后者前件的是(　　)。
   A. 春、夏　　B. 夏、秋　　C. 秋、冬　　D. 冬、秋
3. 下列关于线性表的叙述中,不正确的是(　　)。
   A. 可以有几个节点没有前件
   B. 只有一个终端节点,它无后件
   C. 除根节点和终端节点,其他节点都有且只有一个前件,也有且只有一个后件
   D. 线性表可以没有数据元素
4. 下列不属于软件工程过程的基本活动的是(　　)。
   A. 软件规格说明　　B. 软件开发
   C. 软件确认　　D. 软件需求分析
5. 软件测试方法中属于静态测试方法的是(　　)。
   A. 黑盒法　　B. 逻辑覆盖　　C. 错误推测　　D. 人工检测
6. 设有 n 元关系 R 及 m 元关系 S,则关系 R 与 S 经笛卡儿积后所得的新关系是一个(　　)元关系。
   A. m　　B. n　　C. m n　　D. m * n
7. 在顺序表(3,6,8,10,12,15,16,18,21,25,30)中,用二分法查找关键码值 11,所需的关键码比较次数为(　　)。
   A. 2　　B. 3　　C. 4　　D. 5
8. 算法的时间复杂度是指(　　)。
   A. 执行算法程序所需要的时间
   B. 算法程序的长度
   C. 算法执行过程中所需要的基本运算次数
   D. 算法程序中的指令条数
9. 算法的有穷性是指(　　)。
   A. 算法程序的运行时间是有限的　　B. 算法程序所处理的数据量是有限的
   C. 算法程序的长度是有限的　　D. 算法只能被有限的用户使用
10. 常用的算法设计方法有(　　)。
    Ⅰ. 列举法　Ⅱ. 归纳法　Ⅲ. 递推　Ⅳ. 递归　Ⅴ. 回溯法
    A. Ⅰ,Ⅱ,Ⅲ,Ⅴ　　B. Ⅲ,Ⅳ,Ⅴ　　C. Ⅰ,Ⅱ,Ⅴ　　D. 全是
11. 下列叙述中正确的是(　　)。

A. 一个算法的空间复杂度大,则其时间复杂度也必定大

B. 一个算法的空间复杂度大,则其时间复杂度必定小

C. 一个算法的时间复杂度大,则其空间复杂度必定小

D. 算法的时间复杂度与空间复杂度没有直接关系

12. 下面不属于软件设计原则的是(　　)。

A. 抽象　　B. 模块化　　C. 自底向上　　D. 信息隐蔽

13. 软件调试的目的是(　　)。

A. 发现错误　　B. 改正错误

C. 改善软件的性能　　D. 挖掘软件的潜能

14. 下列叙述中正确的是(　　)。

A. 一个数据结构中的元素在计算机存储空间中的位置关系与逻辑关系可能不同

B. 一个数据结构中的元素在计算机存储空间中的位置关系与逻辑关系一定不同

C. 一个数据结构中的元素在计算机存储空间中的位置关系与逻辑关系一定相同

D. 数据的存储结构与数据的逻辑结构是相同的

15. 一个栈的初始状态为空。现将元素 1、2、3、4、5、A、B、C、D、E 依次入栈,然后再依次出栈,则元素出栈的顺序是(　　)。

A. 12345ABCDE　　B. EDCBA54321

C. ABCDE12345　　D. 54321EDCBA

16. 二叉树是节点的有限集合,它有(　　)根节点。

A. 有 0 个或 1 个　　B. 有 0 个或多个

C. 有且只有 1 个　　D. 有 1 个或 1 个以上

17. 下面不属于软件工程的 3 个要素的是(　　)。

A. 工具　　B. 过程　　C. 方法　　D. 环境

18. 结构化方法的核心和基础是(　　)。

A. 结构化分析方法　　B. 结构化设计方法

C. 结构化编程方法　　D. 结构化程序设计理论

19. 在 E-R 图中,用来表示实体之间联系的图形是(　　)。

A. 矩形　　B. 椭圆形　　C. 菱形　　D. 平行四边形

20. 视图设计一般有 3 种设计次序,下列不属于视图设计的是(　　)。

A. 自顶向下　　B. 由外向内　　C. 由内向外　　D. 自底向上

21. 下列关于队列的叙述中正确的是(　　)。

A. 在队列中只能插入数据　　B. 在队列中只能删除数据

C. 队列是先进先出的线性表　　D. 队列是先进后出的线性表

22. 在一个单链表中,若 q 节点是 p 节点的前驱节点,在 q 与 p 之间插入节点 s,则执行(　　)。

A. s→link＝p→link; p→link＝s　　B. p→link＝s; s→link＝q

C. p→link＝s→link; s→link＝p　　D. q→link＝s; s→link＝p

23. 下列调试方法中不适合调试大规模程序的是(　　)。

A. 强行排错法　　B. 回溯法　　C. 原因排除法　　D. 静态调试

24. 在进行单元测试时，常用的方法是（　　）。

A. 采用白盒测试，辅之以黑盒测试　　B. 采用黑盒测试，辅之以白盒测试

C. 只使用白盒测试　　D. 只使用黑盒测试

25. 算法的空间复杂度是指（　　）。

A. 算法在执行过程中所需要的计算机存储空间

B. 算法所处理的数据量

C. 算法程序中的语句或指令条数

D. 算法在执行过程中所需要的临时工作单元数

26. 数据的存储结构是指（　　）。

A. 数据所占的存储空间量

B. 数据的逻辑结构在计算机中的表示

C. 数据在计算机中的顺序存储方式

D. 存储在外存中的数据

27. 在一个长度为 n 的线性表中插入一个元素，最坏情况下需要移动的数据元素数目为（　　）。

A. 1　　B. n　　C. $n+1$　　D. $n/2$

28. 需求分析的最终结果是产生（　　）。

A. 项目开发计划　　B. 需求规格说明书

C. 设计说明书　　D. 可行性分析报告

29. 下列叙述中正确的是（　　）。

A. 算法的效率只与问题的规模有关，而与数据的存储结构无关

B. 算法的时间复杂度是指执行算法所需要的计算工作量

C. 数据的逻辑结构与存储结构是一一对应的

D. 算法的时间复杂度与空间复杂度一定相关

30. 下列叙述中正确的是（　　）。

A. 线性表是线性结构　　B. 栈与队列是非线性结构

C. 线性链表是非线性结构　　D. 二叉树是线性结构

31. 下列叙述正确的是（　　）。

A. 非空线性表可以有几个节点没有前件

B. 线性表的数据元素不可以由若干数据项构成

C. 除根节点和终端节点，其他节点都有且只有一个前件，也有且只有一个后件

D. 线性表必须要有数据元素

32. 一个队列的进队列顺序是 1、2、3、4，则出队列顺序为（　　）。

A. 4、3、2、1　　B. 2、4、3、1　　C. 1、2、3、4　　D. 3、2、1、4

33. 在下列排序方法中，平均时间性能为 $O(n\log n)$ 且空间性能最好的是（　　）。

A. 快速排序　　B. 堆排序　　C. 归并排序　　D. 基数排序

34. 软件生命周期是指（　　）。

A. 软件产品从提出、实现、使用维护到停止使用退役的过程

B. 软件产品从提出、实现到使用维护的过程

C. 软件产品从提出到实现的过程

D. 软件产品从提出、实现到使用的过程

35. 软件需求分析阶段的工作,可以分为 4 个方面:需求获取、需求分析、编写需求分析说明书和(　　)。

A. 阶段性报告　　B. 需求评审　　C. 总结　　D. 都不正确

36. 下列叙述中正确的是(　　)。

A. 程序执行的效率与数据的存储结构密切相关

B. 程序执行的效率只取决于程序的控制结构

C. 程序执行的效率只取决于所处理的数据量

D. 以上说法均错误

37. 以下各项特点中,属于线性表的顺序存储结构的是(　　)。

A. 线性表中所有元素所占的存储空间是不连续的

B. 线性表的数据元素在存储空间中是随便存放的

C. 线性表中所有元素所占的存储空间是连续的

D. 前后件两个元素在存储空间是随便存放的

38. 下列关于栈叙述中正确的是(　　)。

A. 栈顶元素最先能被删除　　B. 栈底元素最后才能被删除

C. 栈底元素永远不能被删除　　D. 栈底元素是最先被删除

39. 下列关于链式存储的叙述中正确的是(　　)。

A. 链式存储结构的空间不可以是不连续的

B. 数据节点的存储顺序与数据元素之间的逻辑关系必须一致

C. 链式存储方式只可用于线性结构

D. 链式存储也可用于非线性结构

40. 如下内容中不属于使用软件危机的是(　　)。

A. 软件质量难以保证　　B. 软件的成本不断提高

C. 软件需求增长缓慢　　D. 软件不可维护或维护程度非常低

41. 数据字典(DD)是定义(　　)系统描述工具中的数据的工具。

A. 数据流程图　　B. 系统流程图　　C. 程序流程图　　D. 软件结构图

42. 对待排序文件的初始状态不作任何要求的排序方法有(　　)。

A. 直接插入和快速排序　　B. 直接插入和归并排序

C. 归并和快速排序　　D. 归并和直接选择排序

43. 概要设计是软件系统结构的总体设计,以下选项中不属于概要设计的是(　　)。

A. 把软件划分成模块　　B. 确定模块之间的调用关系

C. 确定各个模块的功能　　D. 设计每个模块的伪代码

44. 设循环队列的存储空间为 Q(1: 35),初始状态为 front=rear=35。现经过一系列入队与退队运算后,front=15,rear=15,则循环队列中的元素个数为(　　)。

A. 15　　B. 16　　C. 20　　D. 0 或 35

45. 一个向量第一个元素的存储地址是 100,每个元素的长度为 2,则第 5 个元素的地址是(　　)。

A. 110　　　B. 108　　　C. 100　　　D. 120

46. 下列叙述中正确的是(　　)。

A. 循环队列中的元素个数随队头指针与队尾指针的变化而动态变化

B. 循环队列中的元素个数随队头指针的变化而动态变化

C. 循环队列中的元素个数随队尾指针的变化而动态变化

D. 以上说法都不对

47. 下列叙述中不属于使用软件开发工具好处的是(　　)。

A. 减少编程工作量

B. 保证软件开发的质量和进度

C. 节约软件开发人员的时间和精力

D. 使软件开发人员将时间和精力花费在程序的编制和调试上

48. 数据流图用于描述一个软件的逻辑模型,数据流图由一些特定的图符构成。下列图符名称标识的图符不属于数据流图合法图符的是(　　)。

A. 控制流　　　B. 加工　　　C. 存储文件　　　D. 数据源

49. 程序流程图中的箭头代表的是(　　)。

A. 数据流　　　B. 控制流　　　C. 调用关系　　　D. 组成关系

50. 在待排序的元素序列基本有序的前提下,效率最高的排序方法是(　　)。

A. 插入排序　　　B. 选择排序　　　C. 快速排序　　　D. 堆排序

51. 如下程序段的时间复杂度是(　　)。

```
for (i = 1;i<n;i++)
{
    y = y + 1;
    for (j = 0;j< = (2 * n);j++)
        x++;
}
```

A. $O(\log_2 n)$　　　B. $O(n)$　　　C. $O(n\log_2 n)$　　　D. $O(n^2)$

52. 某系统总体结构图如图习题图 8.1 所示,该系统总体结构图的深度是(　　)。

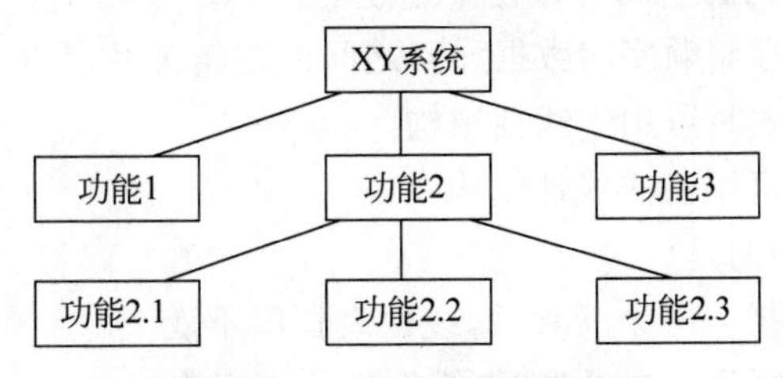

习题图 8.1　某系统总体结构图

A. 7　　　B. 6　　　C. 3　　　D. 2

53. 在一个长度为 n 的线性表中插入一个元素,最好情况下需要移动的数据元素数目为(　　)。

A. 0　　　B. 1　　　C. n　　　D. $n/2$

54. 以下过程设计工具中不属于图形工具的是(　　)。

A. 程序流程图　　B. PAD　　C. HIPO　　D. PDL

55. 在数据结构中,从逻辑上可以把数据结构分成(　　)。

A. 动态结构和静态结构　　B. 线性结构和非线性结构

C. 集合结构和非集合结构　　D. 树形结构和图状结构

56. 以下各种调试方法中,靠演绎、归纳以及二分法来实现的是(　　)。

A. 强行排错法　　B. 回溯法　　C. 原因排除法　　D. 静态调试

57. 设树 T 的度为4,其中度为1、2、3、4的节点个数分别为4、2、1、1,则T中叶节点数为(　　)。

A. 8　　B. 7　　C. 6　　D. 5

58. 一棵含18个节点的二叉树的高度至少为(　　)。

A. 3　　B. 4　　C. 5　　D. 6

59. 软件详细设计的主要任务是(　　)。

A. 确定每个模块的算法和使用的数据结构

B. 确定每个模块外部的接口

C. 确定每个模块的功能

D. 编程

60. 某二叉树 T 有 n 个节点,设按某种顺序对 T 中的每个节点进行编号,编号值为1,2,…,n,且有如下性质:T 中任一节点 v,其编号等于左子树上的最小编号减1,而 v 的右子树的节点中,其最小编号等于 v 左子树上的节点的最大编号加1。此二叉树是按(　　)顺序编号的。

A. 前序遍历　　B. 中序遍历　　C. 后序遍历　　D. 按层次遍历

61. 对一个已经排好序的序列进行排序,采用(　　)比较适宜。

A. 冒泡法　　B. 直接选择法　　C. 直接插入法　　D. 归并法

62. 软件是一种(　　)。

A. 程序　　B. 数据　　C. 逻辑产品　　D. 物理产品

63. 下列关于链式存储的叙述中错误的是(　　)。

A. 链式存储结构的空间可以是不连续的

B. 数据节点的存储顺序与数据元素之间的逻辑关系可以不一致

C. 链式存储方式只可用于线性结构

D. 链式存储也可用于非线性结构

64. 以下说法中正确的是(　　)。

A. 在线性表中插入一个元素后,线性表长度不变

B. 在线性表中删除一个元素后,线性表长度不变

C. 在线性表中插入一个元素后,线性表长度加1

D. 在线性表顺序存储的情况下插入一个元素的效率较高

65. 下列关于队列的叙述中不正确的是　(　　)。

A. 在队列中能插入数据　　B. 在队列中能删除数据

C. 队列是先进先出的线性表　　D. 队列是先进后出的线性表

66. 下列数据结构中,能用二分法进行查找的是(　　)。

A. 顺序存储的有序线性表　　B. 线性链表
C. 二叉链表　　D. 有序线性链表

67. 下列关于栈的描述中正确的是(　　)。
A. 在栈中只能插入元素而不能删除元素
B. 在栈中只能删除元素而不能插入元素
C. 栈是特殊的线性表,只能在一端插入或删除元素
D. 栈是特殊的线性表,只能在一端插入元素,而在另一端删除元素

68. 下列叙述中正确的是(　　)。
A. 一个逻辑数据结构只能有一种存储结构
B. 数据的逻辑结构属于线性结构,存储结构属于非线性结构
C. 一个逻辑数据结构可以有多种存储结构,且各种存储结构不影响数据处理的效率
D. 一个逻辑数据结构可以有多种存储结构,且各种存储结构影响数据处理的效率

69. 下列描述中正确的是(　　)。
A. 软件工程只是解决软件项目的管理问题
B. 软件工程主要解决软件产品的生产率问题
C. 软件工程的主要思想是强调在软件开发过程中需要应用工程化原则
D. 软件工程只是解决软件开发中的技术问题

70. 在结构化方法中,用数据流程图(DFD) 作为描述工具的软件开发阶段是(　　)。
A. 可行性分析　　B. 需求分析　　C. 详细设计　　D. 程序编码

71. 为了使模块尽可能独立,要求(　　)。
A. 模块的内聚程序要尽量高,且各模块间的耦合程度要尽量强
B. 模块的内聚程度要尽量高,且各模块间的耦合程度要尽量弱
C. 模块的内聚程度要尽量低,且各模块间的耦合程度要尽量弱
D. 模块的内聚程度要尽量低,且各模块间的耦合程度要尽量强

72. 下列叙述中正确的是(　　)。
A. 算法的执行效率与数据的存储结构无关
B. 算法的空间复杂度是指算法程序中指令(或语句)的条数
C. 算法的有穷性是指算法必须能在执行有限个步骤之后终止
D. 以上三种描述都不对

73. 某二叉树有 5 个度为 2 的节点,则该二叉树中的叶节点数是(　　)。
A. 10　　B. 8　　C. 6　　D. 4

74. 在一棵二叉树上第 5 层的节点数最多是(　　)。
A. 8　　B. 16　　C. 32　　D. 15

75. 对长度为 n 的线性表进行顺序查找,在最坏情况下所需要的比较次数为(　　)。
A. $\log_2 n$　　B. $n/2$　　C. n　　D. $n+1$

76. 下列对于线性链表的描述中,正确的是(　　)。
A. 存储空间不一定连续,且各元素的存储顺序是任意的
B. 存储空间不一定连续,且前件与元素一定存储在后件元素的前面

C. 存储空间必须连续,且前件元素一定存储在后件元素的前面

D. 存储空间必须连续,且各元素的存储顺序是任意的

77. 下列对于软件测试的描述中,正确的是(　　)。

A. 软件测试的目的是证明程序是否正确

B. 软件测试的目的是使程序运行结果正确

C. 软件测试的目的是尽可能多地发现程序中的错误

D. 软件测试的目的是使程序符合结构化原则

78. 下列叙述中正确的是(　　)。

A. 软件交付使用后还需要进行维护

B. 软件一旦交付使用就不需要再进行维护

C. 软件交付使用后其生命周期就结束

D. 软件维护是指修复程序中被破坏的指令

79. 下列描述中正确的是(　　)。

A. 程序就是软件

B. 软件开发不受计算机系统的限制

C. 软件既是逻辑实体,又是物理实体

D. 软件是程序、数据与相关文档的集合

80. 设有如习题图 8.2 所示的关系表:

R

A	B	C
1	1	2
2	2	3

S

A	B	C
3	1	3

T

A	B	C
1	1	2
2	2	3
3	1	3

习题图 8.2　关系表

则下列操作中正确的是(　　)。

A. $T=R\cap S$　　B. $T=R\cup S$　　C. $T=R\times S$　　D. $T=R/S$

81. 下列叙述中正确的是(　　)。

A. 程序设计就是编制程序

B. 程序的测试必须由程序员自己去完成

C. 程序经调试改错后还应进行再测试

D. 程序经调试改错后不必进行再测试

82. 下列关于栈的描述中,错误的是(　　)。

A. 栈是先进后出的线性表

B. 栈只能顺序存储

C. 栈具有记忆作用

D. 对栈的插入与删除操作中,不需要改变栈底指针

83. 对于长度为 n 的线性表,在最坏情况下,下列各排序法所对应的比较次数中正确的是(　　)。

A. 冒泡排序为 $n/2$　　B. 冒泡排序为 n

C. 快速排序为 n　　D. 快速排序为 $n(n-1)/2$

84. 在软件设计中，不属于过程设计工具的是(　　)。

A. PDL(过程设计语言)　　B. PAD 图

C. N-S 图　　D. DFD 图

85. 在软件开发中，下列任务不属于设计阶段的是(　　)。

A. 数据结构设计　　B. 给出系统模块结构

C. 定义模块算法　　D. 定义需求并建立系统模型

86. 下列关于完全二叉树的叙述中，错误的是(　　)。

A. 除了最后一层外，每层上的节点数均达到最大值

B. 可能缺少若干左右叶节点

C. 完全二叉树一般不是满二叉树

D. 具有 n 个节点的完全二叉树的深度为 $[\log_2 n]+1$

87. 结构化程序设计主要强调的是(　　)。

A. 程序的规模　　B. 程序的易读性

C. 程序的执行效率　　D. 程序的可移植性

88. 在软件生命周期中，能准确地确定软件系统必须做什么和必须具备哪些功能的阶段是(　　)。

A. 概要设计　　B. 详细设计　　C. 可行性分析　　D. 需求分析

89. 软件需求分析一般应确定的是用户对软件的(　　)。

A. 功能需求　　B. 非功能需求

C. 性能需求　　D. 功能需求和非功能需求

90. 在深度为 5 的满二叉树中，叶节点的个数为(　　)。

A. 32　　B. 31　　C. 16　　D. 15

91. 对于建立良好的程序设计风格，下列描述中正确的是(　　)。

A. 程序应简单、清晰、可读性好　　B. 符号名的命名要符合语法

C. 充分考虑程序的执行效率　　D. 程序的注释可有可无

92. 算法一般可以用(　　)控制结构组合而成。

A. 分支、递归　　B. 顺序、循环、嵌套

C. 循环、递归、选择　　D. 顺序、选择、循环

93. 检查软件产品是否符合需求定义的过程称为(　　)。

A. 确认测试　　B. 集成测试　　C. 验证测试　　D. 验收测试

94. 在下列选项中，不是一个算法一般应该具有的基本特征的是(　　)。

A. 确定性　　B. 可行性

C. 无穷性　　D. 拥有足够的情报

95. 希尔排序法属于(　　)类型的排序法。

A. 交换类排序法　　B. 插入类排序法

C. 选择类排序法　　D. 建堆类排序法

96. 信息隐蔽的概念与(　　)的概念直接相关。

A. 软件结构定义　　B. 模块独立性　　C. 模块类型划分　　D. 模拟耦合度

97. 在结构化方法中,软件功能分解属于软件开发中的(　　)阶段。

A. 详细设计　　B. 需求分析　　C. 总体设计　　D. 编程调试

98. 在计算机中,算法是指(　　)。

A. 查询方法　　B. 加工方法

C. 解题方案的准确而完整的描述　　D. 排序方法

99. 栈与队列的共同点(　　)。

A. 都是先进后出　　B. 都是先进先出

C. 只允许在端点处插入和删除元素　　D. 没有共同点

100. 已知二叉树BT的后序遍历序列是dabec,中序遍历序列是debac,它的前序遍历序列是(　　)。

A. cedba　　B. acbed　　C. decab　　D. deabc

101. 在下列几种排序方法中,要求内存量最大的是(　　)。

A. 插入排序　　B. 选择排序　　C. 快速排序　　D. 归并排序

102. 在设计程序时,应采纳的原则之一是(　　)。

A. 程序结构应有助于读者理解　　B. 不限制goto语句的使用

C. 减少或取消注解行　　D. 程序越短越好

103. 下列不属于软件调试技术的是(　　)。

A. 强行排错法　　B. 集成测试法　　C. 回溯法　　D. 原因排除法

104. 下列叙述中,不属于软件需求规格说明书的作用的是(　　)。

A. 便于用户开发人员进行理解和交流

B. 反映出用户问题的结构,可以作为软件开发工作的基础和依据

C. 作为确认测试和验收的依据

D. 便于开发人员进行需求分析

105. 设线性表中有$2n$个元素,算法(　　),在单链表上实现要比在顺序表上实现效率更高。

A. 删除所有值为x的元素

B. 在最后一个匀速的后面插入一个新元素

C. 顺序输出前k个元素

D. 交换第i个元素和第$2n-i-1$个元素的值$(i=0,1,\cdots,n-1)$

106. 软件计划是软件开发的早期和重要阶段,此阶段要求交互和配合的是(　　)。

A. 设计人员和用户　　B. 分析人员和用户

C. 分析人员、设计人员和用户　　D. 编码人员和用户

107. 数据库设计过程中,需求分析包括(　　)。

A. 信息需求　　B. 处理需求

C. 安全性和完整性需求　　D. 以上全包括

108. (　　)复审应该把重点放在系统的总体结构、模块划分、内外接口等方面。

A. 详细设计　　B. 系统设计　　C. 正式　　D. 非正式

109. 分时操作系统追求的目标是(　　)。

A. 高吞吐率　　B. 充分利用内存　　C. 快速响应　　D. 减少系统开销

110. 在对数据流图的分析中，主要是找到中心变换，这是从数据流图导出(　　)的关键。

A. 实体关系　　B. 程序模块　　C. 程序流程图　　D. 结构图

111. 设有关键码序列(16,9,4,25,15,2,13,18,17,5,8,24)，要按关键码值递增的次序排序，采用初始增量为4的希尔排序法，一趟扫描后的结果为(　　)。

A. (15,2,4,18,16,5,8,24,17,9,13,25)

B. (2,9,4,25,15,16,13,18,17,5,8,24)

C. (9,4,16,15,2,13,18,17,5,8,24,25)

D. (9,16,4,25,2,5,13,18,5,17,8,24)

112. 由分别带权为9、2、5、7的四个叶节点构成一棵哈夫曼树，该树的带权路径长度为(　　)。

A. 23　　B. 37　　C. 44　　D. 46

113. 在软件开发过程中常用图作为描述工具。数据流图就是面向(　　)分析方法的描述工具。

A. 数据结构　　B. 数据流　　C. 对象　　D. 构件

114. 如果对线性表的运算只有4种，即删除第一个元素，删除最后一个元素，在第一个元素面前插入新元素，在最后一个元素的后面插入新元素，则最好使用(　　)。

A. 只有表尾指针没有表头指针的循环单链表

B. 只有表尾指针没有表头指针的非循环双链表

C. 只有表头指针没有表尾指针的循环双链表

D. 既有表头指针也有表尾指针的循环单链表

115. 数据库设计中，将E-R图转换成关系数据模型的过程属于(　　)。

A. 需求分析阶段　　B. 逻辑设计阶段

C. 概念设计阶段　　D. 物理设计阶段

116. 对关键码集合 $K=\{53,30,37,12,45,24,96\}$，从空二叉树开始逐个插入每个关键码，建立与集合 K 相对应的二叉排序树(又称二叉查找树)，若希望得到的二叉排序树高度最小，应选择的输入序列的是(　　)。

A. 45,24,53,12,37,96,30　　B. 37,24,12,30,53,45,96

C. 12,24,30,37,45,53,96　　D. 30,24,12,37,45,96,53

117. 建立原型的目的不同，实现原型的途径就有所不同，下列不正确的类型是(　　)。

A. 用于验证软件需求的原型　　B. 垂直原型

C. 用于验证设计方案的原型　　D. 用于演化目标系统的原型

118. 分析阶段的基本任务是完成系统的(　　)。

A. 逻辑模型　　B. 数据结构设计　　C. 总体设计　　D. 处理过程设计

119. 计算机语言是一类面向计算机的人工语言，它是进行程序设计的工具，又称为程序设计语言。现有的程序设计语言一般可分为三类，它们是(　　)。

A. BASIC语言、FORTRAN语言和C语言

B. 中文语言、英文语言和拉丁语言

C. UNIX、Windows和Linux

D. 机器语言、汇编语言和高级语言

120. 数据库设计的需求分析阶段,业务流程一般采用(　　)表示。

A. E-R 模型　　B. 数据流图　　C. 程序构图　　D. 程序框图

121. 一些重要的程序语言(如 C 语言和 Pascal 语言)允许过程的递归调用。而实现递归调用中的存储分配通常用(　　)。

A. 栈　　B. 堆　　C. 数组　　D. 链表

122. 软件工程的理论和技术性研究的内容主要包括软件开发技术和(　　)。

A. 消除软件危机　　B. 软件工程管理

C. 程序设计自动化　　D. 实现软件可重用

123. 开发软件时对提高开发人员工作效率至关重要的是(　　)。

A. 操作系统的资源管理功能　　B. 先进的软件开发工具和环境

C. 程序人员的数量　　D. 计算机的并行处理能力

124. 数据结构作为计算机的一门学科,主要研究数据的逻辑结构、对各种数据结构进行的运算,以及(　　)。

A. 数据的存储结构　B. 计算方法　　C. 数据映象　　D. 逻辑存储

125. 开发软件所需高成本和产品的低质量之间有着尖锐的矛盾,这种现象称作(　　)。

A. 软件投机　　B. 软件危机　　C. 软件工程　　D. 软件产生

126. 开发大型软件时,产生困难的根本原因是(　　)。

A. 大系统的复杂性　　B. 人员知识不足

C. 客观世界千变万化　　D. 时间紧、任务重

127. 一棵二叉树共有 25 个节点,其中 5 各是叶节点,则度为 1 的节点数为(　　)。

A. 16　　B. 10　　C. 6　　D. 4

128. 如果进栈序列为 e_1,e_2,e_3,e_4,则可能的出栈序列是(　　)。

A. e_3,e_1,e_4,e_2　　B. e_2,e_4,e_3,e_1　　C. e_3,e_4,e_1,e_2　　D. 任意顺序

129. 程序设计语言的基本成分是数据成分、运算成分、控制成分和(　　)。

A. 对象成分　　B. 变量成分　　C. 语句成分　　D. 传输成分

130. 单个用户使用的数据视图的描述称为(　　)。

A. 外模式　　B. 概念模式　　C. 内模式　　D. 存储模式

131. 假设线性表的长度为 n,则在最坏情况下,冒泡排序需要的比较次数为(　　)。

A. $\log_2 n$　　B. n^2　　C. $O(n^{1.5})$　　D. $n(n-1)/2$

132. 算法分析的目的是(　　)。

A. 找出数据结构的合理性　　B. 找出算法中输入和输出之间的关系

C. 分析算法的易懂性和可靠性　　D. 分析算法的效率以求改进

133. 对于线性表 $L=(a_1,a_2,a_3,\cdots,a_i,\cdots,a_n)$,下列说法中正确的是(　　)。

A. 每个元素都有一个直接前件和直接后件

B. 线性表中至少要有一个元素

C. 表中诸元素的排列顺序必须是由小到大或由大到小

D. 除第一个元素和最后一个元素外,其余每个元素都有一个且只有一个直接前件和直接后件

134. 软件工程的出现是由于(　　)。

A. 程序设计方法学的影响　　B. 软件产业化的需要

C. 软件危机的出现　　D. 计算机的发展

135. 软件开发离不开系统环境资源的支持,其中必要的测试数据属于(　　)。

A. 硬件资源　　B. 通信资源　　C. 支持软件　　D. 辅助资源

136. 软件设计包括软件的结构、数据接口和过程设计,其中软件的过程设计是指(　　)。

A. 模块间的关系

B. 系统结构部件转换成软件的过程描述

C. 软件层次结构

D. 软件开发过程

137. 如果对线性表的运算只有两种,即删除第一个元素,在最后一个元素的后面插入新元素,则最好使用(　　)。

A. 只有表头指针没有表尾指针的循环单链表

B. 只有表尾指针没有表头指针的循环单链表

C. 非循环双链表

D. 循环双链表

138. 一棵二叉树中共有 80 个叶节点与 70 个度为 1 的节点,则该二叉树中的总节点数为(　　)。

A. 219　　B. 229　　C. 230　　D. 231

139. 在一棵二叉树上第 8 层的节点数最多是(　　)。

A. 8　　B. 16　　C. 128　　D. 256

140. 下列描述中,不符合结构化程序设计风格的是(　　)。

A. 使用顺序、选择和重复(循环)三种基本控制结构表示程序的控制逻辑

B. 自顶向下

C. 注重提高程序的执行效率

D. 限制使用 goto 语句

141. 数据结构中,与所使用的计算机无关的是数据的(　　)。

A. 存储结构　　B. 物理结构

C. 逻辑结构　　D. 物理和存储结构

142. 栈底至栈顶依次存放元素 A、B、C、D,在第五个元素 E 入栈前,栈中元素可以出栈,则出栈序列可能是(　　)。

A. ABCED　　B. DBCEA　　C. CDABE　　D. DCBEA

143. 线性表的顺序存储结构和线性表的链式存储结构分别是(　　)。

A. 顺序存取的存储结构、顺序存取的存储结构

B. 随机存取的存储结构、顺序存取的存储结构

C. 随机存取的存储结构、随机存取的存储结构

D. 任意存取的存储结构、任意存取的存储结构

144. 在单链表中,增加头节点的目的是(　　)。

A. 方便运算的实现

B. 使单链表至少有一个节点

C. 标识表节点中首节点的位置

D. 说明单链表是线性表的链式存储实现

145. 为了避免流程图在描述程序逻辑时的灵活性,提出了用方框图来代替传统的程序流程图,通常也把这种图称为(　　)。

A. PAD图　B. N-S图　C. 结构图　D. 数据流图

146. 需求分析阶段的任务是确定(　　)。

A. 软件开发方法　B. 软件开发工具　C. 软件开发费用　D. 软件系统功能

147. 对长度为10的线性表进行冒泡排序,最坏情况下需要比较的次数为(　　)。

A. 9　B. 10　C. 45　D. 90

148. 已知数据表A中每个元素距其最终位置不远,为节省时间,应采用的算法是(　　)。

A. 堆排序　B. 直接插入排序　C. 快速排序　D. 直接选择排序

149. 用链表表示线性表的优点是(　　)。

A. 便于插入和删除操作

B. 数据元素的物理顺序与逻辑顺序相同

C. 花费的存储空间较顺序存储少

D. 便于随机存取

150. 下列不属于结构化分析的常用工具的是(　　)。

A. 数据流图　B. 数据字典　C. 判定树　D. PAD图

151. 软件开发的结构化生命周期方法将软件生命周期划分成(　　)。

A. 定义、开发、运行维护　B. 设计阶段、编程阶段、测试阶段

C. 总体设计、详细设计、编程调试　D. 需求分析、功能定义、系统设计

152. 在软件工程中,白箱测试法可用于测试程序的内部结构。此方法将程序看作(　　)。

A. 循环的集合　B. 地址的集合　C. 路径的集合　D. 目标的集合

153. 在描述软件的结构和过程时,提出了以下的设计表达工具,其中不正确的是(　　)。

A. 图形表达工具:流程图、NS图等

B. 文字表达工具:伪代码、PDL等

C. 表格表达工具:判定表等

D. 系统设计表达工具:用于表达软件过程

154. 一幅1024×768的彩色图像,其数据量达2.25MB左右,若图像数据没有经过压缩处理,则图像中的彩色是使用(　　)二进制位表示的。

A. 24位　B. 16位　C. 32位　D. 8位

155. 下面关于数据结构的叙述中,正确的是(　　)。

A. 顺序存储方式的优点是存储密度大,且插入、删除运算效率高

B. 链表中的每个节点都恰好包含一个指针

C. 包含n个节点的二叉排序树的最大检索长度为$\log_2 n$

D. 将一棵树转换为二叉树后,根节点没有右子树

156. 软件开发的结构化方法中,常应用数据字典技术,其中数据加工是其组成内容之一,下述方法中,(　　)是常用编写加工说明的方法。

Ⅰ. 结构化语言　　Ⅱ. 判定树　　Ⅲ. 判定表

A. 只有Ⅰ　　B. 只有Ⅱ　　C. Ⅱ和Ⅲ　　D. 都是

157. 与单链表相比，双链表的优点之一是(　　)。

A. 插入、删除操作更简单　　B. 可以进行随机访问

C. 可以省略表头指针或表尾指针　　D. 顺序访问相邻节点更灵活

158. 一幅图像的尺寸为 1024×768，65536 色(深度为 16 位)，则它所具有的数据量为(　　)。

A. 0.75MB　　B. 1.5MB　　C. 3.0MB　　D. 2.0MB

159. 软件开发的结构化设计(SD)方法，全面指导模块划分的最重要的原则是(　　)。

A. 模块高内聚　　B. 模块低耦合　　C. 模块独立性　　D. 程序模块化

160. 软件维护指的是(　　)。

A. 对软件的改正、适应和完善　　B. 维护正常运行

C. 配置新软件　　D. 软件开发期的一个阶段

161. 一般而言，(　　)软件开发工具更倾向于购置。

A. 非常适用的　　B. 用途十分明确的

C. 使用方法精巧、复杂的　　D. 文档理论性很强的

162. 用户涉及的逻辑结构用(　　)描述。

A. 模式　　B. 存储模式　　C. 概念模式　　D. 子模式

163. 下述内容中(　　)不属于软件工程管理的范畴。

A. 软件管理学　　B. 软件心理学　　C. 软件工程经济　　D. 软件工程环境

164. 测试过程中最基础的测试环节是(　　)。

A. 验收测试　　B. 系统测试　　C. 单元测试　　D. 集成测试

165. 对长度为 n 的线性表作快速排序，在最坏情况下，比较次数为(　　)。

A. n　　B. $n-1$　　C. $n(n-1)$　　D. $n(n-1)/2$

166. 提高模块的(　　)，使得当修改或维护模块时，可减少把一个模块的错误扩散到其他模块中去的机会。

A. 耦合性　　B. 独立性　　C. 内聚性　　D. 共享性

167. 设有属性 A、B、C、D，以下表示中不是关系的是(　　)。

A. R(A)　　B. R(A,B,C,D)

C. R(A×B×C×D)　　D. R(A,B)

168. 软件的(　　)是指软件在所给的环境条件下和给定的时间内，能完成所要求功能的性质。

A. 健壮性　　B. 正确性　　C. 可靠性　　D. 可维护性

169. 软件开发的结构生命周期法的基本假定是认为软件需求都做到(　　)。

A. 严格定义　　B. 初步定义　　C. 早期冻结　　D. 动态改变

170. 数据结构被形式地定义为(K,R)，其中 K 是(　　)的有限集，R 是 K 上的关系有限集。

A. 算法　　B. 数据元素　　C. 数据操作　　D. 逻辑结构

171. 已知一棵二叉树前序遍历和中序遍历分别为 ABDEGCFH 和 DBGEACHF，则该

二叉树的后序遍历为(　　)。

A. GEDHFBCA　B. DGEBHFCA　C. ABCDEFGH　D. ACBFEDHG

172. 链表不具有的特点是(　　)。

A. 不必事先估计存储空间

B. 可随机访问任一元素

C. 插入和删除不需要移动元素

D. 所需空间与线性表长度成正比

173. 结构化程序设计的3种结构是(　　)。

A. 顺序结构、选择结构、转移结构

B. 分支结构、等价结构、循环结构

C. 多分支结构、赋值结构、等价结构

D. 顺序结构、选择结构、循环结构

174. 为了提高测试的效率,应该(　　)。

A. 随机选取测试数据

B. 取一切可能的输入数据作为测试数据

C. 在完成编码以后制定软件的测试计划

D. 集中对付那些错误群集的程序

175. 软件生命周期中所花费用最多的阶段是(　　)。

A. 详细设计　B. 软件编码　C. 软件测试　D. 软件维护

176. 在数据流图中,带有名字的箭头表示(　　)。

A. 控制程序的执行顺序　B. 模块之间的调用关系

C. 数据的流向　D. 程序的组成成分

177. 下列选项中不属于结构化程序设计方法的是(　　)。

A. 自顶向下　B. 逐步求精　C. 模块化　D. 可复用

178. 两个或两个以上模块之间关联的紧密程度称为(　　)。

A. 耦合度　B. 内聚度　C. 复杂度　D. 数据传输特性

179. 下列叙述中正确的是(　　)。

A. 软件测试应该由程序开发者来完成

B. 程序经调试后一般不需要再测试

C. 软件维护只包括对程序代码的维护

D. 以上三种说法都不对

180. 按照“后进先出”原则组织数据的数据结构是(　　)。

A. 队列　B. 栈　C. 双向链表　D. 二叉树

181. 下列描述中正确的是(　　)。

A. 线性链表是线性表的链式存储结构

B. 栈与队列是非线性结构

C. 双向链表是非线性结构

D. 只有根节点的二叉树是线性结构

182. 在深度为7的满二叉树中,叶节点的个数为(　　)。

A. 32　　B. 31　　C. 64　　D. 63

183. 需求分析过程中，对算法的简单描述记录在(　　)中。

A. 层次图　　B. 数据字典　　C. 数据流图　　D. IPO 图

184. 软件系统的生命周期第一个阶段是(　　)。

A. 软件分析阶段　　B. 软件设计阶段

C. 软件运行阶段　　D. 软件维护阶段

185. 数据结构是一门研究非数值计算的程序设计问题中计算机的(　　)以及它们之间的关系和运算等的学科。

A. 数据元素　　B. 计算方法　　C. 逻辑存储　　D. 数据映象

186. 概念设计的结果是(　　)。

A. 一个与 DBMS 相关的概念模式

B. 一个与 DBMS 无关的概念模式

C. 数据库系统的公用视图

D. 数据库系统的数据字典

187. 在程序设计过程中要为程序调试做好准备，主要体现在(　　)。

A. 采用模块化、结构化的设计方法设计程序

B. 编写程序时要为调试提供足够的灵活性

C. 根据程序调试的需要，选择并安排适当的中间结果输出和设置必要的“断点”

D. 以上全是

188. 在软件测试设计中，软件测试的主要目的是(　　)。

A. 实验性运行软件　　B. 证明软件正确

C. 找出软件中的全部错误　　D. 发现软件错误而执行程序

189. 非空的循环单链表 head 的尾节点(由 p 所指向)，满足(　　)。

A. p－>next＝＝NULL　　B. p＝＝NULL

C. p－>next＝head　　D. p＝head

190. 在软件生产过程中，需求信息的给出者是(　　)。

A. 程序员　　B. 项目管理者

C. 软件分析设计人员　　D. 软件用户

191. 在结构化程序设计中，模块划分的原则是(　　)。

A. 各模块应包括尽量多的功能

B. 各模块的规模应尽量大

C. 各模块之间的联系应尽量紧密

D. 模块内具有高内聚度、模块间具有低耦合度

192. 下列对队列的叙述中正确的是(　　)。

A. 队列属于非线性表　　B. 队列按“先进后出”原则组织数据

C. 队列在队尾删除数据　　D. 队列按“先进先出”原则组织数据

193. 某二叉树中有 n 个度为 2 的节点，则该二叉树中的叶节点数为(　　)。

A. $n+1$　　B. $n-1$　　C. $2n$　　D. $n/2$

194. 结构化程序设计的一种基本方法是(　　)。

A. 筛选法　B. 递归法　C. 归纳法　D. 逐步求精法

195. 用黑盒技术设计测试用例的方法之一为(　　)。

A. 因果图　B. 逻辑覆盖　C. 循环覆盖　D. 基本路径测试

196. 下列模式中(　　)是用户模式。

A. 内模式　B. 外模式　C. 概念模式　D. 逻辑模式

197. 数据库设计包括两个方面的设计内容,它们是(　　)。

A. 概念设计和逻辑设计　B. 模式设计和内模式设计

C. 内模式设计和物理设计　D. 结构特性设计和行为特性设计

198. 索引属于(　　)。

A. 模式　B. 内模式　C. 外模式　D. 概念模式

199. 数据库的物理设计是为一个给定的逻辑结构选取一个适合应用环境的(　　)的过程,包括确定数据库在物理设备上的存储结构和存取方法。

A. 逻辑结构　B. 物理结构　C. 概念结构　D. 层次结构

200. 数据处理的最小单位是(　　)。

A. 数据　B. 数据元素　C. 数据项　D. 数据结构

201. 数据库系统四要素中,(　　)是数据库系统的核心和管理对象。

A. 硬件　B. 软件　C. 数据库　D. 人

202. 数据库的故障恢复一般是由(　　)完成的。

A. 数据流图　B. 数据字典

C. DBA　D. PAD 图

参考答案

1～5 BDADD　6～10 CCCAD　11～15 DCBAB　16～20 ADDCB

21～25 CDBAA　26～30 BBBBA　31～35 CCBAB　36～40 ACADC

41～45 AADDB　46～50 ADABA　51～55 DCADB　56～60 CACAA

61～65 CCCCD　66～70 ACDCB　71～75 BCCBC　76～80 ACADB

81～85 CBDDD　86～70 BBDDC　91～95 ADACB　96～100 BCCCA

101～105 DABDA　106～110 BDBCD　111～115 ACBCB　116～120 BBADB

121～125 ABBAB　126～130 AABDA　131～135 DDDCD　136～140 BBBCC

141～145 CDBAB　146～150 DCBAD　151～155 ACDAD　156～160 DDBCA

161～165 BDDCD　166～170 BCCCB　171～175 BBDDD　176～180 CDADB

181～185 ACDAA　186～190 BDDCD　191～195 DDADA　196～200 BABBC

201～202 CC

参考文献

[1] 教育部考试中心. 全国计算机等级考试二级教程——Access 程序设计(2021 年版)[M]. 北京：高等教育出版社，2021.

[2] 崔洪芳. 数据库应用技术[M]. 4 版. 北京：清华大学出版社，2020.

[3] 崔洪芳. 数据库应用技术实验教程[M]. 3 版. 北京：清华大学出版社，2020.

[4] 李雁翎. 数据库技术及应用——Access[M]. 4 版. 北京：高等教育出版社，2020.

[5] 刘玉红. Office 2016 高效办公实战[M]. 北京：清华大学出版社，2018.

[6] 答得喵微软 MOS 认证授权考试中心. MOS Office 2016 七合一高分必看[M]. 北京：中国青年出版社，2018.

[7] 张宏彬. 数据库基础与案例应用——Access 2016[M]. 2 版. 北京：高等教育出版社，2022.

[8] 米红娟. Access 数据库基础及应用教程[M]. 北京：机械工业出版社，2020.

[9] 王萍，张婕. Access 2016 数据库应用基础[M]. 北京：电子工业出版社，2022.

[10] 张洪波. Access 2016 宝典[M]. 8 版. 北京：清华大学出版社，2018.

[11] 刘卫国. 数据库基础与应用[M]. 北京：电子工业出版社，2020.

[12] 金鑫. 数据库原理及应用实验指导与习题(Access 版)[M]. 2 版. 北京：机械工业出版社，2020.

[13] 孙远纲. Access 活用范例大辞典[M]. 北京：中国铁道出版社，2018.

[14] 沈楠. Access 数据库应用程序设计[M]. 北京：机械工业出版社，2018.

[15] 陈佳玉. 数据库应用开发——Access 实用教程[M]. 北京：机械工业出版社，2017.

图书资源支持

感谢您一直以来对清华版图书的支持和爱护。为了配合本书的使用，本书提供配套的资源，有需求的读者请扫描下方的"书圈"微信公众号二维码，在图书专区下载，也可以拨打电话或发送电子邮件咨询。

如果您在使用本书的过程中遇到了什么问题，或者有相关图书出版计划，也请您发邮件告诉我们，以便我们更好地为您服务。

我们的联系方式：

地　　址：北京市海淀区双清路学研大厦A座714

邮　　编：100084

电　　话：010-83470236　010-83470237

客服邮箱：2301891038@qq.com

QQ：2301891038（请写明您的单位和姓名）

资源下载：关注公众号"书圈"下载配套资源。

资源下载、样书申请

书圈

图书案例

清华计算机学堂

观看课程直播